全国高等职业教育"十三五"规划教材
工程测量技术骨干专业核心课程规划教材

地 形 测 量

主　编　李　建　　林元茂

副主编　赵仕宝　　柏雯娟

参　编　韩　立　　唐　尧

U0324108

中国矿业大学出版社

内 容 提 要

本书共十个项目,项目一至项目六为基础部分,包括地形测量基础知识、水准仪与水准测量、经纬仪及角度测量、距离测量、全站仪测量技术、测量误差基本知识;项目七、项目八为控制测量部分,包括平面控制测量和高程控制测量;项目九和项目十为地形图测绘及应用部分,包括大比例尺地形图测绘和地形图应用。

本书适合于高职高专工程测量技术专业、地籍测绘与土地管理、矿山测量、测绘地理信息技术专业教学使用,也可供测绘地理信息类专业相关技术人员学习参考。

图书在版编目(C I P)数据

地形测量 / 李建,林元茂主编. — 徐州 : 中国矿
业大学出版社,2018.9
  ISBN 978 - 7 - 5646 - 4000 - 2

  Ⅰ.①地… Ⅱ.①李…②林… Ⅲ.①地形测量—高等职业教
育—教材 Ⅳ.①P217

  中国版本图书馆 CIP 数据核字(2018)第119269号

书 名	地形测量
主 编	李 建 林元茂
责任编辑	何晓明
出版发行	中国矿业大学出版社有限责任公司
	(江苏省徐州市解放南路 邮编221008)
营销热线	(0516)83885307 83884995
出版服务	(0516)83885767 83884920
网 址	http://www.cumtp.com **E-mail**:cumtpvip@cumtp.com
印 刷	江苏淮阴新华印刷厂
开 本	787×1092 1/16 **印张** 16.5 **字数** 412 千字
版次印次	2018 年 9 月第 1 版 2018 年 9 月第 1 次印刷
定 价	38.00 元

(图书出现印装质量问题,本社负责调换)

前　言

本书在编写过程中结合高职高专工程测量技术专业的人才培养目标,力图体现人才的类型和层次定位;在组织设计中,注重体现课程教材的整体性和系统性,在阐述测绘基础理论和方法的同时,重视基本技能训练和实践性教学环节;力求叙述简明、通俗易懂、注重实用、图文并茂;突出了该课程的基础性、实用性和技能型,各项测量观测、数据的记录与计算均有具体的实例和相应的表格,重点培养测量工作的测、算、绘的技能。

全书共分为十个项目,项目一为地形测量基础知识,主要包括测绘工作的概述、地球的形状、参考椭球面、测量坐标系和高程系、高斯投影、测量上常用的度量单位和测绘仪器的保养及测绘资料的记录与计算等;项目二为水准仪与水准测量,主要介绍水准测量的基本原理、水准仪的使用和普通水准测量的实施;项目三为经纬仪及角度测量,主要介绍水平角和竖直角的定义、普通光学经纬仪的使用及检校、水平角和竖直角的观测方法;项目四为距离测量,主要介绍钢尺量距、视距测量和电磁波测距;项目五为全站仪测量技术,主要介绍全站仪测量的基本原理和常用的测量功能;项目六为测量误差基本知识,主要介绍误差的概念及分类、精度的评定指标问题;项目七为平面控制测量,主要介绍全站仪导线测量和测角交会、测边交会等;项目八为高程控制测量,主要介绍三、四等水准测量和三角高程测量的方法;项目九为大比例尺地形图测绘,主要介绍地形图的分幅与编号、测图前的准备工作、碎部点的测定方法及地物和地貌的测绘方法等;项目十为地形图应用,主要介绍利用地形图解决工程建设及生活中实际问题的方法。

本书由李建、林元茂任主编,赵仕宝、柏雯娟任副主编,韩立、唐尧任参编。其中,项目一、项目八和项目九由李建(重庆工程职业技术学院)编写,项目二、项目四由赵仕宝(重庆工程职业技术学院)编写,项目三由韩立(四川水利职业技术学院)编写,项目五由柏雯娟(重庆工程职业技术学院)编写,项目六和项目七由林元茂(重庆工程职业技术学院)编写,项目十由唐尧(四川省安全科学技术研究院)编写。全书由李建统稿、定稿。

本书在编写过程中,重庆工程职业技术学院李天和教授、冯大福教授和焦亨余副教授对本书进行了认真审阅,从内容到框架提出许多宝贵的意见和建议,对本书的编写质量提高起到了很大的促进作用;也得到了兄弟院校老师和测绘企业专家的大力支持,向这些老师、专家表示衷心的感谢!编者在编写过程中参阅了大量的文献,引用了同类书刊的部分资料,在此真诚向以上同志和有关文献作者表示衷心的感谢!

  由于编者水平有限,书中难免存在错误和纰漏之处,恳请广大读者批评指正。

编　者

2018 年 3 月

目 录

项目一　地形测量基础知识

任务一　测绘学的任务与作用

一、测绘学的基本概念

测绘学以地球为研究对象,是对其进行测量和描绘的科学。所谓测量,是指利用测量仪器对自然地理要素或者地表人工设施的形状、大小、空间位置及其属性等进行测定、采集、表述以及对获取的数据、信息、成果进行处理和提供的活动。所谓描绘,则是指根据观测到的这些数据,通过地图制图方法将地面的自然形态和人工设施等绘制成图,如图 1-1 所示。

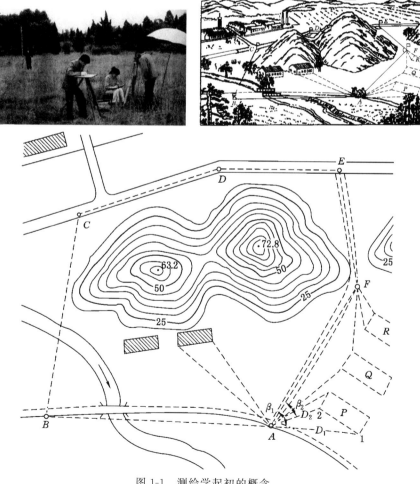

图 1-1　测绘学起初的概念

从测绘学的基本概念可知,其研究内容是很多的,涉及许多方面,现仅就测绘地球来阐述其主要内容。测绘学的主要研究对象是地球及其表面的各种自然和人工的形态。

(1)研究和测定地球的形状、大小及其重力场,在此基础上建立一个统一的地球坐标系统,用以表示地球表面及其外部空间任一点在这个地球坐标系中准确的几何位置。

(2)有了大量的地面点的坐标和高程,就可以此为基础进行地表形态的测绘工作,其中包括地表的各种自然形态,如水系、地貌、土壤和植被的分布;也包括人类社会活动所产生的各种人工形态,如居民地、交通设施和水系设施的位置。

(3)以上用测量仪器和测量方法所获得的自然界和人类社会现象的空间分布、相互联系及其动态变化信息,最终要以地图图形的形式反映和展示出来。

(4)各种经济建设和国防工程建设的规划、设计、施工和建筑物建成后的运营管理中,都需要进行相应的测绘工作,并利用测绘资料指导工程建设的实施,监测建(构)筑物的形变。

(5)在海洋环境(包括江河湖泊)中进行测绘工作,同陆地测量有很大的区别。主要是测区条件比较复杂(如海面受潮汐、气象因素等影响起伏不定,大多数为动态作业),测量内容综合性强,需多种仪器配合施测,观测者不能用肉眼透视水域底部,精确测量难度较大。因此,要研究海洋水域的特殊测量方法和仪器设备,如无线电导航系统、电磁波测距仪器、水声定位系统、卫星组合导航系统等。

(6)从以上的研究内容可以看出,测绘学中有大量各种类型的测量工作。这些测量工作需要观测者利用测量仪器在某一种自然环境中进行观测。测量仪器构造上有不可避免的缺陷,加之观测者的技术水平和感觉器官的局限性以及自然环境的各种因素,如气温、气压、风力、透明度、大气折光等变化,对测量工作都会产生影响,给观测结果带来误差。虽然随着测绘科技的发展,测量仪器可以制造得越来越精密,甚至可以实现自动化或智能化,观测者的技术水平可以不断提高,能够非常熟练地进行观测,但这也只能减小观测误差,将误差控制在一定范围内,而不能完全消除它们。因此,在测量工作中必须研究和处理这些带有误差的观测值,设法消除或削弱其误差,以便提高被观测量的质量,这就是测绘学中的测量数据处理和平差问题。

(7)测绘学的研究和工作成果最终要服务于国民经济建设、国防建设以及科学研究,因此要研究测绘学在社会经济发展的各个相关领域中的应用。不同应用领域对测绘工作的要求也不相同,要求掌握不同的测绘理论和方法,使用不同的测量仪器和设备,采用不同的数据处理和平差,最后获得符合不同应用领域要求的测绘成果。

二、测绘学的学科分类

随着测绘科学技术的发展和时间的推移,测绘学的学科分类方法是不相同的。测绘学按照研究的范围、研究对象及采用技术手段的不同,一般分为以下五个分支学科:大地测量学、摄影测量学、地图学、工程测量学、海洋测绘学。

1. 大地测量学

大地测量学是研究和确定地球的形状、大小、重力场、整体与局部运动和地表面点的几何位置以及它们的变化理论和技术的学科。大地测量学的基本任务是建立地面控制网、重力网,精确测定控制点的空间三维位置,为地形测图提供控制基础,为各类工程测量提供依据,为研究地球形状、大小,重力场及其变化,地壳形状及地震预报提供信息。图1-2表示的是地球椭球的大小、扁率和点的几何位置，图1-3为重力测量作业，图1-4为卫星定位作业。

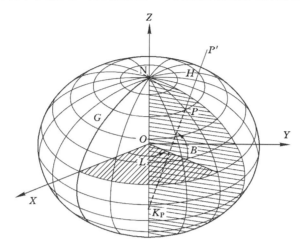

图1-2　地球椭球的大小、扁率和点的几何位置

图1-3　重力测量作业

图1-4　卫星定位作业

2. 摄影测量学

摄影测量学是研究利用摄影或遥感的手段获取目标物的影像数据，从中提取几何的或物理的信息，并用图形、图像和数字形式表达测绘成果的学科。它的主要研究内容有：获取目标物的影像，对影像进行处理，将所测得的成果用图形、图像或数字表示。

摄影测量学包括航天摄影、航空摄影、地面摄影测量等。航天摄影是在航天飞行器(卫星、航天飞机、宇宙飞船)中利用摄影机或其他遥感探测器(传感器)获取地球的图像资料和有关数据的技术，如图1-5和图1-6所示。航空摄影是在飞机或其他航空飞行器上利用航摄机摄取地面景物影像的技术，如图1-7所示。地面摄影测量是利用安置在地面上基线两端点处的专用摄影机拍摄的立体像对，对所摄目标物进行测绘的技术，如图1-8所示。

3. 地图学

地图学是研究模拟和数字地图的基础理论，设计、编绘、复制的技术方法以及应用的学科。传统地图制图学的具体内容一般包括地图设计、地图投影、地图编制、地图印制和地图应用等五方面内容，如图1-9、图1-10所示。

随着计算机技术的引入，出现了计算机地图制图技术。它根据地图制图原理和地图编

图 1-5　航天测绘

图 1-6　航天遥感影像图

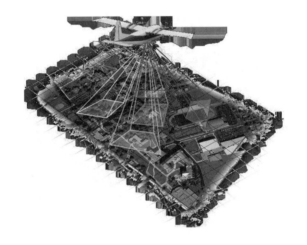

图 1-7　航空摄影

图 1-8　近景摄影测量(地面摄影测量)

图 1-9　地图设计与编制　　　　　　　　　图 1-10　地图印制

辑过程的要求,利用计算机输入、输出等设备,通过数据库技术和图形数字处理方法,实现地图数据的获取、处理、显示、存储和输出;改变了地图的传统生产方式,节约了人力,缩短了成图周期,提高了生产效率和地图制作质量,使得地图手工生产方式逐渐被数字化地图生产所取代。

4. 工程测量学

工程测量学是研究在工程建设和自然资源开发各个阶段进行测量工作的理论和技术的学科。它是测绘学在国民经济和国防建设中的直接应用,包括规划设计阶段的测量、施工兴建阶段的测量和运营管理阶段的测量。每个阶段测量工作的重点和要求各不相同。规划设计阶段的测量,主要是提供地形资料和配合地质勘探、水文测验所进行的测量工作,如图1-11所示。施工兴建阶段的测量,主要是按照设计要求,在实地准确地标定出工程结构各部分的平面位置和高程作为施工和安装的依据,如图 1-12 所示。运营管理阶段的测量,是指工程竣工后为监视工程的状况和保证安全所进行的周期性重复测量,即变形观测,如图1-13 所示。

图 1-11　规划设计阶段的测量　　　　　　　图 1-12　施工测量

精密工程测量(或高精度工程测量)是采用非常规的测量仪器和方法,使其测量的绝对精度达到毫米级以上要求的测量工作,用于大型、精密设备的精确定位和变形观测等,如图1-14 所示。随着信息技术的发展,工程测量学的研究范围已扩展到三维工业测量、灾害监测与预报等领域。

工程测量学是一门应用学科,按其研究的对象可分为:控制测量、地形测量、规划测量、建筑工程测量、变形观测与精密工程测量、市政工程测量、水利工程测量、线路与桥隧测量、地下管线测量、矿山测量等。

图 1-13　变形观测　　　　　　　　　　　图 1-14　精密工程测量

5. 海洋测绘学

海洋测绘学是研究以海洋水体和海底为对象所进行的测量、海图编制理论和方法的学科，主要包括海道测量、海洋大地测量、海底地形测量、海洋专题测量以及航海图、海底地形图、各种海洋专题图和海洋图集等图的编制，如图 1-15 所示；常见的仪器有测深仪，如图 1-16 所示。

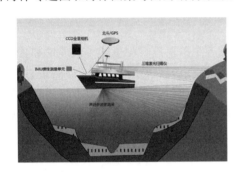

图 1-15　海底地形测量　　　　　　　　　图 1-16　测深仪

三、测绘科学技术的地位和作用

测绘科学技术的应用范围非常广阔，测绘科学技术在国民经济建设、国防建设以及科学研究等领域都占有重要的地位，测绘工作者常被称为国民经济建设的"尖兵"。不论是国民经济建设还是国防建设，其勘测、设计、施工、竣工及运营等阶段都需要测绘工作，而且都要求测绘工作先行。

1. 在科学研究中的作用

现代测量技术已经或将要实现无人工干预、自动连续观测和数据处理，可以提供几乎任意时域分辨率的地壳运动、重力场的时空变化、地球的潮汐和自转变化等的数据，这些观测成果可以用于地球内部物质结构在科学研究方面，诸如航天技术、地壳形变、地震预报、气象预报、滑坡监测、灾害预测和防治、环境保护、资源调查以及其他科学研究中。地理信息系统（GIS）、数字城市、数字中国、数字地球的建设，都需要现代测绘科学技术提供基础数据信息。

2. 在国民经济建设中的作用

测绘信息是国民经济和社会发展规划中最重要的基础信息之一。例如，农田水利建设、江河的治理、国土资源管理、地质矿藏的勘探与开发、交通航运的设计、工矿企业和城乡建设的规划、土地利用、土壤改良、地籍管理、环境保护、旅游开发等都必须首先进行测绘工作，并提供地形图与数据等资料，这样才能保证规划设计与施工的顺利进行。因此，测绘工作者常被誉为"国民经济建设的先锋"。在其他领域,如地震灾害的预报、航天、考古、探险,甚至人口调查等工作中,也都需要测绘工作的配合。

3. 在国防建设中的作用

测绘工作为打赢现代化战争提供测绘保障,如各种军事工程的设计与施工,远程导弹、人造卫星或航天器的发射及精确入轨,战役及战斗部署,各军兵种军事行动的协同等都离不开地图和测绘工作的保障。所以,人们形象地称地形图是"指挥员的眼睛"。

4. 在社会发展中的作用

国民经济建设和社会发展的大多数活动是在广袤的地域空间进行的。政府部门或职能机构既要及时了解自然和社会经济要素的分布特征与资源环境条件,也要进行空间规划布局,要掌握空间发展状态和政策的空间效应。因此,为实现政府管理和决策的科学化、民主化,要求提供广泛通用的地理空间信息平台,测绘数据是其基础。在防灾减灾、资源开发和利用、生态建设与环境保护等影响社会可持续发展的种种因素方面,各种测绘和地理信息可用于规划、方案的制订,灾害、环境监测系统的建立,资源、环境调查与评估以及决策指挥等。

测绘工作是一项精细而严谨的工作。测绘成果、成图质量的好坏对各项建设有着重大的影响。我国幅员辽阔,物产丰富,建设事业蓬勃发展,测绘任务十分繁重。为了适应时代的发展和现代化测绘技术的需要,我们必须要努力学习专业知识,勇于实践,培养刻苦钻研的良好学风;要树立同心协力,不避艰辛的思想作风;要发扬测绘技术人员真实、准确、细致的优良传统,担负起光荣的测绘使命,为祖国的现代化建设贡献力量。

四、地形测量学的内容

从测绘学的定义可知,地形测量学是测绘学研究的重要内容。地形测量学是普通高等职业教育测绘地理信息类专业的专业基础课,在专业课程设置中占据重要的地位,在专业教学中起着基础作用。

地形测量是对地球表面的地物、地貌在平面上的投影位置和高程进行测量,并按照一定比例尺缩小,用符号和注记绘制成地形图的工作。

地形测量特别是大比例尺地形测量,只是在地球表面一个小区域内进行的测绘工作,在确定平面位置时可以把这块地球表面看作平面,而不顾及地球曲率的影响。

地形测量学的主要任务有:根据国家大地控制网,建立测图控制网,测定一定数量的平面和高程控制点,计算控制点的平面坐标和高程,供碎部测量使用;在控制测量基础上,利用各种测量方法测定各种地物、地貌特征点的平面位置和高程,确定地形要素的名称、数量和特征,利用地形符号绘制各种比例尺的地形图;利用地形图进行量算和空间分析,为工程建设规划提供资料;应用测量误差理论分析测量误差来源和积累;掌握地形测量使用的仪器[目前主要有水准仪、全站仪、全球导航卫星定位系统(GNSS)接收机等]的原理、操作使用方法。

在国民经济和社会发展规划中地形测量信息是重要的基础信息,如各种规划首先要有地形图,因此,地形测量常被视为经济建设和国防建设的基础工程。在国防建设中,地形图是战略部署的重要资料之一,是现代大规模多兵种协同作战的重要保障。

五、地形测量的发展概况

1. 传统的地形测量

传统的地形测量主要指的是图解法测图,是利用测量仪器对地球上的各种地物、地貌特征点的空间位置进行测定,并以一定的比例尺按图形符号的要求将其绘制在白纸和聚酯薄膜上,即通常所称的白纸测图,如图 1-17 所示。测图过程中,展点、绘图及图纸伸缩变形等因素的影响使得测图精度较低,而且工序多、劳动强度大、变更和修改不方便、质量管理难。在当今的信息时代,纸质地形图已难以承载诸多图形信息,更新也极为不便,难以适应信息时代经济建设的需要。

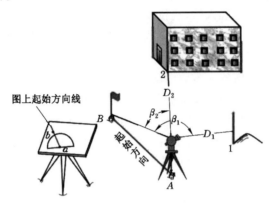

图 1-17　图解法测图

2. 数字地形测量

随着科学技术进步和计算机技术的迅猛发展及其向各领域的渗透,电子全站仪、GNSS-RTK 技术等先进测量仪器和技术的广泛应用,促进了地形测量向自动化和数字化方向的发展,数字测图技术应运而生。数字测图与图解法测图相比,以其特有的高自动化、全数字化、高精度的显著优势而具有无限广阔的发展前景。

数字测图是通过数字测图系统来实现的,数字测图系统主要由数据采集、数据处理和数据输出三部分组成,其作业过程与使用的设备和软件、数据源及图形输出的目的有关。如图 1-18 所示,根据数字测图系统的硬件和软件的组成,数字测图方法包括利用全站仪、RTK 进行地面数字测图;利用 RTK 配合探深仪进行水下地形数字测图;利用手扶数字化仪或扫描仪对纸质地形图进行数字化;利用摄影测量进行数字测图。

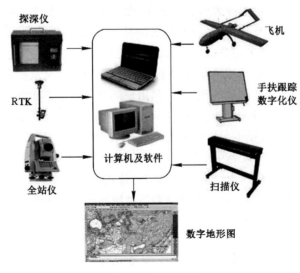

图 1-18　数字测图

任务二 地球的形状和大小

地形测量学的研究对象是地球表面,测量工作也是在地球表面进行的。因此,首先要对地球形状、大小等自然状态做必要的了解,然后才能确定地面点的空间位置而选择参考面和参考线,作为描述地面点空间位置的基准。

一、地球的自然表面

地球表面是极其不规则的,有山地、丘陵、平原、盆地、海洋等起伏变化。通过长期的科学调查和测绘实践可知,对地球表面而言,海洋的面积约占71%,陆地仅占29%。地球表面最高处位于珠穆朗玛峰,其海拔为+8 844.43 m;最低点位于马里亚纳海沟,其最深处位于斐查兹海渊,海拔为−11 034 m。地球表面看起来起伏变化非常大,但是这种起伏变化和庞大的地球(半径约6 371 km)比较起来是微不足道的,就其总体形状而言,地球是一个接近于两极扁平,沿赤道略微隆起的椭球体。

二、大地水准面

由于地球的自转运动,地球上任何一个质点都要受到离心力和地球引力的双重作用,这两个力的合力称为重力,如图1-19所示。悬挂物体静止时受重力作用,自然下垂的线即为铅垂线。铅垂线是野外测量工作的基准线。

既然地球表面绝大部分是海洋,我们可以把地球设想成一个静止的海水面(即没有波浪、无潮汐的海水面)向大陆内部延伸、最后包围起来的闭合形体。将海水在静止时的表面叫作水准面(水在静止时的表面),水准面有无穷多个,其中一个与平均海水面重合并延伸到大陆内部,且包围整个地球的特定重力等位面叫作大地水准面,如图1-20所示。它是一个没有皱纹和棱角的、连续的封闭曲面,决定地面点高程的起算面,是野外测量工作的基准面。由大地水准面所包围的形体叫作大地体,通常认为大地体可以代表整个地球的形状。

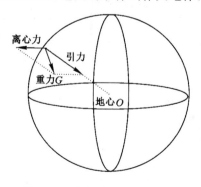

图1-19 引力、离心力和重力

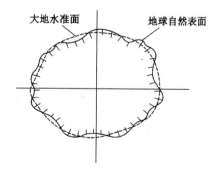

图1-20 大地水准面

三、参考椭球面

地球内部物质分布不均匀,就使得地面各点沿铅垂线方向发生不规则的变化,因此,大地水准面实际上是个略有起伏而不规则的光滑曲面。显然,要在这样的曲面上进行各种测量数据的计算和成果、成图的处理是相当困难的,甚至是不可能的。人们经过长期的精密测量,发现大地体是一个十分接近于两极稍扁的旋转椭球体,这个与大地体形状和大小十分接近的旋转椭球体,我们称为地球椭球体,如图 1-21 所示。

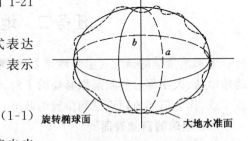

图 1-21 地球椭球体

地球椭球是一个数学曲面(能够用数学公式表达的规则曲面),用 a 表示地球椭球体的长半径,b 表示其短半径,则地球椭球体的扁率 α 为:

$$\alpha = \frac{a-b}{a} \qquad (1-1)$$

地球椭球元素是通过大量的测量成果推算出来的,17 世纪以来,世界各国许多测量工作者根据不同地区、不同年代的测量资料,按照不同的处理方法推算出不同的地球椭球元素,现摘录几种典型的地球椭球几何参数以供参考,见表 1-1。

表 1-1 地球椭球几何参数

椭球名称	时间	长半轴 a/m	扁率 α	备注
1975 大地测量参考系统	1975	6 378 140	1∶298.257	IUGG 第 16 届大会推荐值
1980 大地测量参考系统	1979	6 378 137	1∶298.257	IUGG 第 17 届大会推荐值
WGS-84 系统	1984	6 378 137	1∶298.257 223 563	美国国防部制图局(DMA)
2000 国家大地坐标系	2000	6 378 137	1∶298.257 222 101	中国

注:IUGG(International Union of Geodesy and Geophysics)为国际大地测量与地球物理联合会的缩写。

地球椭球的形状确定后,还需进一步确定地球椭球与大地体的相关位置,才能作为测量计算的基准面,这个过程称为椭球定位。人们把形状、大小和定位都已经确定好了的地球椭球称为参考椭球,参考椭球体的表面称为参考椭球面。参考椭球定位原则是在一个国家或地区内使参考椭球面和大地水准面最为吻合,其方法是首先使参考椭球的中心与大地体中心重合,并在一个国家或地区范围内适当位置选定一个地面点,使得该点处参考椭球和大地水准面重合,如图 1-22 所示。这个用于参考椭球定位的点,称为大地原点。参考椭球面是测量计算的基准面,其法线是测量计算的基准线。

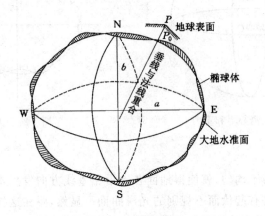

图 1-22 椭球定位

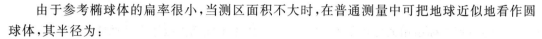

由于参考椭球体的扁率很小,当测区面积不大时,在普通测量中可把地球近似地看作圆球体,其半径为:

$$R = \frac{a + a + b}{3} \approx 6\ 371\ (\text{km})$$

任务三 地面点位的确定

测绘工作的根本任务是确定地面点的位置。要确定地面点的空间位置,通常是求出该点的三维坐标或二维坐标。由于地球自然表面高低起伏变化较大,要确定地面点的空间位置,就必须要有一个统一的坐标系统。在测量工作中,通常用地面点在基准面(如参考椭球面)上的投影位置和该点沿投影方向到大地水准面的距离来表示。投影位置通常用地理坐标或平面直角坐标来表示,到大地水准面的距离用高程表示。

一、地理坐标

地理坐标系属球面坐标系,根据不同的投影,又分为天文地理坐标系和大地地理坐标系。

1. 天文地理坐标系

天文地理坐标又称天文坐标,用天文经度(λ)和天文纬度(φ)来表示地面点投影在大地水准面的位置,如图 1-23 所示。

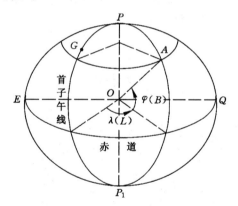

图 1-23 地理坐标系

确定天文坐标(λ, φ)所依据的基本线为铅垂线,基本面为包含铅垂线的子午面。图1-23中,PP_1为地球的自转轴,P为北极,P_1为南极。地面上任一点A的铅垂线与地轴PP_1所组成的平面称为该点的子午面,子午面与地球表面的交线称为子午线,也叫经线。A点的天文经度λ是A点的子午面与首子午面(国际公认通过英国格林尼治天文台的子午面)所组成的两面角。其计算方法为自首子午线向东或向西计算,数值在 $0° \sim 180°$ 之间,向东为东经,向西为西经。垂直于地轴的平面与地球面的交线为纬线。垂直于地轴并通过地球中心O的平面为赤道平面,与地球面相交为赤道。A点的天文纬度φ是通过A点的铅垂线与赤道平面之间的交角,其计算方法为自赤道起向北或向南计算,数值在 $0° \sim 90°$ 之间,在赤道以北为北纬,在赤道以南为南纬。天文地理坐标可以在地面点上用天文测量的方法测定。

2.大地地理坐标系

大地地理坐标系用大地经度 L 和大地纬度 B 表示地面点投影在地球椭球面上的位置。地面上一点的空间位置可用大地坐标 (L,B) 表示。由首子午面和赤道面构成大地坐标系统的起算面,如图 1-23 所示,过参考椭球面上任一点 P 的子午面与首子午面的夹角 L,称为该点的大地经度 L,简称经度。经度由首子午面向东为正,由 $0°\sim+180°$ 称为东经,向西为负,由 $0°\sim-180°$ 称为西经。过 P 点的法线与赤道面的夹角 B,称为该点的大地纬度,简称纬度 B。纬度由赤道面向北为正,从 $0°\sim+90°$ 称为北纬,向南为负,从 $0°\sim-90°$ 称为南纬。

参考椭球面上的点以其大地经度、纬度表示的坐标称为该点的大地坐标。

由于参考椭球面与大地水准面之间的相关位置已固定下来,地面上任何一点的位置都可以沿法线方向投影到参考椭球面上,并用其大地经、纬度表示出来。

二、地心空间直角坐标系

地心空间直角坐标系属空间三维直角坐标系。在卫星大地测量中,常用地心空间直角坐标来表示空间一点的位置。通常地心空间直角坐标系的原点设在地球椭球的中心 O,Z 轴与地球旋转轴重合,X 轴通过起始子午面与赤道的交点,赤道面上与 X 轴正交的方向为 Y 轴,与 Z 轴、X 轴形成右手直角坐标系 $O\text{-}XYZ$。如图 1-24 所示,地面点 A 的空间位置用三维直角坐标 (x_A,y_A,z_A) 表示,地心空间直角坐标系可以统一各国的大地控制网,可以使各国的地理信息"无缝衔接"。地心空间直角坐标在全球导航卫星系统(GNSS)、航空航天、军事及国民经济各部门有着广泛的应用。

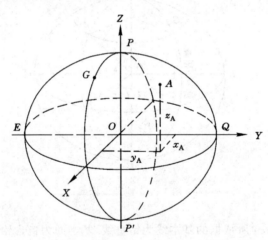

图 1-24 地心空间直角坐标系

三、平面直角坐标系

大地坐标在大地测量和制图中经常用到,但在地形测量中很少直接使用,而经常使用的是平面直角坐标,特别是以后讲的高斯平面直角坐标。

平面直角坐标系是由平面内两条互相垂直的直线组成的坐标系,测量上使用的平面直角坐标系与数学上的笛卡尔坐标系有所不同,如图 1-25 所示。测量上将南北方向的坐标轴定为 X 轴(纵轴),东西方向的坐标轴定为 Y 轴(横轴),规定的象限顺序也与数学上的象限顺序相反,并规定所有直线的方向都是以纵坐标轴北端顺时针方向度量的。这样,使所有平面上的数学公式均可使用,同时又便于测量中的方向和坐标计算。

如图 1-25 所示,以南北方向的直线作为坐标系的纵轴,即 X 轴;以东西方向的直线作为坐标系的横轴,即 Y 轴;纵、横坐标轴的交点 O 为坐标原点。规定由坐标原点向北(上)为正,向南(下)为负,向东(右)为正,向西(左)为负。坐标轴将整个坐标系分为四个象限,象限的顺序是从北东象限开始,以顺时针方向排列为Ⅰ(北东)、Ⅱ(南东)、Ⅲ(南西)、Ⅳ(北西)象限。

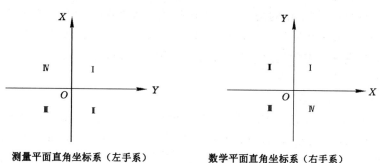

测量平面直角坐标系(左手系)　　　数学平面直角坐标系(右手系)

图 1-25　测量和数学平面直角坐标系的区别

1.高斯平面直角坐标系

高斯平面直角坐标系将在本项目任务四中详细介绍。

2.独立测区的平面直角坐标

在测量的范围较小,测区附近无任何大地控制点可以利用,测量任务又不要求与全国统一坐标系相联系的情况下,可以把该测区的地表一小块球面当作平面看待。在测区内选择两个控制点,其中假定一个点的坐标,测定出两点间的距离,假定该边的坐标方位角。也可将坐标原点选在测区的西南角,使坐标为正值,以该地区中心的子午线为 X 轴方向,建立该地区的独立平面直角坐标系,如图 1-26 所示。

3.施工坐标系

在房屋建筑或其他工程建筑工地,为了对其平面位置进行施工放样的方便,使所采用的平面直角坐标系与建筑设计的轴线相平行或垂直,对于左右、前后对称的建筑物,甚至可以把坐标原点设置于其对称中心,以简化计算,如图 1-27 所示。

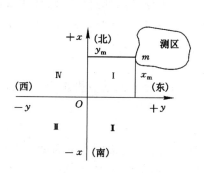

图 1-26　独立测区的平面直角坐标系

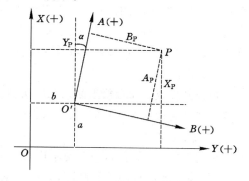

图 1-27　施工坐标系

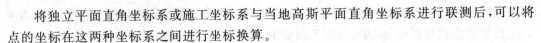

将独立平面直角坐标系或施工坐标系与当地高斯平面直角坐标系进行联测后,可以将点的坐标在这两种坐标系之间进行坐标换算。

四、我国常用的坐标系统

1. 1954 年北京坐标系

20 世纪 50 年代,由于国家建设的需要,我国地面点的大地坐标是通过与苏联 1942 年普尔科沃大地坐标系中的控制点进行联测,经过我国东北传算过来的,这些大地点经平差之后,其坐标系统定名为"1954 年北京坐标系"。实际上,这个坐标系统是苏联 1942 年普尔科沃大地坐标系的延伸,它采用的是克拉索夫斯基椭球元素值,大地原点在苏联普尔科沃天文台。由于大地原点距我国甚远,在我国范围内该参考椭球面与大地水准面存在着明显的差距,在东部地区,两面的差距最大达 69 m 之多。因此,1978 年全国天文大地网平差会议决定建立我国独立的大地坐标系。

2. 1980 年西安坐标系

为了适应我国经济建设和国防建设需要,我国在 1972～1982 年期间进行天文大地网平差时,建立了新的大地基准,相应的大地坐标系为"1980 年西安坐标系",又称"1980 年国家大地坐标系"。大地原点地处我国中部,位于自陕西省西安市以北约 60 km 的泾阳县永乐镇。

3. 2000 国家大地坐标系

"1954 年北京坐标系"和"1980 年西安坐标系"由于其成果受技术条件制约,精度偏低,无法满足新技术的要求。随着社会的进步,国民经济建设、国防建设和社会发展、科学研究等对国家大地坐标系提出了新的要求,迫切需要采用原点位于地球质量中心的坐标系统(以下简称地心坐标系)作为国家大地坐标系。

"2000 国家大地坐标系"(CGCS 2000)是我国当前最新的国家大地坐标系,是全球地心坐标系在我国的具体体现,其原点为包括海洋和大气的整个地球的质量中心。

2008 年 4 月经国务院批准,我国自 2008 年 7 月 1 日起,全面启用 2000 国家大地坐标系。2000 国家大地坐标系与当时现行国家大地坐标系转换、衔接的过渡期为 8～10 年。当时的各测绘成果,在过渡期内可沿用原大地坐标系,2008 年 7 月 1 日后新生产的各类测绘成果应采用 2000 国家大地坐标系。

4. WGS-84 坐标系

"WGS-84 坐标系"是美国国防局为全球定位系统(GPS)的使用于 1984 年建立的坐标系统,1985 年投入使用。WGS-84 坐标系属地心坐标系,坐标系的原点位于地球质心,Z 轴指向(国际时间局)BIH 1984.0 定义的协议地球极(CTP)方向,X 轴指向 BIH 1984.0 的零度子午面和 CTP 赤道的交点,Y 轴通过右手规则确定。

五、高程系统

地理坐标或平面直角坐标只能反映地面点在参考椭球面上或某一投影面上的位置,并不能反映其高低起伏的差别,为此,需建立一个统一的高程系统。

1. 高程基准面

由图 1-28 可以看出,一个与平均海水面重合并延伸到大陆内部的水准面就是大地水准面,它是确定地面点高程的基准面(起算面),在大地水准面上的所有点,绝对高程均为零。它的获得是通过在沿海某处设立验潮站,经过长期测定海水面的高度,取其平均值作为高程的零点。由于各海洋面高度存在差异,平均海水面的高度也就不一样。我国是以青岛验潮站的验潮结果求得平均海水面,作为全国统一的高程基准面。

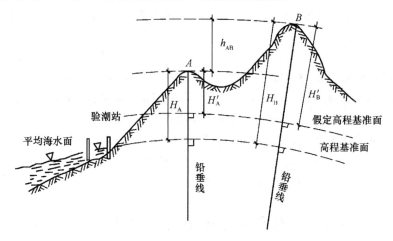

图 1-28 高程和高差

为了将高程基准面可靠地标定在地面上和便于联测,在山东省青岛市观象山上的一个山洞里以坚固的标石作为相应的标志,用精密水准测量联测求出该点至平均海水面的高程,全国高程都从该点推算,故该水准点称为国家水准原点。

2.高程

地面上某一点到大地水准面的铅垂距离称为该点的绝对高程或海拔;地面上某一点到任一假定水准面的垂直距离称为该点的假定高程或相对高程。如图 1-28 所示,H_A、H_B 分别代表地面点 A、B 的绝对高程,H'_A、H'_B 分别代表 A、B 点的相对高程。

3.高差

两地面点的绝对高程或相对高程之差称为高差(或比高)。

高差是相对的,其值有正负,如果测量方向由 A 到 B,A 点高,B 点低,则高差 h_{AB} 为负值。

$$h_{AB} = H_B - H_A = H'_B - H'_A \qquad (1\text{-}2)$$

若测量方向由 B 到 A,即由低点测到高点,则高差 h_{AB} 为正值。

$$h_{BA} = H_A - H_B = H'_A - H'_B \qquad (1\text{-}3)$$

显然 $h_{AB} = - h_{BA}$(绝对值相等,符号相反)。

六、我国常用的高程系统

我国常用的高程系统主要有 1956 年黄海高程系和 1985 国家高程基准。

1. 1956 年黄海高程系

"1956 年黄海高程系"根据青岛验潮站 1950～1956 年验潮资料确定的黄海平均海水面作为全国统一的高程基准面,由此基准面建立的高程系统,称为"1956 年黄海高程系"。用精密水准测量方法测出该原点高出黄海平均海水面 72.289 m,即水准原点的高程为72.289 m。

2. 1985 国家高程基准

1956 年黄海高程系所依据的青岛验潮站的资料系列由于时间(1950～1956 年)较短等

原因,1985 年中国测绘主管部门决定重新计算黄海平均海面,以青岛验潮站 1952~1979 年的潮汐观测资料为计算依据,称为"1985 国家高程基准"。用精密水准测量方法测出该原点高出黄海平均海水面 72.260 m,即水准原点的高程为 72.260 m。由此可得出,1985 国家高程基准高程和 1956 年黄海高程的关系为:

$$1985 国家高程基准高程＝1956 年黄海高程系高程－0.029 m$$

"1985 国家高程基准"于 1987 年 5 月正式通告启用,同时"1956 年黄海高程系"即相应废止。各部门各类水准点成果将逐步归算至"1985 国家高程基准"上来。所以,在使用高程成果时,要特别注意使用的高程基准,防止出现错误。

除以上两种高程系统外,我国在不同时期和不同地区曾采用过多个高程系统,如大沽高程基准、吴淞高程基准、珠江高程基准等。由于各种高程系统之间存在差异,因此,我国从 1988 年起,规定统一使用 1985 国家高程基准。

任务四　地图投影和高斯平面直角坐标系

一、地图投影概述

地面点的位置可用大地经纬度表示在参考椭球面上,这种表示方法不便于制作、保管和使用,更不便于距离和角度等常用量的计算。因此,通常需要将参考椭球面的图形表示在平面上形成平面图,因为平面图的制作和应用都很方便。

由于参考椭球面是不可展平的曲面,要将参考椭球面的点或图形表示在平面上,必须采用地图投影的方法。地图投影就是将参考椭球面上的元素(坐标、角度和边长)按照一定的数学法则投影到平面上的过程,是先将参考椭球面的点投影在投影面上,再将投影面沿母线切开展为平面。从本质上讲,地图投影是按照一定的条件确定大地坐标和平面直角坐标之间的一一对应关系。

参考椭球面是不可展开的曲面,把参考椭球面上的元素投影到平面上必然会出现不同变形。在测量工作中,一般要求投影前后保持角度不变。这是因为角度不变意味着在一定范围内地图上的图形与椭球面上的图形是相似的,而地形图上的任何图形都与实地图形相似,这在地形图测绘和应用方面都很方便。另外,角度测量是测量工作的主要工作之一,如果保持投影前后角度不变,就可以在平面上直接使用观测的角度值,从而可免去大量的投影工作。

二、高斯投影概述

1.高斯投影

高斯投影保持图上任意两个方向的夹角与实地相应的角度相等,在小范围内保持图上形状与实地相似。

高斯投影是德国数学家高斯在 1825~1830 年首先建立其理论并推导出计算公式的,到 1912 年又经德国大地测量学家克吕格加以研究改进并补充完善,所以称高斯-克吕格投影,通常简称高斯投影。

为简要说明高斯投影的概念,设想用一个椭圆柱面横套在参考椭球面的外面,并使椭圆柱面与参考椭球某一子午线相切,相切的子午线称为轴子午线或中央子午线;椭圆柱的中心轴 ZZ' 与赤道面相重合,并通过椭球中心 C。用数学方法将椭球面上一定经差范围内的点、线投影到椭圆柱面上。然后,沿过极点的母线从 $AA'B'B$ 将椭圆柱面剪开,并将其展成一平面(称为高斯平面),就可得到椭球面投影到平面上的图形了,如图1-29所示。

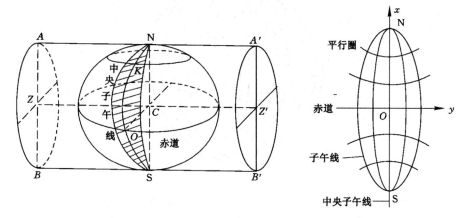

图 1-29　高斯投影

2.高斯投影的特性

将椭球面上的经纬线投影到高斯平面上后,这些曲线的形状或长度发生了变化,它们具有如下性质:

(1)中央子午线投影后为一条直线,为 x 轴,并且是投影的对称轴。中央子午线的长度没有变形。

(2)除中央子午线外,其余子午线投影后均为凹向中央子午线的曲线,并以中央子午线为对称轴。这些子午线投影后有长度变形,且离中央子午线越远,投影后长度变形越大。

(3)赤道投影后为一条直线,为 y 轴,其长度有变形;除赤道外的其余纬圈,投影后均为凸向赤道的曲线,并以赤道为对称轴。

三、高斯平面直角坐标系

1.高斯平面直角坐标系的建立

在投影面上,中央子午线和赤道的投影都是直线。以中央子午线和赤道的交点 O 作为坐标原点,以中央子午线的投影为纵坐标轴 x,规定 x 轴向北为正;以赤道的投影为横坐标轴 y,规定 y 轴向东为正,这样便形成了高斯平面直角坐标系,如图1-29所示。

2.投影带划分

高斯投影虽然不存在角度变形,但长度变形还是存在的,除去中央子午线保持长度不变外,只要离开中央子午线任何一段距离,投影后其长度都要发生变形,并且离中央子午线越远,长度变形越大。

限制长度变形的方法通常是采用分带(即限制投影范围)的办法来解决,也就是用分带的方法把投影区域限定在中央子午线两旁的一定范围内。具体做法是:先按一定的经差将参考椭球面分成若干个瓜瓣形,各瓜瓣形分别按照投影方法进行投影。

我国通常采用6°带和3°带两种分带方法。测图比例尺小于1:1万时,采用6°分带;测图比例尺大于或等于1:1万时,则采用3°分带,如图1-30所示。在工程测量中,有时也采用任意投影分带,即把中央子午线放在测区中央的高斯投影。

(1)6°带

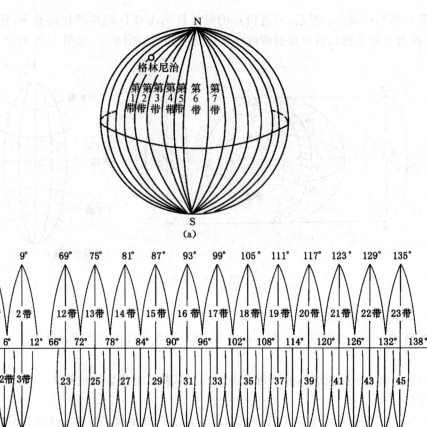

图 1-30　6°带和 3°的关系

6°带的带号,是由起始子午线算起,每隔经差 6°自西向东划分,即 0°～6°为第一带(中央子午线的经度 $L_0=3°$);6°～12°为第二带($L_0=9°$);依次分下去,可将地球分成 60 个带,每带的带号可按 1～60 依次编号,如图 1-30 所示。

第 N 带中央子午线的经度 L_{N0} 与带号 N 的关系为:

$$L_{N0}=6°N-3°　(N=1,2,\cdots,60)\tag{1-4}$$

（2）3°带

3°带是在 6°带的基础上划分的,是由东经 1.5°起算,每隔经差 3°自西向东划分,其带号按 1～120 依次编号。

3°带第 n 带中央子午线的经度 L_{n0} 与带号 n 的关系为:

$$L_{n0}=3°n　(n=1,2,\cdots,120)\tag{1-5}$$

我国中央子午线的经度从 75°到 135°,6°带横跨 11 带(13 带到 23 带);我国 3°带中央子午线的经度从 72°到 135°,3°带横跨 22 带(24 带到 45 带)。就我国而言,6°带和 3°带的带号是没有重复的,就带号本身就能看出是 3°带还是 6°带。

（3）任意带

在工程测量中,为了使长度变形更小,有时采用任意带,即中央子午线选择在测区中央,带宽一般为 1.5°。

3. 国家统一坐标

(1) 自然坐标

在高斯平面直角坐标系中,以每一带的中央子午线的投影为 x 轴,赤道的投影为 y 轴,各个投影带自成一个平面直角坐标系统,由此而确定的点位坐标为自然坐标,如图 1-31(a) 所示。我国位于北半球,x 轴的自然坐标均为正,而 y 轴的自然坐标则有正有负。

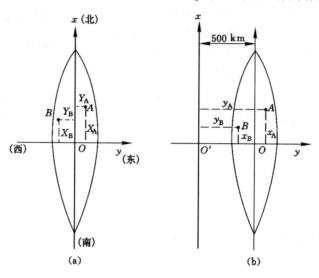

图 1-31 自然坐标和通用坐标

(a) 自然坐标;(b) 通用坐标

(2) 通用坐标

为了避免 y 坐标出现负值,规定在自然坐标 y 上加 500 km(即将 x 轴向左侧移动 500 km),这样使 x、y 值均为正值,如图 1-31(b) 所示。由于采用了分带投影,各带自成独立的坐标系,每带都有一些自然坐标相同的点。为了说明某点的确切位置,则应在加 500 km 后的 y 坐标前加上相应的带号。因此规定,将自然坐标 y 加 500 km,并在前面冠以带号的坐标,称为通用坐标,即国家统一坐标。

例如,在图 1-31 中,A、B 两点均位于第 21 带,其自然坐标分别为:

$$\begin{cases} y_A = +105\ 374.8\ \text{m} \\ y_B = -180\ 736.3\ \text{m} \end{cases}$$

其通用坐标为:

$$\begin{cases} y_A = 21\ 500\ 000 + 105\ 374.8 = 21\ 605\ 374.8\ (\text{m}) \\ y_B = 21\ 500\ 000 - 180\ 736.3 = 21\ 319\ 263.7\ (\text{m}) \end{cases}$$

我国的 x 坐标均为正,因而其自然坐标值和通用坐标值相同。

任务五 用水平面代替水准面的限度

众所周知,水准面是一个曲面。实际测量工作中,当测区面积不大时,往往以水平面直接代替水准面,即在一定范围内把地球表面上的点直接投影到水平面上来决定其位置,这样做简化了测量和计算工作,却给测量结果带来了误差,如果这些误差在所容许的限差范围之内,这种代替是允许的。但是,究竟在多大范围内才能允许用水平面代替水准面呢? 我们有必要对这种代替所产生的误差进行讨论。

下面对用水平面代替水准面所引起的距离、角度和高程等方面误差的大小做初步的分析。

一、用水平面代替水准面对距离的影响

在图 1-32 中,设以 O 点为球心,R 为半径的球面为水准面。在水准面上不太大的范围内有 B、C 两点,过 BC 弧的中点 A 作一水平面代替水准面,B'、C' 点分别为 B、C 在水平面上的投影。$\overarc{AB}$ 弧的长度 D 就是水准面上 A、B 两点之间的距离。

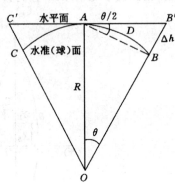

图 1-32　水平面代替水准面引起的距离误差

若以 AB' 切线段的长度代替相应的圆弧的长度 $\overarc{AB}$,则在距离方面将产生误差 ΔD。由图 1-32 可以看出:

$$\Delta D = |AB'| - \overarc{AB}$$

当 $\overarc{AB}$ 所对的圆心角 θ(以弧度表示)不太大时,经过数学推导可得:

$$\Delta D = \frac{D^3}{3R^2} \tag{1-6}$$

或用相对误差表示为:

$$\frac{\Delta D}{D} = \frac{D^2}{3R^2} \tag{1-7}$$

式(1-6)为距离误差 ΔD 的计算公式;式(1-7)为用相对误差表示的计算公式。因 R 可以看成常数,故 ΔD 仅随 D 而变化。为便于理解,现将距离 D 分别为 10 km、20 km、50 km、100 km 时,产生的误差和相对误差列于表 1-2 中。

表 1-2　　　　　　　用水平面代替水准面在距离方面引起的误差

距离 D/km	10	20	50	100
距离误差 ΔD/cm	0.8	6.6	102.7	821.2
相对误差 $\Delta D/D$	1/1 220 000	1/304 000	1/49 000	1/12 000

从表 1-2 中可以看出,当地面距离为 10 km 时,用水平面代替水准面所产生的距离误差仅为 0.8 cm,其相对误差为 1/1 220 000。而实际测量距离时,大地测量中使用的精密电磁测距仪的测距精度为 1/1 000 000(相对误差)。所以,只有在大范围内进行精密量距时,才考虑地球曲率的影响,而在一般地形测量中测量距离时,可不考虑这种误差的影响。

由于在较小范围内,用水平面代替水准面对水平距离的影响甚微,对地面上两点之间的实际距离(斜距)影响也可以忽略,因此,一般情况下在 10 km 内进行距离测量,可不考虑此方面的影响。

二、用水平面代替水准面对角度的影响

在野外测量中,仪器的整置通常是以铅垂线和水准面为依据的。如果把水准面近似地看作球面,则野外实测的水平角应为球面角,三点构成的三角形应为球面三角形。这样用水平面代替水准面之后角度就变成用平面角代替球面角,三角形就变成用平面三角形代替球面三角形。由于球面三角形三内角之和大于 $180°$,这样代替的结果必然会产生角度误差。

如图 1-33 所示,面 MN 为与测区中央点的铅垂线正交的平面(即水平面);设球面三角形 $A'B'C'$ 沿铅垂线方向投影在测区的水平面 MN 上,其投影为平面三角形 ABC。若球面三角形三内角之和为 $180°+\varepsilon$(ε 为球面角超),由平面三角学可知,球面角超 ε 为:

$$\varepsilon = \frac{P}{R^2}\rho'' \tag{1-8}$$

式中,P 为球面三角形的面积,km^2;R 为地球半径(km),取 6 371 km;$\rho''=206\ 265''$,为一弧度的秒值。

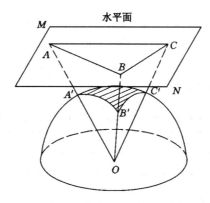

图 1-33　水平面代替水准面引起的角度误差

在测量工作中,实测的是球面面积,绘制成图时绘成平面图形的面积。由式(1-8)可知,只要知道球面三角形的面积 P,就可以求出 ε 值。可以看出,ε 就是用水平面代替水准面时三个角的角度误差之和,则每个角的角度误差 $\Delta\alpha = \dfrac{\varepsilon}{3}$,故有:

$$\Delta\alpha = \frac{P}{3R^2}\rho'' \tag{1-9}$$

其具体影响参见表 1-3。

表 1-3　　　　　　　用水平面代替水准面在角度方面引起的误差

面积 P/km^2	10	100	1 000	10 000
角度误差 $\Delta\alpha/('')$	0.02	0.17	1.69	16.91

从表 1-3 所列数值可以看出,用水平面代替水准面产生的角度误差影响是很小的。1 000 km^2 面积上产生的角度误差不到 $2''$,远小于普通经纬仪的测角误差(地形测量中常用的 J_6 经纬仪本身精度为 $±6''$)。因此,一般情况下在 100 km^2 的小面积地形测量中,完全可以不考虑角度方面的影响。

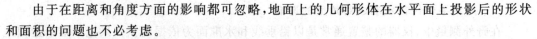

由于在距离和角度方面的影响都可忽略,地面上的几何形体在水平面上投影后的形状和面积的问题也不必考虑。

三、用水平面代替水准面对高程的影响

高程的起算面是大地水准面,如果以水平面代替水准面进行高程测量,则所测量的高程必然含有因地球曲率而产生的高程误差的影响。如图 1-32 所示,A 点和 B 点是在同一水准面上,其高程应当是相等的,当以水平面代替水准面时,B 点升到了 B' 点,BB' 就是产生的高程误差。由于地球半径 R 很大,距离 D 和 θ 角一般很小,Δh 可以近似地用弦切角 $\theta/2$ 所对应的弧长来表示。即:

$$\Delta h = \frac{\theta}{2} \cdot S$$

因为

$$\theta = \frac{D}{R}$$

所以

$$\Delta h = \frac{D^2}{2R} \tag{1-10}$$

式(1-10)即为高程误差 Δh 的计算公式。因在较小范围内,地球曲率半径 R 可以看成常数,故 Δh 与 D^2 成正比,其具体影响见表 1-4。

表 1-4　　　　　　　　用水平面代替水准面在高程方面引起的误差

距离 D/km	0.1	0.3	0.5	1.0	2.0	5.0	10
高程误差 Δh/mm	0.8	7	20	80	310	196	7 850

从表 1-4 所列数值可以看出,地球曲率对高程有显著影响,因此,即使在很短的距离进行高程测量,也必须加以考虑。通常把用水平面代替水准面所产生的高程误差称为地球弯曲差,简称球差。

综上所述可以得出结论:在半径为 10 km 范围内进行测量时,实测的水准面上的长度和角度可以看作是水平面上的长度和角度,即可以忽略两面上长度和角度的差异。但高程的差异是不能忽略的,必须采用加改正数的办法或采取一定措施减小其影响。

任务六　测量工作概述

测量工作的基本任务是要确定地面点的几何位置。确定地面点的几何位置需要进行哪些测量工作呢?为了保证测量成果的精度及质量需遵循哪些工作原则呢?

一、测量的基本工作

如图 1-34 所示,A、B、C、D、E 为地面上高低不同的一系列点,它们构成空间多边形 $ABCDE$,图下方为水平面,从 A、B、C、D、E 分别向水平面作铅垂线,这些垂线的垂足在水平面上构成多边形 $abcde$,水平面上各点就是空间相应各点的正射投影;水平面上多边形的各边就是各空间斜边的正射投影;水平面上相邻两边构成的水平角就是包含空间两斜边的两面角在水平面上的投影。地形图是将地面点正射投影到水平面上后再按一定的比例缩绘至图纸上而成的。由此看出,地形图上各点之间的相对位置是由水平距离 D、水平角 β 和高

差 h 决定的,若已知其中一点的坐标(x,y)和过该点的标准方向及该点高程 H,则可借助 D、β 和 h 将其他点的坐标和高程算出。因此,水平距离和水平角是确定地面点平面位置的基本要素,高差是确定地面点高程的基本要素。距离测量、角度(方向)测量和高程(高差)测量就是测量的基本工作。

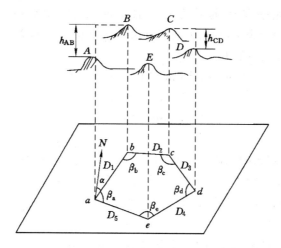

图 1-34　测量的基本工作

二、测量工作的原则

测量工作的目的之一是测绘地形图,地形图是通过测量一系列碎部点(地物点和地貌点)的平面位置和高程,然后按一定的比例,应用地形图符号和注记缩绘而成的。测量工作不能一开始就测量碎部点,而是先在测区内统一选择一些起控制作用的点,将它们的平面位置和高程精确地测量计算出来,这些点被称为控制点,由控制点构成的几何图形称为控制网,再根据这些控制点分别测量各自周围的碎部点,进而拼接绘制成一幅完整的地形图。

这种先建控制网,然后以控制网(点)为基础再进行碎部测量的工作程序,是测量工作必须遵循的一条基本原则,习惯上称作"从整体到局部、先控制后碎部"原则;在测量精度上则遵循"从高级到低级"的原则。这些原则对工程测量的施工放样同样适用。

测量工作中,有些是在野外使用测量仪器获取数据,称为外业;有些是在室内进行数据处理或绘图,称为内业。无论是内业还是外业,为防止错误的发生,工作中必须遵循"边工作边检核"的基本原则,即在测量工作中,每一步工作均应进行检核,上一步工作未检核不得进行下一步工作。实践证明,做好检核工作,可大大减少测量成果出错的机会,同时,由于步步进行检核,可以及早发现错误,减少了返工重测的工作量,对提高测量工作效率也有很大的意义。

任务七　测量上常用的度量单位及有效数字

测量工作中常用的度量单位有长度单位、面积单位及角度单位三种。我国的法定计量单位以国际单位制为基础,测量中必须使用法定计量单位。

一、长度单位

长度的国际单位制是米,符号为 m。测量中常用的长度单位还有毫米(mm)、厘米

（cm）、分米（dm）和千米（km）。它们的换算关系如下：

$$1\text{ m}=10\text{ dm}=100\text{ cm}=1\ 000\text{ mm}$$

$$1\text{ km}=1\ 000\text{ m}$$

二、面积单位

面积国际单位制是平方米，符号为 m^2。图上面积通常用平方毫米（mm^2）、平方厘米（cm^2）、平方分米（dm^2）等表示，地面大面积可用平方千米（km^2），表示土地面积的还可用公顷（hm^2）。它们的换算关系如下：

$$1\text{ m}^2=10^2\text{ dm}^2=10^4\text{ cm}^2=10^6\text{ mm}^2$$

$$1\text{ km}^2=10^6\text{ m}^2$$

$$1\text{ hm}^2=10^4\text{ m}^2$$

三、角度单位

表示平面角角度国际单位制是弧度，符号为 rad。测量上一般不直接以弧度为角度单位，而通常以度（°）为角度的单位，习惯以六十进制的组合单位度（°）、分（′）、秒（″）表示。

为了使用方便，下面给出弧度、度的定义及换算关系。

1. 弧度

圆周上等于半径的弧长所对的圆心角值称为一弧，即 1 rad。如图 1-35 所示，用 $\hat{\theta}$ 表示圆心角的弧度值，用 L 表示弧长，用 R 表示圆的半径，则有：

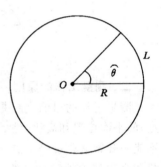

$$\hat{\theta}=\frac{L}{R}$$

因圆的周长为 $2\pi R$，故圆周角为 2π rad。

2. 度、分、秒

将一圆周等分为 360 份，每一等份所对的圆心角值称为

图 1-35　弧度的定义

$1°$。$1°$ 的 $\frac{1}{60}$ 为 $1′$，$1′$ 的 $\frac{1}{60}$ 为 $1″$，即：

$$1°=60′=3\ 600″$$

度及其衍生的分（′）、秒（″）不是国际单位制单位，但是我国的法定计量单位之一，也是测量中表示角度的最常用单位。

3. 弧度与度、分、秒的换算关系

测量计算中有时要将度、分、秒化成弧度，或反过来将弧度化成度、分、秒。习惯上 $\rho°$、$\rho′$ 及 $\rho″$ 表示 1 rad 对应的度、分、秒值：

（1）$1\text{ rad}=\rho°=\left(\frac{180}{\pi}\right)°=57.295\ 78°\approx57.3°$；

（2）$1\text{ rad}=\rho′=\left(\frac{180\times60}{\pi}\right)′\approx3\ 438′$；

（3）$1\text{ rad}=\rho″=\left(\frac{180\times3\ 600}{\pi}\right)″\approx206\ 265″$。

四、测量计算中的有效数字

测量作业中，所有的测量成果都是经过计算获得的。计算过程中，一般都有凑整问题，

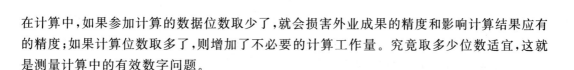

在计算中,如果参加计算的数据位数取少了,就会损害外业成果的精度和影响计算结果应有的精度;如果计算位数取多了,则增加了不必要的计算工作量。究竟取多少位数适宜,这就是测量计算中的有效数字问题。

1. 凑整误差

由于数字的取舍而引起的误差,称为凑整误差,用 ε 表示。ε 的数值等于精确值 A 减去凑整值 a,即:

$$\varepsilon = A - a$$

例如,某角度测量 4 测回的算术平均值为 $50°22'18.4''$,若凑整为 $50°22'18''$,则这个观测结果含有的凑整误差 $\varepsilon = 50°22'18.4'' - 50°22'18'' = 0.4''$。

2. 凑整规则

为避免凑整误差的迅速积累而影响测量成果的精度,在计算中通常采用如下的凑整规则,它与习惯上的"四舍五入"规则基本相同:

(1) 若数值中被舍去部分的数值大于所保留的末位的 0.5,则末位加 1。

(2) 若数值中被舍去部分的数值小于所保留的末位的 0.5,则末位不变。

(3) 若数值中被舍去部分的数值等于所保留的末位的 0.5,则末位凑整成偶数。

上述规则也可归纳为:大于 5 者进,小于 5 者舍,正好是 5 者,则看前面为奇数或偶数而定,为奇数时进,为偶数时舍(即:"4 舍 6 进、5 看奇偶"),具体例子见表 1-5。

表 1-5　　　　　　　　　　　　　　　　凑整规则举例

原有数字	凑整后数字
3.141 59	3.142
2.717 29	2.717
4.517 50	4.518
3.216 50	3.216
5.623 5	5.624
6.378 501	6.379
7.691 499	7.691

任务八　测绘仪器的使用与观测手簿的记录要求

测绘仪器属于精密仪器,是完成测绘任务必不可少的工具。正确使用和维护测量仪器,对保证测量精度、提高工作效率、防止仪器损坏、延长仪器使用年限都有着重要的作用。因此,注意正确使用和爱护仪器,是每个测绘工作者的美德。

一、测绘仪器的使用

1. 普通光学仪器的使用常识

(1) 开箱

① 仪器箱平放在地面上或平台上才能开箱,不要托在手上或抱在怀里开箱,以免将仪器损坏;开箱后未取出仪器前,要注意仪器在箱内的安放位置与方向,以免用完装箱时,因安

放位置不正确而损坏仪器。

② 自箱内取出仪器时,应用两只手同时握住基座和照准部分,轻拿轻放。不能只用一只手抓仪器,更不准拿着望远镜将仪器掂出来。

③ 自箱内取出仪器后,要立即将仪器箱盖盖好,以免沙土、杂物进入箱内。搬动仪器时注意不要丢失附件,箱锁和钥匙一定要注意保管好。

(2) 使用过程中注意事项

① 仪器箱具有严密的尺寸,是用来固定和保护仪器的,决不允许踩、坐、压或用力碰撞仪器箱。

② 伸缩式脚架三条腿抽出后,要把螺旋拧紧(要适可而止,不要用力过猛,以免螺旋滑丝),防止因螺旋未拧紧而造成架腿自动收缩而摔坏仪器。

③ 安置脚架时,高度要适中,架头要放平,三脚架腿分开的跨度要适中,太靠拢容易被碰倒,太分开又容易滑开,都易造成事故。若在斜坡地面上架设仪器,应使两条腿在坡下方(可稍长些),另一条腿在坡上方。在光滑地面(如水泥地、柏油路上)架设仪器,要采取安全措施,可用细绳把三脚架缆住或用摩擦力较大的医用胶布缠绕三脚架脚尖,以防止脚架滑动,摔坏仪器。

④ 脚架安放稳妥并将仪器放到脚架头上后,应立即旋紧仪器与脚架间的中心连接螺旋,防止因忘记拧上连接螺旋或拧得不紧而摔坏仪器。

⑤ 仪器应防止烈日暴晒和雨淋,使用时应持伞保护。

⑥ 在任何时候,仪器旁边必须有人守护,以免丢失或行人、车辆、牲畜等碰坏仪器。

⑦ 如遇物镜、目镜表面蒙上水或灰尘,切勿用手、手帕或一般纸去擦,使之产生擦痕,影响观测和使用寿命。擦拭镜头,应先以柔软洁净的毛刷扫去尘沙,再用特备的镜头纸擦拭。

⑧ 在使用仪器前,应将脚螺旋、微动螺旋等放在中间部位,切勿扭之极端,更不准强行扭动;操作仪器时用力要均匀,动作要准确轻捷,用力过大或动作太猛都会造成仪器损伤。

⑨ 若发现仪器出现故障,应立即停止使用,查明原因并及时送修。不准仪器带病作业和私自拆卸仪器。

(3) 迁站及收测

① 在平坦地区短距离迁站时,先检查仪器和脚架中心的连接螺旋,一定要拧紧。微松照准部制动螺旋,使万一被碰时可稍微转动。对于一般仪器,可收拢三脚架放在腋下,一手抱住脚架,另一只手托住基座和照准部;对于精密仪器,在迁站时,应将三脚架撑开,用肩托住三脚架内部顶板,使仪器保持垂直。严禁将三脚架收拢后把仪器扛在肩上迁移。

② 对于远距离或通过行走不便的地区迁站时,应将仪器按要求装箱后搬迁。

③ 仪器装箱前,要放松各制动螺旋并转动三个脚螺旋于中间位置,将仪器放入箱内后,先试盖一次,在确认仪器旋转正确后,再将各制动螺旋稍微拧紧,防止仪器在箱内自由转动而损坏某些部件。

④ 无论迁站还是收测,都要清点仪器、器材和附件,如有缺少,应立即寻找。完好后可将仪器箱关妥,扣紧锁好。若丢失附件,应如实记录并报告管理人员。

2. 外业光电仪器的使用常识

电子经纬仪、电磁波测距仪、全站仪、GNSS 接收机等外业仪器,除了按上述普通光学仪器进行使用和保养外,还应按电子仪器的有关要求进行使用和保养。

（1）蓄电池要按其说明书的规定定期充电,确保出测前电池电量充足,必要时带上备用电池。充电器可留在驻地,收测后及时充电。

（2）要养成及时关闭电源的良好习惯。由于蓄电池电量有限,要注意节约。在进行拆接时必须关闭电源。一般情况下,电子仪器的微处理器(电子手簿)都有内置电池,不会因为关闭电源而丢失数据。

（3）仪器入库前,应将蓄电池电量充足,与仪器分离存放并按要求定期充电,防止长时间不用造成电液泄漏腐蚀仪器。

（4）要注意防潮,库房中应有除湿设备并定期(雨季应每天)除湿。长时间不用的电子仪器要定期接通电源,开启 2 h 以上。

3. 内业仪器

目前测绘内业已基本实现数字化,内业仪器的主要设备为计算机。计算机及其外部设备(如绘图仪、数字化仪、扫描仪等)可按计算机的一般要求正确使用和保养;专业性较强的特殊设备,按有关仪器说明使用和保养。

二、观测手簿的记录要求

1. 记录字体

记录时文字均用正楷体,阿拉伯数字用记录字体,记录数字字体如图 1-36 所示。

1234567890

图 1-36　记录数字字体

书写时应注意以下几个问题:

（1）字体略微向右倾斜,符合书写习惯,写起来自然流畅且不易相互更改。

（2）"1"起笔应带钩,使之不易改成 4、7、9 等;但钩不宜太长,以防被误认为是 7。

（3）"7"的拐角应带棱,一笔到底,竖笔应有一定弧度。

（4）"8"应一笔写成,起笔、停笔在右上角并留有缺口,可防止由 3 改 8。

（5）"9"的缺口也留在右上角,可防止由 0 改 9。

2. 观测手簿

观测手簿是测量成果的原始资料。为保证测量成果的严肃性、可靠性,要求各项记录必须在测量时直接、及时记入手簿,严禁凭记忆补记或记录在其他地方而后进行转抄。

外业观测数据必须记录在有编号且装订成册的手簿上,手簿不得空页。作废的记录应保留在手簿上,不得撕页,不得在手簿上乱写乱画。

所有记录与记录过程的计算,均需用 H～3H 绘图铅笔。字体应端庄清晰,压下格线,字体高度应只占格子的一半,以便留出空隙做更正。手簿中规定应填写的项目,不得留有空白。

记录员听到观测员报数后,应回报一遍,观测员没有否定后,方可记入手簿,以防记录员听错、记错。在观测手簿中,对于有正、负意义的量(如高差和竖直角),在记录计算时,都应带上"＋"号或"－"号,即使是"＋"号也不能省略。

外业观测手簿中记录数字如有错误,严禁用橡皮擦、就字改字、小刀刮或挖补。除计算数据外,所有观测数据的更正和淘汰时应用横线将错误数字划去,而将正确数字写在原数上方,并在备注栏内注明原因"测错"或"记错";重测记录前,均应填写"重测"二字,如图 1-37 所示。

			后	153 969	153 958 ~~153 960~~	+11	测错
	31.5	31.6	前	139 269	139 260	+9	
			后－前	+0.147 00	+0.146 98	+2	
1	-0.1	-0.1	h	+0.146 99			
			后	137 400	137 411 ~~137 851~~	-11	记错
	36.9	37.2	前	114 414	114 400	+14	
			后－前	+0.229 86	+0.230 11	-25	
2	-0.3	-0.4	h	+0.229 98			
			后	135 306	135 815	-9	超限
	23.5	24.4	前	134 615	134 506	+109	
			后－前	+0.069 1	+0.013 09	-118	
3	-0.9	-1.3	h				
			后	142 306	142 315	-9	重测
	23.4	24.5	前	137 615	137 606	+9	
			后－前	+0.046 91	+0.047 09	+18	
4	-1.1	-2.4	h	+0.047 00			

图 1-37 划改示意图

在同一测站内,不得有两个相关数据"连环涂改"。如改"平均数",则不准再改任何一个原始数据。假如两个数均错,则应重测、重记。

对于观测值的尾部读数有错误的记录,不论什么原因都不允许更改,而应将该站观测结果废去重测。废去重测的范围见表 1-6。

表 1-6 观测值出现记录错误后的重测规定

测量种类	不准更改部位	应重测单位
水准测量	厘米、毫米读数	该测回
角度测量	秒读数	该测回
距离测量	厘米、毫米读数	该测回

所有记录数字,应按规定位数写齐全,不得省略零位,具体规定见表 1-7。

表 1-7 读数记录的位数规定

测量种类	数字单位	记录位数	示例
水准测量	毫米	四位	0 987 mm
角度测量	分、秒	各两位	12°03′04″

　　测量成果的整理和计算,应在规定的印刷表格或事先画好的计算表格中进行。测量成果是测量的基础资料,也是为用户使用而提供服务的重要依据。因此,要求一定要干净整洁,书写规范,字体工整,按要求位数填写和计算。略图要清晰,点与点的相对位置应与实地一致。

　　在内业用表格进行平差计算时,已知数据用钢笔填写,计算过程用铅笔,最后结果用钢笔。如填写和计算有错误之处,可以用橡皮擦,但不准将整个计算重新抄写一遍("转抄"),以免在抄写过程中出现失误,将数字抄错。

三、测绘资料的保密

　　测量外业中所有观测记录、计算成果均属于国家保密资料,应妥善保管,任何单位和个人均不得乱扔乱放,更不得丢失和作为废品卖掉。测绘内业生产或科研中所用未公开的测绘数据、资料也都属于国家秘密,要按有关规定进行存放、使用和按有关密级要求进行保密。在保密机构的指导与监督下,建立保密制度,所有报废的资料需经有关保密机构同意,并在其监督下统一销毁。由于业务需要接触秘密资料的人员,按规定领、借资料,用过的资料或作业成果要按规定上交,任何单位和个人不得私自复制有关测绘资料。

　　传统的纸介质图纸、数据资料的保管和保密相对容易些。而数字化资料一般都以计算机磁盘(光盘)文件存储,要特别注意保密问题。未公开的资料不得以任何形式向外扩散,任何单位和个人不得私自拷贝有关测绘资料;生产作业或科研所用的计算机一般不要"上网",必须接入互联网的机器要进行加密处理。

思考题

　　1. 测绘学研究的对象是什么?

　　2. 传统的测绘学科包括哪些分支?

　　3. 什么是水准面、大地水准面?大地水准面有何特性?

　　4. 什么是大地体、地球椭球体、参考椭球体?

　　5. 测量上确定地面点的空间位置通常采用什么坐标系统?

　　6. 我国曾用过哪些大地坐标系?其原点在什么地方?

　　7. 中华人民共和国成立后我国曾使用过哪些统一的高程系统?两者的水准原点高程有何不同?

　　8. 什么是绝对高程、相对高程、高差?两者间的高差与水准面的选择有没有关系?

　　9. 测量上采用的平面直角坐标系和数学上的笛卡尔平面直角坐标系有何异同点?

　　10. 采用投影分带的目的是什么?国际上是如何进行分带的?

　　11. 什么是自然坐标、通用坐标?为什么我国的纵坐标(X 坐标)没有自然值和通用值之分?

　　12. 测量上常用度量单位有哪三种?

　　13. 确定地面点位的基本工作有哪些?

　　14. 如何理解测量工作的基本程序和原则?

练习题

　　1. 某市的大地经度为 115°19′,查阅相关资料,试计算它所在 6°带和 3°带的带号及其中

央子午线的经度。

2. 若我国某处地面点 A 的高斯平面直角坐标值分别为 $x = 2\,520\,179.891$ m,$y = 18\,432\,109.473$ m,则 A 点选择的是几度带投影方式?A 点位于第几带?该带中央子午线的经度为多少?A 点在该带中央子午线的哪一侧?距离中央子午线和赤道各为多少米?

3. 某地点的相对高程为 -12.345 m,其对应的假定水准面的绝对高程为 234.567 m,则该点的绝对高程是多少?绘出示意图。

4. 已知 A、B、C 三点的高程分别为 123.456 m、23.987 m、345.678 m,则 A 至 B、B 至 C、C 至 A 的高差分别为多少?

5. 已知 A 点的高程为 98.765 m,B 点至 A 点的高差为 -12.325 m,则 B 点高程为多少?

6. 根据"1956 年黄海高程系"算的地面点 A 的高程为 63.464 m,B 点高程为 44.529 m。若改用"1985 国家高程基准",则 A、B 两点的高程和高差各为多少?

项目二 水准仪与水准测量

地球表面是高低起伏很不规则的,即高程各不一样。测定地面点高程而进行的测量工作叫作高程测量。按所使用的仪器及施测方法的不同,高程测量分为水准测量、三角高程测量、GNSS 拟合高程测量。三种方法相比较,水准测量的精度最高,是精确测定地面点高程的主要方法,但工作量较大且受地形条件限制;三角高程测量的精度低于水准测量,仅作为高程测量的辅助方法,但其作业简单,布设灵活,是一种测定地面点高程的常用方法。

任务一 水准测量的基本原理

一、基本原理

水准测量是利用水准仪所提供的水平视线,对竖立在地面两点上的水准尺分别进行读数,以测定地面两点间的高差,再根据其中一点的高程推算出另一点高程的测量方法。

如图 2-1 所示,已知 A 点的高程为 H_A,如果测定了 A 点至 B 点的高差 h_{AB},则 B 点的高程 H_B 为:

$$H_B = H_A + h_{AB} \tag{2-1}$$

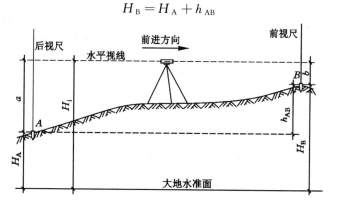

图 2-1 水准测量的原理

为了测定高差 h_{AB},在 A、B 两点上各竖立一根水准尺(尺的零点在底端),并在 A、B 两点之间安置一台可以得到水平视线的仪器(即水准仪),水平视线在 A、B 两尺上的截尺数分别为 a、b,由于 AB 距离很短,地球曲率影响可忽略不计,则 A、B 两点的高差为:

$$h_{AB} = a - b \tag{2-2}$$

设水准测量时是从 A 点向 B 点方向进行的,A 点通常称为后视点,其读数 a 称为后视读数,而 B 点称为前视点,其读数 b 称为前视读数。于是 h_{AB} 可以表述为:

$$h_{AB} = 后视读数 - 前视读数 \tag{2-3}$$

例如,设 A 点的高程为 50.329 m,后视 A 点读数为 1.628 m,前视 B 点读数为 1.024 m,则 A、B 两点的高差为:

$$h_{AB} = a - b = 1.628 - 1.024 = +0.604 \text{(m)}$$

B 点的高程为:

$$H_B = H_A + h_{AB} = 50.329 + 0.604 = 50.933 \text{(m)}$$

由式(2-2)知,当 $a > b$ 时,h_{AB} 为正,此时 B 点高于 A 点;当 $a < b$ 时,h_{AB} 为负,则 B 点低于 A 点。无论 h_{AB} 为正或负,式(2-2)始终成立。为了避免将两点间的高差正负号搞错,规定高差 h 的写法为:h_{AB} 为从 A 点至 B 点的高差,h_{BA} 为从 B 点至 A 点的高差,二者的绝对值相等而符号相反。

二、连续水准测量

当两点间相距较远,高差较大或不能直接通视时,则不能按照图 2-1 所示的安置一次仪器测出高差。此时,需要加设若干个临时的立尺点,多次设站进行连续水准测量。

如图 2-2 所示,欲求 A 点至 B 点的高差 h_{AB},选择 TP_1,TP_2,…,TP_{n-1} 作为临时立尺点,组成一条施测路线,用水准仪依次测出 A 点与 TP_1 点的高差 h_1、TP_1 点到 TP_2 点的高差 h_2……直到最后测出 TP_{n-1} 点到 B 点的高差 h_n。每安置一次仪器,称为一个测站,A 点到 B 点间的路线称为一个测段。临时立尺点 TP_1,TP_2,…,TP_{n-1} 本身不需要求取高程,只起传递高程的作用,称其为转点。

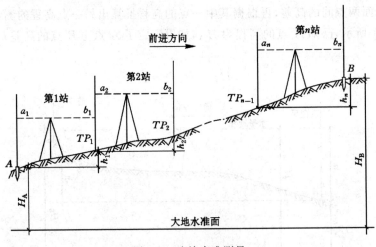

图 2-2 连续水准测量

如图 2-2 所示,各站观测的高差分别为:

$$\begin{cases} h_1 = a_1 - b_1 \\ h_2 = a_2 - b_2 \\ \qquad \cdots\cdots \\ h_n = a_n - b_n \end{cases}$$

于是

$$h_{AB} = h_1 + h_2 + \cdots + h_n = (a_1 - b_1) + (a_2 - b_2) + \cdots + (a_n - b_n) \qquad (2\text{-}4)$$

即

$$h_{AB} = \sum_{i=1}^{n} h_i = \sum_{i=1}^{n} a_i - \sum_{i=1}^{n} b_i \tag{2-5}$$

由此可知,水准测量的结果有以下规律:起点至终点的高差等于各测站高差之总和,也等于各测站所有后视读数之总和减去所有前视读数之总和。

实际作业中可先算出各测站的高差,然后取它们的总和得到 h_{AB},再用后视读数之和 $\sum a$ 减去前视读数之和 $\sum b$ 来检核高差计算的正确性。

若已知 A 点的高程 H_A,则 B 点的高程 H_B 为:

$$H_B = H_A + h_{AB} = H_A + \sum_{i=1}^{n} h_i \tag{2-6}$$

在图 2-2 所示的水准测量中,待定点 B 点的高程是由已知高程的 A 点经过转点传递过来的。转点只起传递高程的作用,不需要测出其高程,因此不需要有固定的点位,只需在地面上合适的位置放上尺垫,踩实并垂直竖立标尺即可。观测完毕拿走尺垫继续往前观测。

需要注意的是,在相邻两个测站上都要对转点的标尺进行读数,在前一测站,对它读前视读数,读完后尺垫不能动(可以将标尺从尺垫上拿掉);在下一测站,对它读后视读数,二者缺一不可。如果缺少或者错了一个读数,前后就脱节了,高程就无法正确传递,就不能正确求出终点的高程。所以,转点的读数特别重要,既不能遗漏,又不能读错。

在一个测站上,前、后视读数都测合格后,后视尺的标尺和尺垫才能随仪器一同迁站。决不允许测完后视标尺,立尺员就移动尺垫,测前视标尺时发现出了问题,需要重测时,立尺员再去找原位置放上尺垫进行观测。

三、视线高法水准测量

当需要在一个测站上同时观测多个地面点的高程时,先观测后视读数,然后依次在待定点上竖立水准尺,水准仪位置不动,分别读出其读数,再根据水准测量基本原理计算各点高程,如图 2-3 所示。

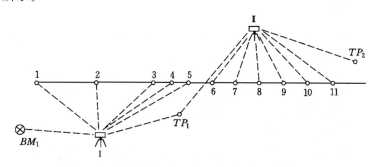

图 2-3 视线高法水准测量

为简化计算,可把式(2-1)变换成如下形式:

$$H_B = (H_A + a) - b \tag{2-7}$$

式(2-7)中实际上是水准仪水平视线的高程,称为视线高,在线路工程测量工作中广泛应用。

例如,设 BM_1 为后视点,高程为 50.329 m,后视 BM_1 点读数为 1.628 m,在测站 I 上 5 个待定高程点的前视读数分别为 1.024 m、2.098 m、0.748 m、23.416 m、0.947 m,采用视线高法求各待定点的高程。水准仪视线高程等于后视点 BM_1 的高程加后视读数:

$$H_A + a = 50.329 + 1.628 = 51.957\ (\text{m})$$

各待定点的高程等于视线高程减去其前视读数：

$$H_1 = 51.957 - 1.024 = 50.933\ (\text{m})$$
$$H_2 = 51.957 - 2.098 = 49.859\ (\text{m})$$
$$H_3 = 51.957 - 0.748 = 51.209\ (\text{m})$$
$$H_4 = 51.957 - 3.416 = 48.541\ (\text{m})$$
$$H_5 = 51.957 - 0.947 = 51.010\ (\text{m})$$

任务二 水准测量的仪器和工具

水准测量所使用的仪器和器材主要有水准仪、水准标尺和尺垫三种。

一、水准仪

水准仪的主要作用是提供一条水平视线，并能照准一定距离外的水准尺。因此，水准仪主要由望远镜、管水准器（补偿器）和基座组成。图 2-4 所示为国产 DS₃ 型普通水准仪。

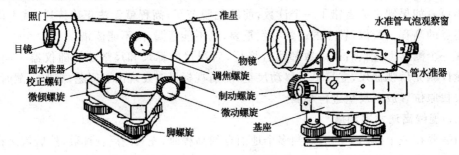

图 2-4　DS₃ 型普通水准仪

1. 望远镜

测量仪器上的望远镜与普通望远镜不同，除有物镜和目镜外，还有调焦透镜和十字丝分划板，如图 2-5 所示，这种望远镜称为内对光望远镜。

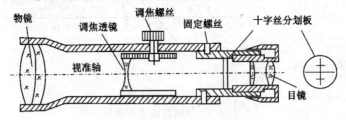

图 2-5　水准仪望远镜构造

目标经过物镜和调焦（凹）透镜的作用，在镜筒内成一倒立的实像，转动物镜调焦螺旋让调焦透镜与物镜做相对移动，使目标的实像清晰地反映到十字丝分划板平面上，经过目镜的作用，目标的实像和十字丝同时被放大成虚像，这样即可看清并照准远处目标。放大的虚像对眼睛所张的视角与远处目标对眼睛的视角之比称作望远镜的放大率。放大率是鉴别望远镜质量的主要指标之一，一般普通测量仪器的望远镜放大率为 15～30，最短视距为 1 m。

十字丝分划板是一光学玻璃圆片，在上面刻出三根横丝和一根垂直于横丝的竖丝，中间的长横丝与竖丝组成十字丝,它是望远镜瞄准和读数的标志,上、下两根短横丝为测距用的视距丝。望远镜的物镜光心与十字丝交点的连线构成望远镜的视准轴。

使用望远镜有两个操作步骤:① 将望远镜对向明亮的背景,转动目镜调焦螺旋,使看到的十字丝分划线十分清晰,这一过程称为目镜调焦;② 松开制动螺旋,用瞄准器瞄准目标,再旋紧制动螺旋,转动物镜调焦螺旋,使目标像十分清晰,这一过程称为物镜调焦。

2. 水准器

水准器是用来指示仪器的某一轴线或平面是否水平或垂直的一种装置。它分为圆水准器和管水准器两种。

(1) 圆水准器

如图 2-6 所示,圆水准器顶面玻璃的内表面是球面,中央有一分划圆,圆圈的中心为水准器零点。当水准气泡居中时,水准轴处于铅垂位置。当气泡不居中而偏离零点 2 mm 时,水准轴所倾斜的角度就是反映圆水准器灵敏度的圆水准器角值,一般圆水准器的角值为 $8'\sim15'$。由于圆水准器的精度较低,故主要用于仪器的粗略整平。

(2) 管水准器

管水准器又称水准管,如图 2-7 所示,它是一纵向内壁磨成圆弧形的玻璃管,内装酒精或乙醚,经加热封闭冷却后形成一空隙,即水准气泡。水准管上刻有间隔为 2 mm 的分划线,分划线的中点 O 作为水准管零点。过零点且与圆弧相切的切线 LL 称为水准管的水准轴。当水准气泡中点与水准管零点重合时,称为气泡居中,此时水准轴处于水平位置。气泡每移动一格(2 mm),水准轴所倾斜的角度 τ 称为水准管角值。水准管的内壁半径越大,角值就越小,水准管灵敏度越高。水准仪上水准管所对应的 τ 值较小,一般为 $20''\sim60''$,因而用于精平视线。

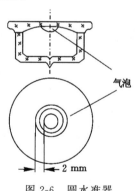

图 2-6　圆水准器

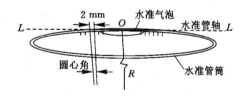

图 2-7　管水准器

为了提高水准管气泡的居中精度和便于观察,在普通水准仪上一般都采用符合水准器。符合水准器是在水准管的上方安装一组符合棱镜系统,如图 2-8(a)所示,通过符合棱镜的反射作用,使气泡两端的半像反映在望远镜旁的符合气泡观察窗中。当气泡的两个半像符合,构成 U 形时,表示气泡居中,如图 2-8(b)所示;错开时则表示没有居中,如图 2-8(c)所示,此时可转动微倾螺旋使气泡吻合。

3. 基座

基座起支撑仪器和连接仪器与三脚架的作用。它由轴座、3 个脚螺旋和连接板组成。转动 3 个脚螺旋,通过脚螺旋的升降可以粗略整平仪器。

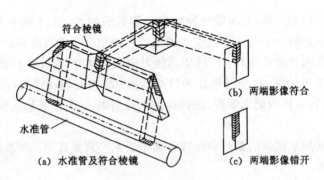

符合棱镜

水准管

(a) 水准管及符合棱镜

(b) 两端影像符合

(c) 两端影像错开

图 2-8 符合水准器

水准仪除上述部件外,还安置有一套制动螺旋和微动螺旋。拧紧制动螺旋,仪器固定不动,再转动微动螺旋,可使照准部在水平方向做微小的转动,以便精确瞄准目标。微倾螺旋的作用是在圆水准气泡居中后(水准仪接近水平),通过抬高或降低望远镜一端,使符合气泡居中。

4. 大地测量仪器的代号及水准仪的等级

我国规定大地测量仪器的总代号为 D,即汉语拼音大(Da)字的首字母;经纬仪的代号 J 即经(Jing)字首字母,水准仪的代号 S 即水(Shui)字的首字母;连写起来就是 DJ、DS。每类仪器又按精度分等级,水准仪的等级是按仪器所能达到的每千米往返测高差中数的偶然中误差为依据判定的,如 DS_3 水准仪是指每千米往返测高差中数的偶然中误差 $\leqslant \pm 3$ mm;经纬仪的精度指标是野外一测回方向中误差,如 DJ_6 经纬仪是指野外一测回方向中误差为 $\pm 6''$。

在不至于混淆时,大地仪器代号中的 D 可以省略。如 DS_3 简写(简称)为 S_3,DJ_6 简写为 J_6 等。

目前,水准仪共分四个等级,其中 S_{05}、S_1 为精密水准仪;S_3、S_{10}、S_{20} 为普通水准仪。具体技术参数见表 2-1。

表 2-1 水准仪系列主要技术参数

项目		水准仪等级			
		S_{05}	S_1	S_3	S_{10}
每千米往返测高差中数的偶然中误差/mm		± 0.5	± 1.0	± 3.0	± 10
望远镜	物镜有效孔径($\geqslant$)/mm	42	38	28	20
	放大倍数($\geqslant$)/倍	55	47	38	28
水准管分划值		$10''/2$ mm	$10''/2$ mm	$20''/2$ mm	$20''/2$ mm
主要用途		一等水准测量	二等水准测量	三、四等水准测量,等外及图根水准测量	一般工程水准测量

二、水准尺

水准尺一般用优质木材、玻璃钢或铝合金制成,常用的水准尺有直尺和塔尺两种。每种尺又有单面尺和双面尺之分,尺面上漆有黑白或红白相间的分划,分划值为 10 mm 或

5 mm,在每 100 mm 处注记数字,注记有正、倒两种,分别适用于正像和倒像望远镜的仪器。

1. 直尺

直尺尺长一般有 2 m 和 3 m 两种。尺的两面均有刻划,一面黑白相间称为黑面尺或主尺,另一面红白相间称为红面尺或辅尺。两面刻划均为 1 cm,每分米处注有分划注记,第一个数字表示米,第二个数字表示分米,如图 2-9(a)中,"28"表示"2.8 m"。两黑面尺的尺底均由零开始;红面尺的尺底,一根尺由 4.687 m 开始,而另一根尺由 4.787 m 开始,如图 2-9(b)所示。设置两面起点不同的目的是为了防止两面出现同样的读数错误,亦可用作水准测量的读数检核。这种直尺通用于精度较高的水准测量中。

2. 塔尺

塔尺多用于等外水准测量,其长度有 3 m 和 5 m 两种,用两节或三节套接在一起。尺的底面为零点,尺身每隔 1 cm 或 0.5 cm 刻一分划,黑白相间,整米和分米处注有分划注记,如图 2-9(c)所示。塔尺在其连接处易产生长度误差,一般用于精度要求不高的水准测量、地形图测绘或施工测量中。

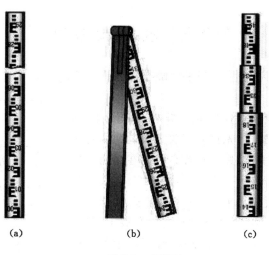

图 2-9   水准尺

(a) 直尺;(b) 折尺;(c) 塔尺

三、尺垫和尺桩

1. 尺垫

作为转点用的尺垫是用生铁铸成,一般为三角形,中央有一个突起的圆顶,以便放置水准尺,下有三个尖脚可以插入土中。在进行水准测量时,为了减小水准标尺下沉,保证测量精度,每根水准标尺附有一个尺垫(或尺桩、尺台),使用时先将尺垫牢固地踩入地下,再将标尺直立在尺垫的半球形的顶部上,其形状如图 2-10(a)所示。尺垫用于一般地区的水准测量。

2. 尺桩

在土质松软地区,尺垫不易放稳,可用尺桩作为转点。尺桩长约 30 cm,粗一般为 2~3 cm,其形状如图 2-10(b)所示。使用时打入土中,比尺垫稳固,但每次需用力打入,用后又需拔出。

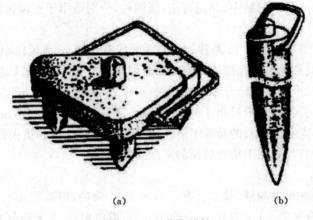

图 2-10　尺垫与尺桩

(a) 尺垫；(b) 尺桩

任务三　水准仪的使用

水准仪的操作程序为：安置→粗平→瞄准→精平→读数。

一、仪器安置

在安置水准仪前，应放置仪器的三脚架，如图 2-11 所示。在测站上张开三脚架，首先松开三脚架架腿的固定螺旋，伸缩 3 个架腿，使三脚架头的安置高度约在观测者的胸颈部，旋紧制动螺旋。在平坦地面，通常 3 个脚大致成等边三角形，脚架顶面大致水平，用脚踩实架腿，使脚架稳定、牢固；在斜坡地面上，应将两个架腿安置在坡下，另一架腿安置在斜坡方向上，踩实各个架腿；在较光滑的地面上安置仪器时，三脚架的 3 个腿不能分得太开，以防止滑动。三脚架安置好后，从仪器箱中取出仪器，旋紧中心连接螺旋，将仪器固定在架头上。

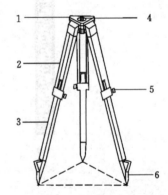

图 2-11　水准仪三脚架

1——架头；2——架腿；

3——伸缩腿；4——连接螺旋；

5——伸缩制动螺旋；6——脚尖

二、粗平

粗平是借助圆水准器的气泡居中，使仪器竖轴大致铅垂、视准轴概略水平。粗平是通过转动 3 个脚螺旋来实现的。如图 2-12(a) 所示，气泡未居中而位于 a 处，则先按图上箭头所指的方向用两手相对转动脚螺旋①和②，使气泡移到 b 的位置，如图 2-12(b) 所示；再转动脚螺旋③，即可使气泡居中。在整平的过程中，气泡的移动方向与左手大拇指运动的方向一致。

三、瞄准

(1) 首先进行目镜调焦，即把望远镜对向明亮的背景，转动目镜调焦螺旋，使十字丝清晰。

(2) 再松开制动螺旋，转动望远镜，用望远镜镜筒上的照门和准星瞄准水准尺，拧紧制动螺旋。

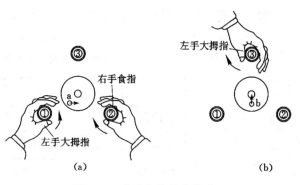

图 2-12　水准仪的粗略整平

（3）然后从望远镜中观察目标影像,转动物镜调焦螺旋进行调焦,使目标清晰,再转动微动螺旋,使竖丝精确对准水准尺,如图 2-13 所示。

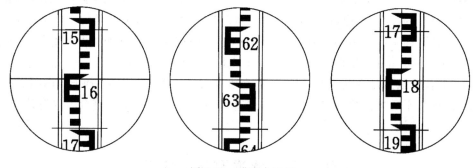

图 2-13　瞄准水准尺

（4）照准目标时必须要消除视差。当观测时把眼睛稍做上下移动,如果尺像与十字丝有相对的移动,即读数有改变,则表示有视差存在。其原因是尺像没有落在十字丝平面上,如图 2-14(a)和(b)所示,存在视差时不可能得出准确的读数。消除视差的方法是一面稍旋转调焦螺旋,一面仔细观察,直到不再出现尺像和十字丝有相对移动为止,即尺像与十字丝在同一平面上,如图 2-14(c)所示。

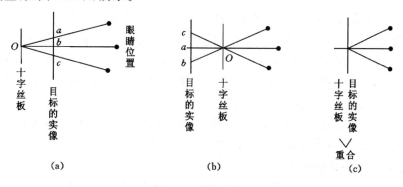

图 2-14　视差现象

四、精确整平

精确整平(精平)是转动水准仪的微倾螺旋,使水准管气泡严格居中,从而使望远镜的视准轴处于精确的水平位置。有符合棱镜的水准管,可以在水准管气泡观察窗看水准管气泡,右手转动微倾螺旋,使气泡两端的半抛物影像吻合,构成 U 形时,即表示水准管气泡居中、视准轴处于水平位置。左半抛物影像移动方向与右手大拇指运动的方向一致,如图 2-15 所示。

逆时针调节　　　　　　顺时针调节　　　　　　调节完毕

图 2-15　精确整平

五、读数

精确整平后,即可用十字丝中丝在标尺上读数。读数时先估读毫米数,然后报出全部数。读数时应一次读出四位数,读数方法是:水准尺的读数根据十字丝的中丝从小到大,估读至毫米,读取四位数。例如,如图 2-13 所示,望远镜中所看到的水准尺的像读数分别为 1.608 m 或 1 608 mm,6.295 m 或 6 295 mm,1.822 m 或 1 822 mm。

精平和读数虽然是两项不同的操作,但在水准测量的实施过程中,却把该两项操作视为一个整体,即精平后再读数,读数后还要再检查水准管气泡是否完全符合。只有这样,才能保证读数的正确性。

任务四　水准测量的施测

一、水准点

为了统一全国的高程系统和满足各种测量工作的需要,测绘部门在全国各地埋设稳固并通过水准测量测定了一系列高程点,这就是水准点(Bench Mark),一般用"BM"表示。例如,BMⅣ6 表示四等水准路线上的第 6 号水准点。

水准点有永久性和临时性两种。等级水准点需按规定要求埋设永久性固定标志,如图 2-16(a)所示为国家等级水准点,一般用石料或钢筋混凝土制成,深埋到地面冻结线以下,在标石的顶面设有用不锈钢或其他不易锈蚀的材料制成的半球状标志;在城镇、厂矿区也可将水准点标志凿埋在坚固稳定建筑物墙面的适当高度处,如图 2-16(b)所示。普通水准点一般为临时性的,可以在地上打入木桩,桩顶钉圆帽钉以示点位,也可以在坚固地基上或岩石上钉入圆帽钢钉标定点位,如图 2-17 所示。

水准点埋设后,为便于日后使用时查找,需绘制点位平面示意图,称为点之记。水准点点之记应作为水准测量资料妥善保管,如图 2-18 所示。

二、水准路线的布设形式

在水准点之间进行水准测量所经过的路线称为水准路线。水准路线应尽量沿公路、大道等平坦地面布设,坚实地面可保障仪器和水准尺的稳定性,平坦地面可减少测站数,以保证测量精度。两个水准点间的一段路线称为测段。水准路线的布设形式分为单一水准路线(附合水准路线、闭合水准路线、支水准路线)和水准网两种。

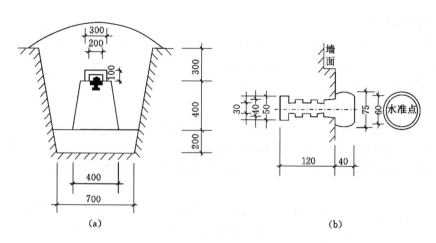

图 2-16　永久性水准点

（a）永久性水准点；(b) 墙角水准点

图 2-17　临时性水准点

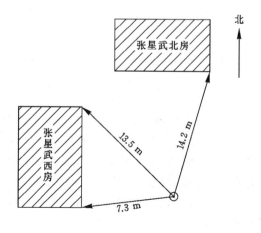

比例尺　1:500

图 2-18　水准点之记

1. 附合水准路线

从一个已知高程的高级水准点出发,沿各个待定高程的水准点进行水准测量,最后附合到另一已知高程的高级水准点所构成的一条水准路线,称为附合水准路线,如图 2-19(a)所示,此布设形式可以进行观测成果的检核。

2. 闭合水准路线

从一个已知高程的高级水准点出发,沿各待定高程的水准点进行水准测量,最后仍闭合到原水准点所组成的环形水准路线,称为闭合水准路线,如图 2-19(b)所示。闭合水准路线也可进行观测成果的内部检核,但如果起点高程有错误,将不会被发现。

3. 支水准路线

从一个已知高程的高级水准点出发,沿各个待定高程的水准点进行水准测量,最后没有连接到已知高程点上的水准路线,称为支水准路线,如图 2-19(c)所示。为了能进行观测成果的检核和提高精度,支水准路线必须进行往返观测,并认真检查已知水准点高程的正确性。

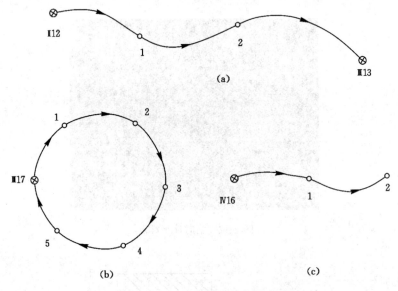

图 2-19 单一水准路线的布设形式

(a) 附合水准路线;(b) 闭合水准路线;(c) 支水准路线

4. 水准网

若干条单一水准路线相互连接,形成网状的水准路线称为水准网,如图 2-20 所示。有多个已知高程点和若干个未知高程点所构成的水准网称为附合水准网,如图 2-20(a)所示;只有一个已知高程点和若干个未知高程点所构成的水准网称为独立水准网,如图 2-20(b)所示;单一水准路线相互连接的点称为结点。图 2-20(a)中点 2、点 5 及图 2-20(b)中点 1、点 3、点 5、点 6 都是结点。只有一个结点的水准网称为单结点水准网,如图 2-20(c)所示。

三、水准测量的观测与记录

1. 用单面标尺的施测程序

将水准标尺立在已知高程的水准点上作为后视尺,水准仪安置在前进方向的合适位置,另一立尺员在前进方向上选择与后视距大致相等的位置上确定一点作为转折点(转点),放

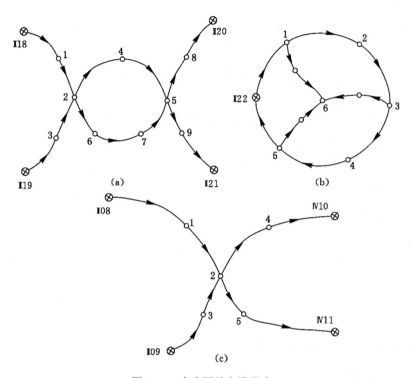

图 2-20 水准网的布设形式
（a）附合水准网；（b）独立水准网；（c）单结点水准网

上尺垫,用脚踩实并放上标尺（前视标尺）。观测员将仪器粗平后,瞄准后视尺,转动微倾螺旋,使十字丝的上丝（或下丝）切准标尺上某一整分划,直接读取后视距（因上、下丝读数差乘以 100 就是立尺点到测站点的距离,所以标尺上每 1 cm 对应的就是 1 m,故直接读数有多少厘米,就是实地的多少米）；继续转动微倾螺旋,使符合水准器气泡居中,用水平中丝精确读取后视读数（四位数读至毫米）。旋转照准部瞄准前视标尺（此时即使圆水准气泡不居中,也不能再调脚螺旋）,按与观测后视尺的方法读取前视距和中丝读数。每次读取中丝读数时,都必须转动微倾螺旋,使符合水准器气泡居中。

2. 记录与计算

等外水准测量的记录、计算方法见表 2-2。表中第（7）栏为相应点号的高程,其中转点（没有固定标志）可不计算其高程。

表 2-2   等外水准测量手簿记录示例

作业时间:2017.10.15   天气:晴   观测者:×××
开始时间:10 时 30 分   成像:清晰
结束时间:10 时 50 分   仪器:DS$_3$ 记录者:×××

测站	点号	视距/m	后视/m	前视/m	高差/m	高程/m	备注
（1）	（2）	（3）	（4）	（5）	（6）	（7）	（8）
1	Ⅳ3005	56	0.347		−1.284	46.215	已知高程
	转点	54		1.631			

续表 2-2

测站	点号	视距/m	后视/m	前视/m	高差/m	高程/m	备注
(1)	(2)	(3)	(4)	(5)	(6)	(7)	(8)
2	转点	72	0.306		−2.318		
	101	74		2.624			
3	101	98	0.833		−0.683		
	转点	96		1.516			
4	转点	41	1.528		+1.027		
	转点	43		0.501			
5	转点	79	2.368		+1.674		
	102	77		0.694		44.631	所求高程
	Σ	690	5.382	6.966	−1.584		
计算检核	$h_{IV3005-102} = \sum_{i=1}^{5} a_i - \sum_{i=1}^{5} b_i = 5.382 - 6.966 = -1.584\ (m)$ $h_{IV3005-102} = \sum_{i=1}^{5} h_i = -1.584\ (m)$						

四、水准测量的检核

为了保证水准测量成果的正确可靠,必须对水准测量进行检核。检核方法有计算检核、测站检核和水准路线检核三种。

1. 计算检核

在每一测段结束后或手簿上每一页之末,必须进行计算检核。检查后视读数之和减去前视读数之和 $\sum_{i=1}^{n} a_i - \sum_{i=1}^{n} b_i$ 是否等于各站高差之和 $\sum h_i$,并等于终点高程减起点高程。如不相等,则计算中必有错误,应进行检查。

2. 测站检核

为防止在一个测站上发生错误而导致整个水准路线结果的错误,可在每个测站上对观测结果进行检核,方法如下:

（1）两次仪器高法

在每个测站上一次测得两转点间的高差后,改变一下水准仪的高度,再次测量两转点间的高差。对于一般水准测量,当两次所得高差之差绝对值小于 5 mm 时可认为合格,取其平均值作为该测站所得高差,否则应进行检查或重测。

（2）双面尺法

利用双面水准尺分别由黑面和红面读数得出的高差,扣除一对水准尺的常数差后,两个高差之差绝对值小于 5 mm 时可认为合格,否则应进行检查或重测。其方法在项目八中详细介绍。

3. 水准路线的检核

对于一条水准路线来讲,虽然每一测站经检核合格,误差也许很小,但随着测站数的增多可能使误差积累,有时也会超过规定的容许限差,因此,还必须对整条水准路线做检核。

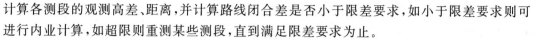

计算各测段的观测高差、距离，并计算路线闭合差是否小于限差要求，如小于限差要求则可进行内业计算，如超限则重测某些测段，直到满足限差要求为止。

（1）附合水准路线

为使测量成果得到可靠的检核，最好把水准路线布设成附合水准路线。对于附合水准路线，理论上在两已知高程水准点间所测得各站高差之和应等于起讫两水准点间高程之差，即：

$$\sum h_测 = h_终 - h_起 \qquad (2-8)$$

如果它们不相等，其差值称为高程闭合差，用 f_h 表示。所以，附合水准路线的高程闭合差为：

$$f_h = \sum h_测 - (h_终 - h_起) \qquad (2-9)$$

高程闭合差的大小在一定程度上反映了测量成果的质量。

（2）闭合水准路线

在闭合水准路线上亦可对测量成果进行检核。对于闭合水准路线，因为它起讫于同一个点，所以理论上全线各站高差之和应等于零，即：

$$\sum h_测 = 0 \qquad (2-10)$$

如果高差之和不等于零，则其差值即 $\sum h_测$ 就是闭合水准路线的高程闭合差，即：

$$f_h = \sum h_测 \qquad (2-11)$$

（3）水准支线

水准支线必须在起讫点间用往返测进行检核。理论上往返测所得高差的绝对值应相等，但符号相反，或者是往返测高差的代数和应等于零，即：

$$\sum h_往 = - \sum h_返 \qquad (2-12)$$

如果往返测高差的代数和不等于零，其值即为水准支线的高程闭合差，即：

$$f_h = \sum h_往 + \sum h_返 \qquad (2-13)$$

闭合差的大小反映了测量成果的精度。在各种不同性质的水准测量中，都规定了高程闭合差的限值即允许高程闭合差，用 $f_{h允}$ 表示。一般水准测量的允许高程闭合差为：

$$\begin{cases} f_{h允} = \pm 40\sqrt{L} \text{ mm} \quad （平原、丘陵地区）\\ f_{h允} = \pm 20\sqrt{n} \text{ mm} \quad （山地每千米超过 15 站）\end{cases} \qquad (2-14)$$

式中，L 为附合水准路线或闭合水准路线的长度，在水准支线上，L 为测段的长，km；n 为测站数。

当实际闭合差小于容许闭合差时，表示观测精度满足要求，否则应对外业资料进行检查，甚至返工重测。

五、外业观测手簿记载及资料整理的要求

（1）外业观测记录必须在编号、装订成册的手簿上进行。已编号的各页不得任意撕去，记录中间不得留下空页或空格。

（2）一切外业原始观测值和记事项目，必须在现场用铅笔直接记录在手簿中，记录的文字和数字应端正、整洁、清晰，杜绝潦草模糊。

（3）外业手簿中的记录和计算的修改以及观测结果的淘汰,禁止擦拭、涂抹与刮补,而应以横线或斜线正规划去,并在本格内的上方写出正确数字和文字。除计算数据外,所有观测数据的修改和淘汰,必须在备注栏内注明原因及重测结果记于何处,重测记录前需加"重测"二字。

在同一测站内不得有两个相关数字"连环更改"。例如,更改了标尺的黑面前两位读数后,就不能再改同一标尺的红面前两位读数,否则就叫连环更改。有连环更改记录的,应立即废去重测。

对于黑、红面 4 个中丝读数的尾数有错误(厘米和毫米)的记录,不论什么原因,都不允许更改,而应将该测站观测结果废去重测。

（4）凡有正、负意义的量,在记录计算时,都应带上"＋""－"号,正号不能省略。对于中丝读数,要求读记四位数 ,前后的"0"都要读记。

（5）作业人员应在手簿的相应栏内签名并填注作业日期、开始及结束时刻、天气及观测情况和使用仪器型号等。

（6）作业手簿必须经过作业小组认真地进行 200％ 的检查(即记录员和观测员各检查一遍),确认合格后,方可运用该成果进行内业计算。

六、水准测量的注意事项

造成水准测量中的事故或精度达不到要求而返工的原因,往往是由于作业人员对工作不熟悉和不细心。为此,除要求作业人员树立高度的责任心外,还应注意以下三方面。

1. 观测

（1）观测前,必须对仪器进行认真必要的检校,使之达到该满足的精度要求。

（2）仪器放到三脚架头上后,手要抓牢仪器,并立即把连接螺旋旋紧。观测中,作业人员一定不要离开仪器,以保证仪器的安全。

（3）仪器应安置在土质坚实的地方,并将三脚架踩实,防止仪器下沉。

（4）水准仪至前、后视水准尺的距离应尽量相等。

（5）每次读数一定要消除视差;符合水准器气泡严格居中后方可读取中丝读数,读数时应仔细、果断、迅速、准确。

（6）每测站观测照准后视尺时,应首先使圆水准气泡严格居中,当观测前视尺时,若圆水准气泡不居中,此时不能再调了(这说明仪器检校不完善),按正常观测进行。也就是说,在每测站观测时圆水准气泡只能调一次,否则将会改变仪器的高度,使观测前、后尺时视线不是一条水平视线,给观测的高差带来一定的误差。

（7）搬站时,应将三脚架收拢,用一只胳膊握住三脚架,另一只手托住仪器,稳步前进。远距离搬运时,应装箱。

2. 记录

（1）听到观测员读数后,要复诵一遍,无误后,应立即直接记录到表格相应栏中,严禁记入别处,而后转抄。

（2）字迹要清晰、工整,大小要适中,按照记录字体的要求进行书写;若记录有错,应按要求划去,不准用橡皮擦和小刀刮。

（3）每站的高差必须当场计算,合格后方可搬站。

3. 立尺

（1）水准点（已知点或待定点）上都不要放尺垫，只有转点才放尺垫。转点应选在土质坚实的地方，立尺前，必须将尺垫踏实。

（2）水准尺必须竖直，应立在尺垫中央半球形的顶部，两手扶尺，保持水准尺稳定。

（3）水准仪搬站时，作为前视点的立尺员，应保护好作为转点的尺垫，尺子可从尺垫上拿下，不能受到碰动。

任务五　水准测量的高程计算

水准测量外业工作结束后，除对外业手簿进行计算检核外，还应根据已知水准点的高程计算出沿线各待定点的高程。其计算步骤如下：

一、检查和整理外业观测手簿

（1）检查外业观测手簿的记录是否齐全，计算是否正确，有无违反规范的现象。

（2）对于一条水准路线来讲，虽然每一测站经检核合格，误差也许很小，但随着测站数的增多可能使误差积累，有时也会超过规定的容许限差，因此，还必须对整条水准路线做检核。计算各测段的观测高差、距离，并计算路线闭合差是否小于限差要求，如小于限差要求则可进行内业计算，如超限则重测某些测段，直到满足限差要求为止。

二、绘制观测路线略图

如图 2-21 所示，略图中的水准点要与实地的方位一致，路线用曲线连接（已知点用"⊗"表示，未知点用"○"表示），并在图上注明点名及各点间的观测高差、距离，用箭头标出水准测量的观测方向。

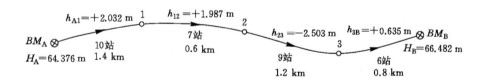

图 2-21　附合水准路线观测略图

三、水准路线的高程计算

1. 附合水准路线

按图根水准测量要求施测的一条附合水准路线，从水准点 BM_A 开始，经过 1、2、3 三个待测点之后，附合到另一水准点上。各测段高差、测站数、路线长及 BM_A 和 BM_B 的高程如图 2-21 所示，图中箭头表示水准测量的进行方向。现以该附合水准路线为例，介绍成果计算步骤。

（1）计算高差闭合差及其容许值

根据式（2-9）计算该水准线路的高差闭合差：

$$f_h = \sum h - (h_终 - h_起) = (-2.032 + 1.987 - 2.503 + 0.635) - (66.482 - 64.376)$$

即

$$f_h = \sum h - (h_终 - h_起) = 2.151 - 2.106 = +0.045（\text{m}）$$

因每千米测站数小于 15 站，所以用平地的公式计算高差闭合差的容许值。该水准路线

总长为 4 km,故:

$$f_{h允} = \pm 40\sqrt{L} = \pm 40\sqrt{4.0} = \pm 80 \text{（mm）}$$

可得 $|f_h| < |f_{h允}|$,精度符合要求,可以进行闭合差调整。

（2）调整高差闭合差

根据误差理论,高差闭合差调整的原则和方法是:将闭合差 f_h 以相反的符号,按与测段长度(或测站数)成正比例的原则进行分配,改正到各相应测段的高差上。

按测站数计算改正数的公式为:

$$V_i = -\frac{f_h}{\sum n} \times n_i \tag{2-15}$$

按测段长度计算改正数的公式为:

$$V_i = -\frac{f_h}{\sum L} \times L_i \tag{2-16}$$

式中　V_i——第 i 测段的高差改正数;

$\quad\quad \sum n$——水准路线测站总数;

$\quad\quad n_i$——第 i 测段的测站数;

$\quad\quad \sum L$——水准路线的全长;

$\quad\quad L_i$——第 i 测段的路线长度。

按上述调整原则,各测段的改正数分别为:

$$V_{A1} = -\frac{f_h}{L} \times L_{A1} = -\frac{0.045}{4.0} \times 1.4 = -0.016 \text{（m）}$$

$$V_{12} = -\frac{f_h}{L} \times L_{12} = -\frac{0.045}{4.0} \times 0.6 = -0.007 \text{（m）}$$

$$V_{23} = -\frac{f_h}{L} \times L_{23} = -\frac{0.045}{4.0} \times 1.2 = -0.013 \text{（m）}$$

$$V_{3B} = -\frac{f_h}{L} \times L_{3B} = -\frac{0.045}{4.0} \times 0.8 = -0.009 \text{（m）}$$

水准路线各测段的改正数之和应与高差闭合差大小相等、符号相反,计算出改正数后还应进行检核,即 $\sum V_i = -f_h$。

各测段改正后高差为:

$$h_{A1改} = +2.032 + (-0.016) = 2.016 \text{（m）}$$

$$h_{12改} = +1.987 + (-0.007) = 1.980 \text{（m）}$$

$$h_{23改} = -2.503 + (-0.013) = -2.516 \text{（m）}$$

$$h_{3B改} = +0.635 + (-0.009) = 0.626 \text{（m）}$$

改正后各测段高差的代数和应等于路线高差的理论值,即 $\sum h_{改} = \sum h_{理}$,以此作为检核。

（3）计算各待定点高程

根据起始水准点 BM_A 的高程和各测段改正后的高差,按顺序逐点推算各待定点高程。

$$H_1 = H_A + H_{A1改} = 64.376 + 2.016 = 66.392 \text{（m）}$$

$$H_2 = H_1 + H_{12改} = 66.392 + 1.980 = 68.372 \text{（m）}$$

$$H_3 = H_2 + H_{23改} = 68.372 + (-2.516) = 65.856 \text{（m）}$$

最后还应推算至终点 BM_B 的高程，进行检核：

$$H_B = H_3 + H_{3B改} = 65.856 + 0.626 = 66.482 \text{（m）}$$

推算值与已知值相等，证明计算无误。

通常上述计算过程采用表格形式完成，见表 2-3。首先按顺序将各点号、测段编号、测段长度（或测站数）、实测高差及水准点的已知高程填入表 2-3 相应栏内，然后从左到右逐列计算，有关高差闭合差的计算部分填在辅助计算一栏。

表 2-3　　　　　　　　　附合水准测量成果计算表

作业时间：2017.10.22　　　　　　计算者：×××　　　　　检核者：×××

点号	测段编号	测段长度/km	实测高差/m	改正数/m	改正后高差/m	高程/m
1	2	3	4	5	6	7
BM_A						64.376
	1	1.4	+2.032	−0.016	+2.016	
1						66.392
	2	0.6	+1.987	−0.007	+1.980	
2						68.372
	3	1.2	−2.503	−0.013	−2.516	
3						65.856
	4	0.8	+0.635	−0.009	+0.626	
BM_B						66.482
$\sum$		4.0	+2.151	−0.045	+2.106	

$f_h = +0.045 \text{ m}$，$f_{h允} = \pm 40\sqrt{L} = \pm 40\sqrt{4.0} = \pm 80 \text{（mm）}$，$|f_h| < |f_{h允}|$，精度符合要求

2. 闭合水准路线

闭合水准路线成果计算的步骤，除 f_h 计算方法不同外，其余与附合水准路线成果计算步骤相同。图 2-22 所示为按图根水准测量要求施测的一闭合水准路线示意略图，其计算结果见表 2-4。

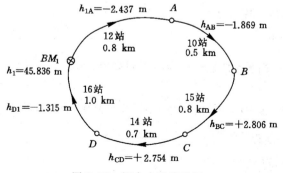

图 2-22　闭合水准线略图

表 2-4　　　　　　　　　　　　　　**闭合水准测量成果计算表**

作业时间:2017.10.22　　　　　　　　　计算者:×××　　　　　　　　　检核者:×××

点号	测段编号	距离/km	实测高差/m	改正数/m	改正后高差/m	高程/m
1	2	3	4	5	6	7
BM_1						45.836
	1	12	−2.437	+0.011	−2.426	
A						43.410
	2	10	−1.869	+0.009	−1.860	
B						41.550
	3	15	+2.806	+0.014	+2.820	
C						44.370
	4	14	+2.754	+0.013	+2.767	
D						47.137
	5	16	−1.315	+0.014	−1.301	
BM_1						45.836
$\sum$		67	−0.061	+0.061	0	

$$f_h = -0.061\ \text{m},\ f_{h允} = \pm 12\sqrt{n} = \pm 12\sqrt{67} = \pm 98\ (\text{mm}),\ |f_h| < |f_{h允}|,\ \text{精度符合要求}$$

注:表格中因每千米测站数超过 15 站,所以用山地的公式计算高差闭合差的容许值,并按测站数计算改正数。

3. 支水准路线

图 2-23 为按图根水准测量要求施测的一支水准路线示意略图。已知水准点 A 的高程为 168.412 m,往返测站各为 16 站,其成果计算步骤为:

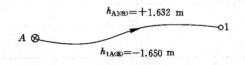

图 2-23　支水准线略图

(1) 计算高差闭合差及其允许值

$$f_h = f_{h往} + f_{h返} = +1.632 + (-1.650) = -0.018\ (\text{m})$$

高差闭合差的允许值:

$$f_{h允} = \pm 12\sqrt{n} = \pm 12\sqrt{16} = \pm 48\ (\text{mm})$$

$|f_h| < |f_{h允}|$,故精度合格。

(2) 计算改正后高差

支水准路线的往测高差加上 $-\dfrac{f_h}{2}$ 为改正后高差,即:

$$h_{A1改} = h_{往} + \frac{-f_h}{2} = +1.632 + 0.009 = +1.641\ (\text{m})$$

(3) 计算待定点高程

待定点 1 的高程为:

$$H_1 = H_A + h_{A1改} = +168.412 + 1.641 = +170.053\ (\text{m})$$

任务六　水准仪的检验与校正

一、水准仪的主要轴线

水准测量前,应对所使用的水准仪进行检验校正。检验较正时,先做一般性检查,内容包括制动、微动螺旋和目镜、物镜调焦螺旋是否有效;微倾螺旋、脚螺旋是否灵活;连接螺旋与三脚架头连接是否可靠;脚架有无松动。

水准仪的检验与校正,主要是检验仪器各主要轴线之间的几何条件是否满足,若不满足,则应校正。

如图 2-24 所示,水准仪的主要轴线有:视准轴 CC、水准管轴 LL、圆水准器轴 $L'L'$ 和竖轴(仪器旋转轴)VV。此外,还有读取水准尺上读数的十字丝横丝。

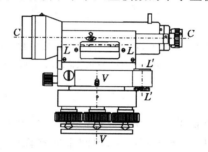

图 2-24　水准仪的主要轴线

二、水准仪应满足的几何条件

水准测量中,通过调节水准管使气泡居中(水准管轴水平),实现视准轴水平,从而正确测定两点之间的高差。因此,水准管轴必须平行于视准轴,这是水准仪应满足的主要条件。通过调圆水准器使气泡居中(圆水准器轴铅垂),实现竖轴铅垂,从而使水准仪旋转到任意方向上圆水准器气泡居中,因此,圆水准器轴应平行于竖轴。另外,竖轴铅垂时,十字丝横丝应水平,以便于在水准尺上读数,因此,十字丝横丝应垂直于竖轴。综上所述,水准仪应满足下列条件:

(1)圆水准器轴平行于竖轴($L'L'$ // VV);

(2)十字丝横丝垂直于竖轴;

(3)水准管轴平行于视准轴(LL // CC)。

上述条件在仪器出厂时一般能够满足,但由于仪器在运输、使用中会受到振动和磨损,轴线间的几何条件可能有些变化,因此,在水准测量前,应对所使用的仪器按上述顺序进行检验与校正。

三、检验校正方法

(一)圆水准器轴平行于竖轴的检验与校正

1. 检验

转动基座脚螺旋,使圆水准器气泡居中,则圆水准器轴处于铅垂位置。若圆水准器轴不平行于竖轴,如图 2-25(a)所示,设两轴的夹角为 α,则竖轴偏离铅垂方向 α。将望远镜绕竖轴旋转 180°后,竖轴位置不变,而圆水准器轴移到图 2-25(b)位置,此时,圆水准器轴与铅垂线之间的夹角为 2α。此角值的大小由气泡偏离圆水准器零点的弧长表现出来。因此,检验时,只要将水准仪旋转 180°后发现气泡不居中,就说明圆水准器轴与竖轴不平行,需要校正,而且校正时只要使气泡向零点方向返回一半,就能达到圆水准器轴平行于竖轴。

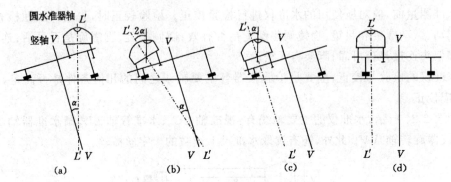

图 2-25　圆水准器轴平行于竖轴的检验与校正

(a) 气泡居中,竖轴不铅垂;(b) 旋转 180°;(c) 校正气泡返回一半;(d) 竖轴铅垂并平行水准器轴

2. 校正

用拨针调节圆水准器下面的 3 个校正螺钉,如图 2-26 所示。先使气泡向零点方向返回一半,如图 2-25(c) 所示,此时气泡虽不居中,但圆水准器轴已平行于竖轴,再用脚螺旋调气泡居中,则圆水准器轴与竖轴同时处于铅垂位置,如图 2-25(d) 所示。这时仪器无论转到任何位置,气泡都将居中。校正工作一般需反复多次,直至气泡不偏出圆圈为止。

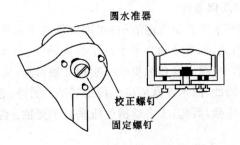

图 2-26　校正圆水准器

(二) 十字丝横丝垂直于竖轴的检验与校正

1. 检验

安置和整平仪器后,用横丝与竖丝的交点瞄准远处的一个明显点 P,如图 2-27(a) 所示,拧紧制动螺旋,慢慢转动微动螺旋,并进行观察。若 P 点不离开横丝,如图 2-27(b) 所示,说明横丝垂直于竖轴;若 P 点逐渐离开横丝,在另一端产生一个偏移量,如图 2-27(c) 所示,则横丝不垂直于竖轴。

2. 校正

旋下目镜处的护盖,用螺钉旋松开十字丝分划板座护罩的固定螺钉,如图 2-27(e) 所示,微微旋转十字丝分划板座,如图 2-27(f) 所示,使 P 点移动到十字丝横丝上,最后拧紧分划板座固定螺钉,上好护盖。此项校正要反复几次,直到满足条件为止,如图 2-27(d) 所示。

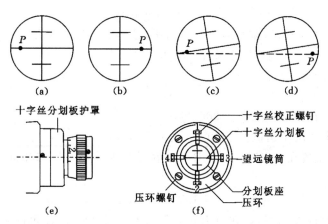

图 2-27　十字丝横丝与仪器旋转轴垂直的检验

(a) 瞄准 P 点;(b) P 点不偏离横丝;(c) P 点偏离横丝;(d) P 点重新回至横丝;

(e) 十字丝分划板座护罩;(f) 十字丝分划板座

（三）水准管轴平行于视准轴的检验与校正

1. 检验

若水准管轴不平行于视准轴,它们之间的夹角用 i 表示,亦称 i 角。当水准管气泡居中时,视准轴相对于水平线将倾斜 i 角,从而使读数产生偏差 x。如图 2-28 所示,读数偏差与水准仪至水准尺的距离成正比,距离越远,读数偏差越大。若前、后视距相等,则 i 角在两水准尺上引起的读数偏差相等,从而由后视读数减前视读数所得高差不受影响。

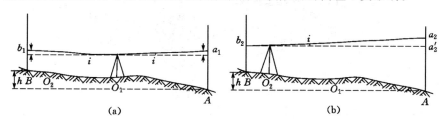

图 2-28　水准管轴平行于视准轴的检验

（a）水准仪安置在中点;(b) 水准仪安置在一端

（1）在平坦地面上选定相距约 80 m 的 A、B 两点,打入木桩或放尺垫后立水准尺。先用皮尺量出与 A、B 距离相等的 O_1 点,在该点安置水准仪,分别读取 A、B 两点水准尺的读数 a_1 和 b_1,得 A、B 点之间的高差 h_1:

$$h_1 = a_1 - b_1$$

由于距离相等,视准轴与水准管轴即使不平行,产生的读数偏差也可以抵消,因此 h_1 可以认为是 A、B 两点之间的正确高差。为确保此高差的准确,一般用双面尺法或变动仪器高度法进行两次观测,若两高差之差不超过 3 mm,则取两高差平均值作为 A、B 两点的高差。

（2）把水准仪安置在距 B 点约 3 m 的 O_2 点,读出 B 点尺上读数 b_2,因水准仪至 B 点尺很近,其 i 角引起的读数偏差可近似为零,即认为读数 b_2 正确。由此,可计算出水平视线在 A 点尺上的读数应为:

$$a'_2 = h_1 + b_2$$

然后，瞄准 A 点水准尺，调水准管气泡居中，读出水准尺上实际读数 a_2，若 $a_2 = a'_2$ 说明两轴平行；若 $a'_2 \neq a_2$，则两轴之间存在 i 角，其值为：

$$i = \frac{a_2 - a'_2}{D} \times \rho''$$

式中　D_{AB}——A、B 两点平距，$\rho'' = 206\ 265''$。

对于 DS_3 型水准仪，i 角值大于 $20''$ 时，需要进行校正。

例如，设仪器安置在中点时，在 A、B 尺的读数分别是 $a_1 = 1.583$ m，$b_1 = 1.132$ m，则正确的高差为：

$$h_1 = a_1 - b_1 = 1.583 - 1.132 = 0.451\ (\text{m})$$

仪器安置在靠近 B 端时，若在 B 尺的读数是 $b_2 = 1.000$ m，A 尺读数是 $a_2 = 1.250$ m，计算 A 尺正确读数 $a'_2 = h_1 + b_2 = 0.451 + 1 = 1.451$（m），因为 $a_2 \neq a'_2$，所以两轴不平行。

2. 校正

转动微倾螺旋，使十字横丝对准 A 点水准尺上的读数 a'_2，此时视准轴水平，但水准管气泡偏离中点。如图 2-29 所示，用拨针先稍松水准管左边或右边的校正螺钉，再按先松后紧原则，分别拨动上、下两个校正螺钉，将水准管一端升高或降低，使气泡居中。这时水准管轴与视准轴互相平行，且都处于水平位置。此项校正需反复进行，直到 i 角小于 $20''$ 为止。

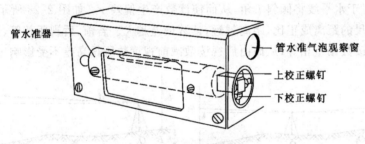

管水准器　　　　　　　　　　　　　　　管水准气泡观察窗
　　　　　　　　　　　　　　　　　　　上校正螺钉
　　　　　　　　　　　　　　　　　　　下校正螺钉

图 2-29　校正水准管

任务七　水准测量的主要误差来源

水准测量误差来源于仪器误差（仪器构造上不完善）、观测误差（作业人员感官灵敏度的限制）和外界条件（作业环境）的影响三个方面。在水准测量作业中，应注意根据产生误差的原因，采取相应措施，尽量消除或减弱其影响。

一、仪器误差

1. 水准管轴与视准轴不平行误差

水准管轴不平行于视准轴的 i 角误差虽经校正，但仍然存在少量残余误差，使读数产生误差。在观测时，使前、后视距尽量相等，便可消除或减弱此项误差的影响。

2. 十字丝横丝与竖轴不垂直误差

由于十字丝横丝与竖轴不垂直，横丝的不同位置在水准尺上的读数不同，从而产生误差。观测时应尽量用横丝的中间位置读数。

3. 水准尺误差

水准尺刻划不准、尺子弯曲、底部零点磨损等误差的存在，都会影响读数精度，因此水准测量前必须对水准尺进行检验。若水准尺刻划不准、尺子弯曲，则该尺不能使用；若是两支水准尺的底部零点磨损数值不相等，则对偶数站的水准测段同样得到抵消，而在奇数测站才需加入零点差的改正。

二、观测误差

1. 水准管气泡居中误差

水准测量的主要条件是视线必须水平，它是利用水准管气泡位置居中来实现的。气泡居中与否是用眼睛观察的，由于生理条件的限制，不可能做到严格辨别气泡的居中位置。同时，水准管中的液体与管内壁的曲面有摩擦和黏滞作用，这种误差叫水准管气泡的居中误差，它的大小与水准管内壁的弯曲程度有关。由于气泡居中存在误差，会使视线偏离水平位置，从而带来读数误差。气泡居中误差对读数所引起的误差与视线长度有关，距离越远，误差越大。水准测量时，每次读数要注意使气泡严格居中，而且距离不宜太远。

2. 估读水准尺误差

在水准尺上估读毫米时，由于人眼分辨力以及望远镜放大倍率是有限的，会使读数产生误差。估读误差与望远镜放大倍率以及视线长度有关。在水准测量时，应遵循不同等级的测量对望远镜放大倍率和最大视线长度的规定，以保证估读精度。同时，视差对读数影响很大，观测时要仔细进行目镜和物镜的调焦，严格消除视差。

3. 水准尺倾斜误差

水准尺倾斜，总是使读数增大。倾斜角越大，造成的读数误差就越大。所以，水准测量时，应尽量使水准尺竖直。

三、外界条件的影响

1. 仪器下沉

仪器下沉将使视线降低，从而引起高差误差。假设仪器下沉(上升)的变动量是和时间成比例的。

如图 2-30 所示，第一次后视读数 a_1，当仪器转向前视时仪器下沉了一个 Δ，前视读数为 b_1，那么高差 $h = a_1 - b_1$ 中必然包含误差 Δ。为了减小这种影响，读取红面读数时采用先读前视的办法。当最后读取后视读数时，仪器视线又变动了一个 Δ。由图 2-30 可以看出，黑面读数的高差为：

$$h_黑 = a_1 - (b_1 + \Delta) = a_1 - b_1 - \Delta$$

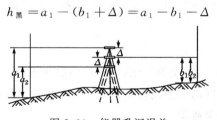

图 2-30　仪器升沉误差

红面读数的高差为：

$$h_红 = (a_2 + \Delta) - b_2 = a_2 + \Delta - b_2$$

取两次平均得：

$$h = \frac{(a_1 - b_1) + (a_2 - b_2)}{2}$$

在测站上采用"后、前、前、后"的观测程序,可以减弱仪器下沉对高差的影响;同时,熟练操作以减少观测时间,也可使这项误差影响减小。

2.尺垫下沉

当仪器在第一站观测完毕之后转向第二站时,前视尺变动了一个 △ 值,如图 2-31 所示。于是第二站观测完毕之后转向第一站的前视读数的尺子零点不在同一个位置。对于同类土壤的水准路线,它们造成的影响是系统性的,如果属于尺子下沉,则是使高差增大;反之,则是使高差减小。这就了解到如果作业时对一条水准路线采用往返观测取高差平均值,那么在往返测的平均值中这种误差的影响将会得到减弱。

3.大气折光的影响

空气的温度不均匀,将使光线发生折射,视线即不成为一条直线。特别在晴天,靠近地面的温度较高,使空气密度较上面更稀,因此,视线离地面越近,折射就越大,如图2-32,它使尺子上的读数增大。因此,不同等级的水准测量规定视线必须高出地面一定的高度(如三等水准测量中丝读数≥0.3 m)就是为了减少此项影响。

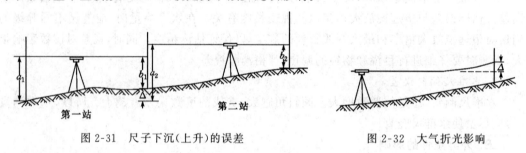

图 2-31　尺子下沉(上升)的误差　　　　图 2-32　大气折光影响

由于地球曲率和大气折光的影响,测站上水准仪的水平视线相对与之对应的水准面,会在水准尺上产生读数误差,视线越长,误差越大。前、后视距相等,则地球曲率与大气折光对高差的影响将得到消除或大大减弱。

4.地球曲率的影响

由于地球曲率的影响,实际上水准面并不是平面,于是就产生了地球曲率误差。如图 2-33 所示,在 A、B 两水准标尺的读数误差分别 Δa 和 Δb,如果水准仪安置在 A、B 两点中间,则引起的误差相等。由此可见,只要在水准测量作业中使前、后视距相等,就可消除地球曲率的影响。

5.温度的影响

温度变化不仅会引起大气折光的变化,当烈日照射水准管时,还会使水准管本身和管内液体温度升高,气泡向着温度高的方向移动,影响视线水平。因此,水准测量时应选择有利观测时间,阳光较强时应撑伞遮阳。

以上所述各项误差来源,都是采用单独影响来进行分析的,而实际情况则是综合性的影响。从误差的综合影响来说,这些误差将会互相抵消一部分。所以,作业中只要注意按规定施测,特别是操作熟练、观测速度提高的情况下,各项外界影响的误差都将大为减小,完全能够达到施测精度要求。

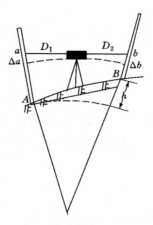

图 2-33　地球曲率误差

任务八　自动安平水准仪及电子水准仪

一、自动安平水准仪

自动安平水准仪是利用自动安平补偿器代替水准管,自动获得视线水平时水准尺读数的一种水准仪。使用这种水准仪时,只要使圆水准器气泡居中,即可瞄准水准尺读数。因此,既简化了操作,提高了速度,又可避免由于外界温度变化而导致水准管与视准轴不平行带来的误差,从而提高观测成果的精度。

1. 自动安平原理

如图 2-34(a)所示,当望远镜视准轴倾斜了一个小角 α 时,由水准尺的 a_0 点过物镜光心所形成的水平光线,不再通过十字丝中心 B,而通过偏离 B 点的 A 点处。若在十字丝分划板前面安装一个补偿器,使水平光线偏转 β 角,并恰好通过十字丝中心 B,则在视准轴有微小倾斜时,十字丝中心 B 仍能读出视线水平时的读数,从而达到自动补偿的目的。

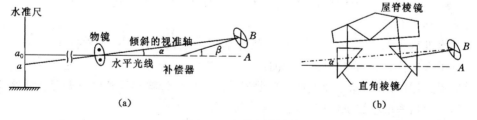

图 2-34　自动安平原理

图 2-34(b)是一般自动安平水准仪采用的补偿器,补偿器的构造是把屋脊棱镜固定在望远镜内,在屋脊棱镜的下方,用交叉的金属片吊挂两个直角棱镜,当望远镜倾斜时,直角棱镜在重力作用下与望远镜做相反的偏转,并借助阻尼器的作用很快静止下来。当视准轴倾斜 α 时,实际上直角棱镜在重力作用下并不产生倾斜,水平光线进入补偿器后,沿实线所示方向行进,使水平视线恰好通过十字丝中心 A,达到补偿目的。

2. 自动安平水准仪的使用

自动安平水准仪的使用非常简便。在观测时,只需用脚螺旋将圆水准器气泡调至居中,照准标尺即可读取读数。一些有补偿器按钮的仪器,在读数前先按一下补偿器按钮,待影像稳定下来时再读数。

自动安平水准仪在使用前也要进行检验及校正,方法与微倾式水准仪的检验与校正相同。同时,还要检验补偿器的性能,其方法是先在水准尺上读数,然后少许转动物镜或目镜下面的一个脚螺旋,人为地使视线倾斜,再次读数。若两次读数相等则说明补偿器性能良好,否则需专业人员修理。

二、电子水准仪

1. 电子水准仪原理

电子水准仪又称数字水准仪,它是在自动安平水准仪的基础上发展起来的。它采用条码标尺,各厂家标尺编码的条码图案不相同,不能互换使用。目前照准标尺和调焦仍需目视进行。人工完成照准和调焦之后,标尺条码一方面被成像在望远镜分化板上,供目视观测;另一方面通过望远镜的分光镜,标尺条码又被成像在光电传感器(又称探测器)上,即线阵CCD 器件上,供电子读数。

电子水准仪是以自动安平水准仪为基础,在望远镜光路中增加了分光镜和探测器(CCD),并采用条码标尺和图像处理电子系统构成的光、机、电、测一体化的高科技产品。采用普通标尺时,又可像一般自动安平水准仪一样使用。它与传统仪器相比有以下特点:

(1)读数客观:不存在误差、误记问题,没有人为读数误差。

(2)精度高:视线高和视距读数都是采用大量条码分划图像经处理后取平均得出的,因此削弱了标尺分划误差的影响。多数仪器都有进行多次读数取平均的功能,可以削弱外界条件影响。不熟练的作业人员也能进行高精度测量。

(3)速度快:由于省去了报数、听记、现场计算的时间以及人为出错的重测数量,测量时间与传统仪器相比可以节省 1/3 左右。

(4)效率高:只需调焦和按键就可以自动读数,减轻了劳动强度。视距还能自动记录、检核、处理,并能输入电子计算机进行后处理,可实线内、外业一体化。

2. 电子水准仪的结构

电子水准仪由基座、水准器、望远镜、操作面板和数据处理系统等部件组成,如图 2-35 所示。电子水准仪具有内藏应用软件和良好的操作界面,除可以自动显示观测数据外,还可以自动完成数据的记录、储存和处理。自动记录的数据可传输到计算机内进行后续处理,也可通过远程通信系统将测量数据直接传输给其他用户。

电子水准仪与条码水准尺配合使用,可进行水准测量的自动读数。各厂家生产的条码水准尺都属于专利,条码图案不同,读数原理和方法也不相同,主要有相关法、几何法、相位法等。如果采用传统的具有长度分划的水准尺,电子水准仪也可以像一般自动安平水准仪一样,用目视方法在水准尺上读数,如图 2-36 所示。

三、电子水准仪的操作与使用

1. 仪器安置

(1)松开脚架的 3 个制动螺旋,将脚架升至合适高度(望远镜大致与眼平齐),然后旋紧。

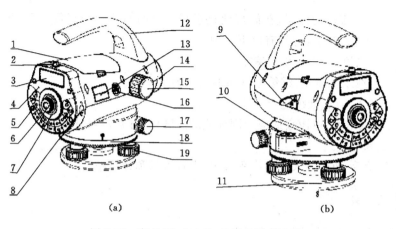

图 2-35　南方 DL-201/2007 型电子水准仪

1——电池;2——粗瞄器;3——液晶显示屏;4——面板;5——按键;6——目镜;7——目镜护罩;
8——数据输出插口;9——圆水准器反射镜;10——圆水准器;11——基座;12——提柄;13——型号标贴;
14——物镜;15——调焦手轮;16——电源开关/测量键;17——水平微动螺旋;18——水平度盘;19——脚螺旋

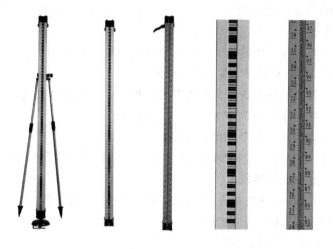

图 2-36　铟瓦尺

（2）安置脚架,展开架腿,使脚架基座基本水平。将脚架踩入地面使之稳定。

（3）把仪器架在三脚架上,旋紧基座下面的连接螺旋。

（4）用脚螺旋调节圆水准气泡,使其居中。

（5）在明亮背景下对望远镜进行目镜调焦,使十字丝清晰。

2.仪器的照准

（1）用手转动望远镜,大致照准水准尺,用壳顶准线进行粗瞄。

（2）调节对光螺旋（调焦）使尺像清晰,用水平微动螺旋使十字丝精确对准编码尺分划中央。

（3）消除十字丝视差。

3.仪器的开机

开机前必须确保电池已充好电。

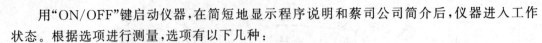
用"ON/OFF"键启动仪器,在简短地显示程序说明和蔡司公司简介后,仪器进入工作状态。根据选项进行测量,选项有以下几种:

(1) 设置单次测量:进行单点测量。

(2) 设置路线水准测量:继续已开始的线路测量。

(3) 设置校正测量:继续进行校正。

注意:仪器取出后,应让它适应周围环境的温度后,再开始测量。

4. 测量过程

当仪器架设后,即可输入已知高程数据,设置测量和计算精度。

 思考题

1. 确定地面点高程的方法有哪几种?

2. 水准仪由哪几部分组成?

3. 什么是照准轴、圆水准轴、管水准轴、垂直轴?

4. 何谓视差?产生视差的原因是什么?怎样消除视差?

5. 水准仪上的圆水准器和管水准器作用有何不同?调气泡居中时各使用什么螺旋?调节螺旋时有什么规律?

6. 什么叫水准点?什么叫转点?转点在水准测量中起什么作用?在进行水准测量时,已知水准点、未知水准点、转点中,哪些点需要放尺垫?

7. 等外水准测量路线的布设形式有哪几种?哪一种需要进行往返观测?

8. 水准路线观测略图上绘的箭头表示什么意思?

9. 水准路线的高程闭合差是如何计算的?

10. 水准路线闭合差为什么要按测段的距离或测站数反号成正比进行分配?分配的余数为什么要强制分配在较长测段上?

11. 水准测量时,前、后视距相等可消除或削弱哪些误差的影响?

12. 水准仪有哪些轴线?它们之间应满足哪些条件?

13. 自动安平水准仪和数字水准仪的主要特点是什么?

 练习题

1. 设点 A 为后视点, B 点为前视点, $H_A = 1\,287.452$ m,当后视读数为 1.698 m 时,前视读数为 1.748 m,求 A、B 两点的高差及 B 点的高程,并绘图说明。

2. 根据图 2-37 中水准测量观测数据,计算各测站的高差和 B 点的高程,并进行计算检核。

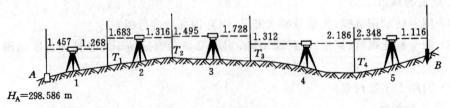

$H_A = 298.586$ m

图 2-37 水准测量观测示意图

3. 表 2-5 为等外附合水准路线观测成果,请进行闭合差检核和分配后,求出各待定点的高程。

表 2-5　　　　　　　　　　　　　　图根附合水准路线观测成果

作业时间：　　　　　　　　　　　　　　计算者：　　　　　　　　　　　　检核者：

点号	测段编号	距离/km	实测高差/m	改正数/m	改正后高差/m	高程/m
1	2	3	4	5	6	7
BM_A						197.865
	1	1.0	+4.768			
1						
	2	1.2	+2.137			
2						
	3	6	−3.658			
3						
	4	1.8	+10.024			
BM_B						211.198
Σ						

辅助计算：

4. 图 2-38 所示为一附合水准路线,BM_1 和 BM_2 为已知高程点,1、2、3 为待定点。已知数据及观测数据如图所示,请列表计算各点的高程。

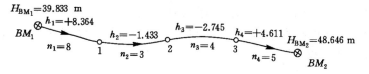

图 2-38　附合水准路线略图

5. 图 2-39 所示为一条等外附合水准路线,H_A 为已知高程点,1、2、3 为待定点。已知数据及观测数据如图所示,请列表计算各点的高程。

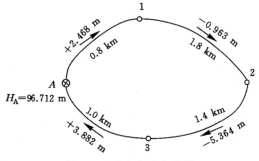

图 2-39　附合水准路线图

6. 图 2-40 所示为一条图根支水准路线，H_A 为已知高程点，1 为待定点。已知数据及观测数据如图所示，往返测路线总长度为 2.6 km，试进行闭合差检核并计算 1 点的高程。

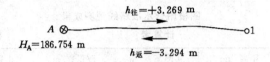

图 2-40　图根支水准路线略图

7. 水准点 1 和 2 之间进行了往返水准测量，施测过程和读数如图 2-41 所示，已知水准点 1 的高程为 37.614 m，两水准点间的距离为 640 m，容许高程闭合差按 $\pm 40\sqrt{L}$ mm（L 单位为 km）计，试填写手簿并计算水准点 2 的高程。

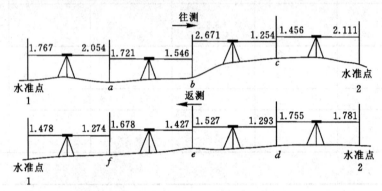

图 2-41　图根支水准路线略图

8. 水准仪在 A、B 两点之间，并使水准仪至 A、B 两点的距离相等，各为 40 m，测得 A、B 两点的高差 $h_{AB} = +0.224$ m。把仪器搬至 B 点近处，B 尺读数 $b_2 = 1.446$ m，A 尺读数 $a_2 = 1.695$ m。水准管轴是否平行于视准轴？如果不平行于视准轴，视线是向上倾斜还是向下倾斜？如何进行校正？

项目三　经纬仪及角度测量

角度测量是测量工作的基本内容之一,角度测量分为水平角测量和竖直角测量。测量水平角的主要目的是用于求算地面点的平面位置,而竖直角测量则是利用三角原理测定两地面点的高差,或将两地面点间的倾斜距离改化成水平距离。常用的角度测量仪器是经纬仪,它不但可以测量水平角和竖直角,还可以间接地测量距离和高差,是测量工作中最常用的仪器之一。

任务一　角度测量概述

一、水平角及测量原理

地面上两相交直线之间所形成的夹角在同一水平面上的投影,称为水平角。如图 3-1 所示,在地面上有高程不等的任意三点 A、O、B,沿铅垂线方向投影到 H 水平面上得到 a'、o、b'三点,则直线 oa' 与直线 ob' 的夹角 β 即为地面上 OA 与 OB 两方向线间的水平角。也可以理解为,通过地面上两方向线的竖直面所夹的二面角即为水平角。水平角的取值范围为 $0°\sim360°$。

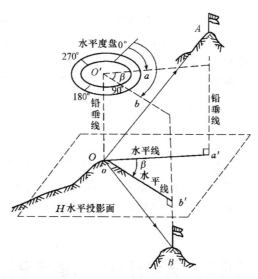

图 3-1　水平角测量原理

若在角顶 O 的铅垂线上水平地放置一个带有顺时针刻划的圆盘,使圆盘中心 O' 位于该铅垂线上,通过 OA 与 OB 两方向线的竖直面在度盘上的读数分别为 a 和 b,则两读数之差即为两方向线间的水平角值,即:

$$\beta = b - a \tag{3-1}$$

例如，若 OA 竖直面与水平度盘交线的读数为 $56°30'12''$，OB 竖直面与水平度盘交线的读数 $112°42'30''$，则其水平角为：

$$\beta = 112°42'30'' - 56°30'12'' = 66°12'18''$$

二、竖直角及测量原理

在同一竖直面内目标视线与水平线之间的夹角，称为竖直角，又称垂直角。竖直角有仰角和俯角之分，当视线在水平视线的上方时，δ_A 为仰角，角值为正；当视线在水平视线的下方时，δ_B 为俯角，角值为负，如图 3-2 所示。竖直角的取值范围为 $0°\sim\pm90°$。

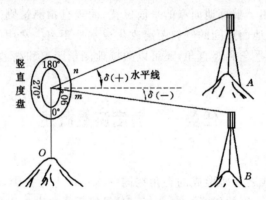

图 3-2　竖直角测量原理

在同一竖直面内目标视线与铅垂线的夹角称为天顶距，一般用 Z 表示，角值为 $0°\sim180°$。

竖直角与水平角一样，其角值是度盘上两方向读数之差。所不同的是，该度盘是竖直放置的，因此称为竖直度盘。另外，两方向中有一个是水平线方向，为了观测方便，当视线水平时，其竖盘读数都是一个常数（一般为 $90°$ 或 $270°$）。这样，在测量竖直角的时候，只需要望远镜瞄准目标点，读取倾斜视线的竖盘读数，即可根据读数与常数的差值计算出竖直角。

例如，若视线水平时的竖盘读数为 $90°$，瞄准目标点 A，视线上倾的竖盘读数为 $83°45'36''$，则竖直角为：

$$90° - 83°45'36'' = +6°14'24''$$

综上所述，为了测量水平角，仪器必须具有一个能置于水平位置的水平度盘；为了测量竖直角，仪器必须具有一个能处于竖直位置的竖直度盘；为了照准目标，仪器还必须具有一个既能在水平面内旋转又能在竖直面内旋转的望远镜。而经纬仪就是根据上述原理制作的。

任务二　光学经纬仪构造与使用

经纬仪是进行角度测量的仪器。按读数设备的不同，经纬仪分为光学经纬仪和电子经纬仪两种类型。光学经纬仪采用光学度盘和光学测微的光学系统读数方式，价格低，性能稳定。根据精度高低的不同，我国将光学经纬仪划分为 DJ_{07}、DJ_1、DJ_2、DJ_6、DJ_{15} 等多种型号。代号 D、J 分别表示"大地测量"和"经纬仪"汉语拼音的第一个字母；下标表示该仪器的精度指标,如"6"表示一测回水平方向值中数的中误差为±6″,其中 DJ$_{07}$、DJ$_1$、DJ$_2$属于精密经纬仪,DJ$_6$、DJ$_{15}$属于普通经纬仪。本书以工程上常用的 DJ$_6$型光学经纬仪为例进行介绍。

一、经纬仪的基本结构

由于生产厂家不同,DJ$_6$型光学经纬仪各部件的形式不完全一样,但其基本结构是相同的,它由照准部、水平度盘和基座三大部分组成,如图 3-3 所示。

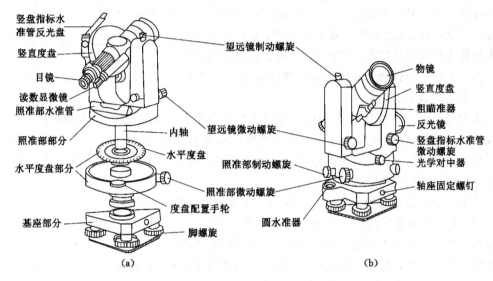

图 3-3 DJ$_6$光学经纬仪构造

1. 照准部

照准部是光学经纬仪的核心部件,它包括望远镜、读数设备、竖直度盘、支架、照准部水准管、照准部旋转轴和光学对中器等。望远镜、竖直度盘与横轴固连在一起,安放在支架上;望远镜可绕横轴旋转,望远镜转动时,竖直度盘随之转动。竖盘读数指标与竖盘指标水准管固连在一起,不随望远镜转动,但可通过竖盘指标水准管微动螺旋做微小转动。调整此微动螺旋使竖盘指标水准管气泡居中,读数指标即处于正确位置。为了提高野外作业速度,有些经纬仪已不再采用竖盘指标水准管,而用自动归零装置代替。

照准部水准管是用来精确整平仪器的。光学对中器的作用是通过它将仪器中心安置在测站点的铅垂线上。读数设备包括读数显微镜、测微器以及光路中的一系列棱镜、透镜等。为了控制照准部在水平方向内的转动,照准部上装有水平制动和微动螺旋;为了控制望远镜在竖直面内的转动,在支架一侧装有望远镜制动螺旋和微动螺旋。

2. 水平度盘

经纬仪上有水平和竖直两个度盘,用于方向角值的度量。度盘是由光学玻璃制成的精密刻度盘,分划从 0°～360°,按顺时针注记,最小刻划有 1°、30′或 20′三种。

水平度盘固定在金属盒内,有一空心轴,空心轴插入度盘的外轴中,外轴再插入基座的套轴内,如图 3-3 所示。在测角过程中,水平度盘与照准部是分离的,即水平度盘不随照准部转动;指标所指读数随照准部的转动而变化,从而根据两个方向的不同读数计算水平角。若要改变水平度盘的位置,则可利用度盘变换手轮将度盘转到所需的位置(如0°00′00″)。还有少数仪器采用复测装置,这类仪器水平度盘与照准部可离可合:当复测扳手向下扳到位,照准部与度盘扣合在一起,度盘随照准部一起转动,度盘读数不变;当复测扳手向上扳到位,照准部与度盘分离,度盘不随照准部转动。

3. 基座

基座是支撑仪器的底座,包括轴座、脚螺旋、底板、三角形压板等。照准部连同水平度盘一起插入基座轴套后,用轴套固定螺旋(又称中心锁紧螺旋)固紧;轴套固定螺旋切勿松动,以免仪器上部与基座脱离而摔坏。仪器装到三脚架上时,必须将三脚架头上的中心连接螺旋旋入基座底板,使之紧固。采用光学对中器的经纬仪,其连接螺旋是空心的;连接螺旋下端大都具有挂钩或像灯头一样的插口,以备悬挂垂球之用。

基座上的三个脚螺旋是用来整平仪器的;圆水准器的作用仍然是粗略整平仪器用。

4. 读数设备和读数方法

光学经纬仪的读数设备包括度盘、光路系统和测微器。水平度盘和竖直度盘上的分划影像,通过一系列棱镜和透镜成像于望远镜旁的读数显微镜内。DJ$_6$型光学经纬仪的读数装置可以分为分微尺测微装置和单平板玻璃测微装置两种。目前我国生产的DJ$_6$光学经纬仪大都采用分微尺测微器读数装置。

分微尺测微器读数装置如图 3-4 所示。在读数显微镜中可以同时看到两个读数窗,注有"—"("H"或"水平")的都是水平度盘读数窗;注有"⊥"("V"或"竖直")的都是竖直度盘读数窗。两个读数窗上都有一个分成 60 小格的分微尺,其长度等于度盘间隔为 1°的两分划线之间的影像宽度,因此测微尺上一小格的分划值为 1′,可以估读至 0.1′,即 DJ$_6$经纬仪的最小读数秒值,必须是为 6″的整倍数。

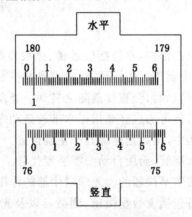

图 3-4　DJ$_6$型光学经纬仪读数窗

读数时,先调节进光窗反光镜的方向,使读数窗光线充足;然后调节读数显微镜的目镜,便能清晰地看到读数窗内度盘的影像。先读出位于分微尺 60 小格区间内的度盘分划线的度数,再以该度盘分划线为指标,在分微尺上读取不足 1°的分数,并估读到秒数(秒数只能是6 的倍数)。在图 3-4 中,水平度盘读数为 $180°03′54″(180°03.9′)$,竖直度盘读数为 $75°57′12″$($75°57.2′$)。

二、经纬仪的使用

经纬仪的使用包括对中、整平、瞄准和读数四项基本操作。通常将对中和整平称为仪器的安置工作,瞄准和读数称为观测工作。

1. 经纬仪的安置

经纬仪的安置包括对中和整平两项操作。对中的目的是使仪器的中心与测站点的标志中心在同一铅垂线上；整平的目的是使仪器的竖轴垂直，即水平度盘处于水平位置。

对中的方式有垂球对中和光学对中两种。

垂球对中容易受风力等外界因素的影响，对中精度不高。目前生产的光学经纬仪均装有光学对中器，其对中精度可达到 1～2 mm，高于垂球的对中精度，因此实际工作中一般采用光学对中器对中，如图 3-5 所示。

整平包括粗略整平和精确整平。

（1）粗平

粗略整平，简称粗平，是通过伸缩脚架腿使圆水准气泡居中。

（2）精平

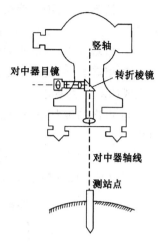

图 3-5 光学对中器

精确整平，简称精平，是通过旋转脚螺旋使管水准气泡居中。精平时要求转动照准部，使照准部水准管大致平行于任意两个脚螺旋 1、2 的连线，如图 3-6(a) 所示，两手同时向内或向外旋转这两个脚螺旋使气泡居中。

再将照准部旋转 90°，如图 3-6(b) 所示，使水准管大约处于 1、2 两脚螺旋连线的垂线上，转动第三个脚螺旋，使水准管气泡居中。再转回原来的位置，检查气泡是否居中，若不居中，则按上述步骤反复进行，直至照准部转到任何位置，气泡都居中为止。

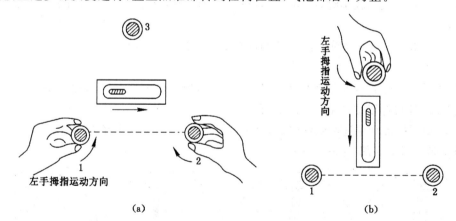

图 3-6 精确整平经纬仪

(a) 以任意一对脚螺旋连线为基准整平；(b) 调整第三个脚螺旋

对中与整平一起进行，其操作步骤如下：

① 使用光学对中器之前，应先转动光学对中器目镜调焦螺旋，使对中分划板十分清晰，再通过拉伸光学对中器看清地面上的测点标志。

② 初步对中：保持三脚架的一条腿固定不动，双手分别握紧三脚架的另两条腿，眼睛观察光学对中器，移动三脚架使对中器分划板上的对中标志基本对准测站点的中心（应注意保持三脚架头基本水平），然后将三脚架的脚尖踩实。

③ 精确对中：稍微旋松连接螺旋，眼睛观察光学对中器，平移仪器基座（不要有旋转），使对中标志准确对准测站点的中心，拧紧连接螺旋。

④ 粗略整平：伸缩脚架腿，使圆水准器气泡居中。

⑤ 精确整平：旋转脚螺旋，使照准部水准管气泡严格居中。精平操作会略微破坏之前已完成的对中关系。

⑥ 再次精确对中整平。精确对中与精确整平应反复进行，直到对中和整平都达到要求为止。

2. 照准

测角时的照准标志，一般是竖立于测点的标杆、测钎、吊垂球或觇牌，如图3-7所示。

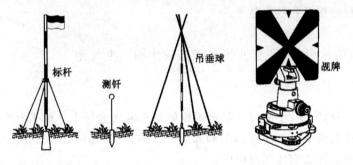

图 3-7 照准标志

在进行水平角观测时，应尽量瞄准目标的底部。目标成像较大时，可用十字丝的单纵丝去平分目标；目标成像较小时，可用十字丝的双纵丝去夹准目标。望远镜瞄准目标的具体步骤如下：

① 松开望远镜制动螺旋和照准部制动螺旋，将望远镜朝向明亮背景，调节目镜对光螺旋，使十字丝清晰。

② 利用望远镜上的照门和准星粗略对准目标，拧紧照准部及望远镜制动螺旋；调节物镜对光螺旋，使目标影像清晰，并注意消除视差。

③ 转动照准部和望远镜微动螺旋，精确瞄准目标。测量水平角时，应用十字丝交点附近的竖丝瞄准目标底部，如图3-8所示。

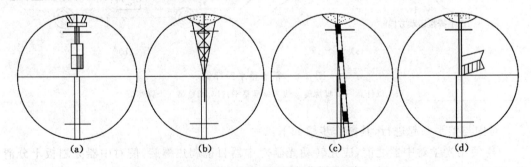

图 3-8 用十字丝的不同部位切准目标

3. 读数

读数时先打开反光镜至适当位置，使读数窗亮度适中，旋转读数显微镜的目镜使刻划线清晰,并消除视差,然后按上述方法进行读数。

4. 配置度盘

配置度盘是指照准某一方向的目标后,使水平度盘的读数等于给定或需要的值,也称为置数,其目的是为了减少水平度盘分划不均匀带来的误差影响和计算观测方向值的方便。在观测水平角时,常使起始方向的水平度盘读数在0°附近或某一指定位置,称为置零。

由于度盘变换方式的不同,置数方法也不相同。对于采用度盘变换手轮的仪器,应先用盘左位置精确瞄准起始方向目标,然后转动度盘变换手轮,使水平度盘读数为预定读数即可。对于采用复测装置的仪器,应先置好数,再去照准目标。

当测角精度较高时,往往需要在一个测站上观测若干个测回。为了减弱度盘分划误差的影响,各测回起始方向数值δ应按照下式计算:

$$\delta = \frac{180^\circ}{n}(i - 1) \qquad (3\text{-}2)$$

式中,n 为测回数;i 为测回序号。

例如,对某水平角观测两个测回($n=2$),第1个测回($i=1$),起始方向的水平度盘读数置为略大于0°(如0°02′12″);第2个测回($i=2$),起始方向的水平度盘读数置为略大于90°(如90°02′18″)。

任务三　水平角观测

观测水平角的方法,应根据测量工作要求的精度、使用的仪器、观测目标的多少而定。常用的方法有测回法和方向观测法两种。

水平角观测,通常都要在盘左和盘右两个盘位下观测。照准目标时,如果竖盘位于望远镜的左侧,称为盘左(又叫正镜);如果竖盘位于望远镜的右侧,则称为盘右(又叫倒镜)。将盘左、盘右观测结果取平均值,可以抵消部分仪器误差的影响,提高观测成果质量。如果只用盘左或者盘右观测一次,称为半个测回或半测回;如果用盘左、盘右各观测一次,合称为一个测回或一测回。

下面介绍测回法和方向观测法观测水平角的作业方法。

一、观测前的准备

到达测站点后,应按下述次序做好准备工作:

(1) 安置仪器(包括对中、整平)。

(2) 寻找观测目标。根据设计图上本站应观测的方向,依次目测或从望远镜中找到应测目标,并记下目标附近较明显的特征或背景,以便观测时能迅速准确地找到和照准目标。目标不清晰的点,可加大测旗或加粗花杆等,以防测错目标。

(3) 选定零方向。找到观测目标后,应选择目标清晰、背景明亮、距离适中、易于照准的目标作为零方向(即起始方向)。目的是保证零方向的观测精度,避免因零方向观测超限而返工。

(4) 做好记录准备。记录前,首先填写好表头上的内容,如测站名称、日期、观测者和记录者姓名、仪器编号、天气、站点名称等,并绘出观测方向略图(按上北、下南、左西、右东方位绘制)。

二、测回法水平角观测

测回法适用于观测只有两个方向的单角。

如图 3-9 所示，设要观测水平角∠AOB，首先在角顶点 O 安置经纬仪（对中、整平），分别照准 A、B 两点的目标并进行读数，两读数之差即为要观测的水平角值。

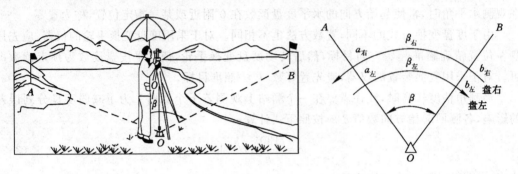

图 3-9　测回法观测水平角示意图

1. 盘左观测

(1) 盘左位置精确照准左边的目标 A，使水平度盘读数略大于 0°，将读数 $a_左$（如 $0°24'18''$），记入手簿。

(2) 顺时针转动照准部，盘左位置精确照准右边的目标 B，读取水平度盘读数 $b_左$（如 $73°52'36''$），记入手簿，则盘左所测水平角值为：

$$\beta_左 = b_左 - a_左 = 73°52'36'' - 0°24'18'' = 73°28'18''$$

以上称为上半测回观测（盘左观测）。

2. 盘右观测

(1) 倒转望远镜变为盘右位置，先照准右边的目标 B，读取水平度盘读数 $b_右$（如 $253°52'24''$），记入手簿。

(2) 逆时针转动照准部，再照准目标 A，读取水平度盘的读数 $a_右$（如 $180°23'54''$），记入手簿，则盘右所测水平角值为：

$$\beta_右 = b_右 - a_右 = 253°52'24'' - 180°23'54'' = 73°28'30''$$

以上称为下半测回观测（盘右观测）。

对于 DJ_6 级光学经纬仪，当盘左、盘右两个半测回角值之差不超过 $±40''$ 时，取两半测回角值的平均值作为一测回观测的水平角值，即：

$$\beta = (\beta_左 + \beta_右)/2 \tag{3-3}$$

由于水平度盘的刻划注记是按顺时针方向增加的，因此在计算角值时，无论是盘左还是盘右，均用右边目标（前视方向）的读数减去左边目标（后视方向）的读数，如果右边目标读数不够减，则应加上 360°后再减。

为了提高观测精度、减少度盘分划误差的影响，水平角需要观测多个测回，每测回应改变起始度盘的位置，当各测回角值之差不超过 $±24''$ 时，取各测回的平均值作为最后结果。若超限，则应重测。

3. 记录计算

测回法水平角观测的记录格式见表 3-1。

表 3-1　　　　　　　　　　　**测回法观测手簿**

作业时间:2017.11.15　　　　天气:晴　　　　　　观测者:×××

开始时间:10 时 30 分　　　　成像:清晰

结束时间:10 时 50 分　　　　仪器:DJ₆　　　　　记录者:×××

测站	测回	竖盘位置	目标	水平度盘读数 /(° ′ ″)	半测回角值 /(° ′ ″)	一测回角值 /(° ′ ″)	各测回平均值 /(° ′ ″)	备注
O	1	左	A	0 24 18	73 28 18	73 28 24	73 28 28	
			B	73 52 36				
		右	A	180 23 54	73 28 30			
			B	253 52 24				
O	2	左	A	90 20 00	73 28 42	73 28 33		
			B	163 48 42				
		右	A	270 19 48	73 28 24			
			B	343 48 12				

三、方向观测法水平角观测

当一个测站上观测方向有 3 个或 3 个以上时,需要同时测量出多个角度,此时应采用方向观测法进行观测。

1. 观测方法

如图 3-10 所示,设在 O 点安置经纬仪,观测 A、B、C、D 四个方向间的水平角。设 A 方向为零方向。要求零方向应选择距离适中、通视良好、成像清晰稳定、俯仰角和折光影响较小的方向。

对中、整平后,用方向观测法观测一个测回的操作程序如下:

(1) 上半测回

选择一明显目标 A 作为起始方向(零方向),用盘左瞄准 A,配置度盘,顺时针(如图中实线箭头所示)依次观测 A、B、C、D、A,读数,记录。

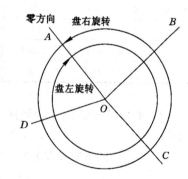

图 3-10　方向观测法示意图

(2) 下半测回

倒镜成盘右,逆时针依次观测 A、D、C、B、A,读数,记录。

至此,一个测回的观测完毕。同样,为了削弱度盘分划误差的影响,提高测角精度,可变换水平度盘位置观测若干个测回。

在半测回的观测中,最后都有一个再次观测起始方向的操作,这个操作称为归零,归零的目的是为了检核观测过程中仪器是否发生了变动(因为方向数较多,观测时间较长的缘故)。由于有了归零操作,相当于做了一个圆周的观测,所以这种观测方法又称为全圆观测法。

2. 记录计算

方向观测法的记录格式见表 3-2。盘左观测时,由上往下纪录;盘右观测时,由下往上

记录。计算在表格中进行,计算方法和有关要求分述如下:

表 3-2 方向观测法观测手簿

作业时间:2017.11.16 天气:晴 观测者:×××

开始时间:10 时 00 分 成像:清晰

结束时间:10 时 30 分 仪器:DJ₆ 记录者:×××

测回	目标	水平度盘读数		$2c=左-(右\pm180°)$	平均读数$=[左+(右\pm180°)]/2$	归零后的方向值	各测回归零方向平均值
		盘左	盘右				
		/(° ′ ″)	/(° ′ ″)	/(″)	/(° ′ ″)	/(° ′ ″)	/(° ′ ″)
1	2	3	4	5	6	7	8
1	A	0 01 12	180 01 18	−06	(0 01 10) 0 01 15	0 00 00	0 00 00
	B	85 36 24	265 36 24	00	85 36 24	85 35 14	85 35 11
	C	160 48 18	340 48 30	−12	160 48 24	160 47 14	160 47 04
	D	225 24 36	45 24 42	−06	225 24 39	225 23 29	225 23 20
	A	0 01 06	180 01 06	00	0 01 06		
2	A	90 02 06	270 02 06	00	(90 02 10) 90 02 06	0 00 00	
	B	175 37 12	355 37 24	−12	175 37 18	85 35 08	
	C	250 49 00	70 49 06	−06	250 49 03	160 46 53	
	D	315 25 24	135 25 18	+06	315 25 21	225 23 11	
	A	90 02 12	270 02 18	−06	90 02 15		

(1) 半测回归零差:在半测回中,开始和最后两次照准起始方向的读数差值,DJ₆不超过±24″。

(2) 2c 值(两倍照准误差):

$$2c=盘左读数-(盘右读数\pm180°)$$

(3) 各方向盘左、盘右读数的平均值:

$$平均值=[盘左读数+(盘右读数\pm180°)]/2$$

注意:零方向观测两次,应将平均值再取平均。

(4) 归零方向值:将各方向平均值分别减去零方向平均值,即得各方向归零方向值。

(5) 各测回归零方向值的平均值:同一方向值各测回间互差≤±24″。

(6) 计算各目标间的水平角值:将相邻两方向值相减,即得各目标间的水平角值。

应当指出,当测站上的观测方向数正好为 3 个时,可以不进行归零观测,即每个半测回不必再次观测起始方向,因而起始方向没有盘左、盘右读数的平均值再取中数的计算,其余计算与检核与全圆法完全相同。

在没有水平度盘偏心差影响的情况下,2c 值的大小和稳定性反映了望远镜视准轴与横轴是否垂直,以及照准和读数是否包含较大的误差。DJ₆级经纬仪采用单指标读数,按上式算得的 2c 中包含了水平度盘可能出现的偏心差,已不能真实反映视准轴与横轴的关系及照准和读数的质量,故不必计算 $2c$ 值。

四、限差规定及要求

1. 重测规定

观测结果超出规定限差而需要重新进行的观测,称为重测。重测通常在本点的基本测回完成后进行,其规定如下:

(1)凡超出规范中对应等级水平角测量限差规定的成果,均应进行重测。

(2)因对错度盘、测错方向、读记错误、上半测回超限、碰动仪器、气泡偏离过大以及其他原因未测定的测回,均可立即重新观测。

(3)基本测回成果和重测成果,应记入手簿。重测与基本测回结果不取中数,每一测回只取一个符合限差的结果。

2. 原始记录数据更改规定

(1)读记错误的秒值不许改动,应重新观测。读记错误的度、分值,必须在现场更改,但同一方向盘左、盘右、半测回方向值三者不得同时更改两个相关数字,同一测站不得有两个相关数字连环更改,否则均应重测。

(2)凡更改错误,均应将错误数字、文字用横线整齐划去,在其上方写出正确数字或文字。原错误数字或文字应仍能看清,以便检查。需重测的方向或需重测的测回可用从左上角至右下角的斜线划去。凡划改的数字或划去的不合格成果,均应在附注栏内注明原因。需重测的方向或测回,应注明其重测结果所在页数。超限成果也应整齐划去并注明原因。

(3)补测或重测结果不得记录在测错的手簿页数的前面。

五、水平角观测注意事项

(1)外业观测记录必须在编号、装订成册的手簿上进行,已编号的各页不得任意撕掉,记录中间不得留下空页。

(2)观测员读数后,记录员要复诵一遍,观测员没有提出疑问后方可记入手簿中。

(3)仪器高度要和观测者的身高相适应;三脚架要踩实,仪器与脚架连接要牢固,操作仪器时不要手扶三脚架,走动时要防止碰动脚架。操作仪器要轻、稳、准,要有节奏,且应果断。使用各种螺旋时用力要适当,不可过猛、过大。

(4)对中要认真、仔细,特别是对于短边观测水平角时,对中要求应更严格。

(5)当观测目标间高低相差较大时,更需注意仪器整平。

(6)观测目标要竖直,尽可能用十字丝中心部位瞄准目标(花杆或旗杆)底部,并注意消除视差。

(7)有阳光照射时,要打伞遮光观测。一测回观测过程中,不得再调整照准部管水准器气泡;若在一测回观测中,气泡偏离中心超过1格时,应重新整平仪器、重新观测本测回。在成像不清晰的情况下,要停止观测。

(8)一切原始观测值和记事项目,必须在现场用钢笔或铅笔直接记录在正式外业手簿中,字迹要清楚、整齐、美观,不得涂改、擦改、重笔、转抄。外业手簿或记录用纸应进行编号。观测的秒值,无论什么原因都不能更改。手簿中各记事项目,每一测站或每一观测时间段的首末页都必须记载清楚、填写齐全。方向观测时,每站第1测回应记录所观测的方向序号、点名和照准目标,其余测回仅记录方向序号即可。

(9)在一个测站上只当所有观测结果全部计算、检查合格后,方可迁站。

任务四　竖直角观测

一、竖直度盘的结构及注记形式

光学经纬仪竖盘部分包括竖直度盘、竖盘指标水准管和竖盘指标水准管微动螺旋，如图3-11所示。竖盘固定在横轴一端且与横轴垂直，当望远镜绕横轴旋转时，竖盘随之转动，而竖盘指标不动。竖盘指标线与竖盘指标水准管轴垂直，当旋转竖盘指标水准管微动螺旋使指标水准管气泡居中时，竖盘指标即处于正确位置。也有些光学经纬仪采用竖盘指标自动归零装置，自动调整竖盘指标使其处于正确位置。

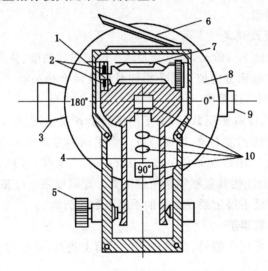

图 3-11　竖直度盘构造

1——竖盘指标水准管轴；2——竖盘指标水准管校正螺丝；3——望远镜；4——光具组光轴；

5——竖盘指标水准管微动螺旋；6——竖盘指标水准管反光镜；7——竖盘指标水准管；

8——竖盘；9——目镜；10——光路组的透镜棱镜

竖盘为全圆周刻划，刻划注记形式有顺时针与逆时针两种。当望远镜视线水平，竖盘指标水准管气泡居中时，竖盘读数应为 90°或 90°的整倍数，如图 3-12 所示。

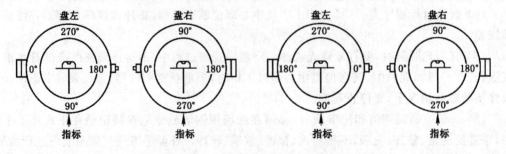

图 3-12　竖直度盘注记形式示意图

二、竖直角计算公式

由于竖盘刻划注记有顺时针和逆时针两种形式，因此竖直角的计算公式也不同。在图

3-12 中,盘左位置视线水平时的竖盘读数为 90°,将望远镜逐渐抬高(仰角),竖盘读数在减小,因此盘左的竖直角计算公式为:

$$\delta_左 = 90° - L \qquad (3-4)$$

同理,在图 3-12 中,盘右位置视线水平时的竖盘读数为 270°,当抬高望远镜时竖盘的读数逐渐变大,所以盘右的竖直角计算公式为:

$$\delta_右 = R - 270° \qquad (3-5)$$

其中,L、R 分别为盘左、盘右照准目标时的竖盘读数。则一测回的竖直角计算公式为:

$$\delta = (\delta_左 + \delta_右)/2 \qquad (3-6)$$

或

$$\delta = (R - L - 180°)/2 \qquad (3-7)$$

根据上述分析,在实际工作中可根据所用仪器自行确定竖直角的计算公式,即:

(1) 当望远镜从水平位置往上抬高时,若竖盘读数逐渐变大,则竖直角的计算公式为:

$$\delta = 目标视线的读数 - 视线水平时的读数 \qquad (3-8)$$

(2) 当望远镜从水平位置往上抬高时,如竖盘读数逐渐减小,则竖直角的计算公式为:

$$\delta = 视线水平时的读数 - 目标视线的读数 \qquad (3-9)$$

三、竖盘指标差

式(3-4)、式(3-5)是一种理想的情况,即当视线水平,竖盘指标水准管气泡居中时,竖盘读数为 90° 或 270°,但实际上读数指标往往并不是恰好指在 90° 或 270° 位置上,而与 90° 或 270° 相差一个小角度 x,我们把 x 这个小角度称为竖盘指标差,如图 3-13 所示。竖盘指标的偏移方向与竖盘注记增加方向一致时 x 值为正,反之为负。

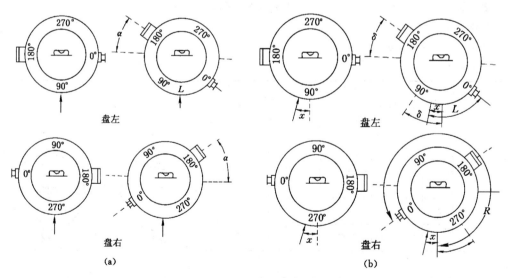

图 3-13　竖直角及指标差计算示意图

(a) 竖直角计算示意图;(b) 指标差计算示意图

下面以图 3-13 顺时针注记的竖盘为例,说明竖盘指标差的计算公式。由于指标差 x 的存在,盘左、盘右读得的 L、R 均大了一个 x,则正确的竖直角 δ 为:

$$\delta_左 = 90° - (L - x) \qquad (3-10)$$

$$\delta_右 = (R - x) - 270° \tag{3-11}$$

所以一测回的竖直角为：

$$\delta = (\delta_左 + \delta_右)/2 = (R - L - 180°)/2 \tag{3-12}$$

式(3-12)说明了取盘左、盘右观测竖直角的平均值可以消除竖盘指标差的影响。将式(3-10)与式(3-11)相减,可得竖盘指标差的计算公式为：

$$x = (L + R - 360°)/2 \tag{3-13}$$

对于同一台仪器,在同一观测时段内,一般认为指标差为一固定值。因此,指标差互差可以反映观测成果的质量。对 DJ_6 级光学经纬仪,同一测站上各方向的指标差互差或同一方向各测回间指标差互差不得超过 $\pm 24''$。

四、竖直角观测及手簿的记录与计算

利用十字丝中丝(即水平长丝)切准目标所进行的竖直角观测方法,称为中丝法,如图 3-14 所示。

(1)在测站上将仪器对中、整平后,盘左位置照准目标,固定照准部和望远镜,转动水平微动螺旋和垂直微动螺旋,使十字丝的水平中丝精确切准目标的特定部位。如图 3-14 所示,切准旗杆顶端。根据所用仪器确定竖直角的计算公式。

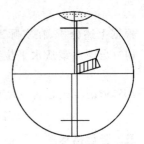

图 3-14　中丝法切准目标

(2)调节指标水准管微动螺旋,使指标水准管气泡居中,读取竖盘读数 L,并记入手簿,见表 3-3。

表 3-3　　　　　　　　　　　　竖直角观测手簿

作业时间:2017.11.19　　　　天气:晴　　　　　　观测者:×××

开始时间:10 时 00 分　　　　成像:清晰

结束时间:10 时 30 分　　　　仪器:DJ_6　　　　记录者:×××

测站	目标	盘位	竖盘读数 /(° ′ ″)	半测回竖直角 /(° ′ ″)	指标差 /(″)	一测回竖直角 /(° ′ ″)	备注
O	A	左	83 23 12	+6 36 48	+15	+6 37 03	
		右	276 37 18	+6 37 18			
	B	左	93 26 36	−3 26 36	−12	−3 26 48	
		右	266 33 00	−3 27 00			

(3)倒转望远镜,盘右位置精确照准原目标位置,调节指标水准管微动螺旋,使指标水准管气泡居中,读取竖盘读数 R,记入手簿。

至此一测回观测结束。竖直角测量的测回数应根据相关规范要求进行,不同测回要分别进行,不得用一次照准、两次读数的方法代替。

当一个测站上要观测多个目标时,可将 3～4 个目标作为一组,先观测本组所有目标的盘左,再倒镜观测本组所有目标的盘右,将该读数分别记入手簿相应栏内,这样可以减少纵

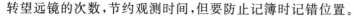

转望远镜的次数,节约观测时间,但要防止记簿时记错位置。

（4）根据指标差和竖直角计算公式计算指标差和竖直角。对某一目标观测一测回结束后,即可用式(3-13)计算其指标差 x,记入手簿指标差栏内对应位置;然后根据垂直度盘注记形式不同的仪器,用式(3-10)、式(3-11)和式(3-12)计算半测回竖直角 δ 和一测回竖直角,记入手簿栏内对应位置。当两个测回所测竖直角互差不超过限差规定($\pm24''$)时,取其平均值作为最后结果,记入手簿相应位置。在一个测站上一次设站观测结束后,如果本站所有指标差互差不超过限差要求($\pm24''$),则本站竖直角观测合格,否则超限目标应重测。具体记簿、计算方法见表 3-3 中的观测结果。

五、竖直角观测注意事项

（1）竖直角观测安置仪器同水平角一样,都需要对中、整平。

（2）盘左、盘右照准目标的特定部位,要在观测手簿相应栏内注明,不能含糊不清或没有交代。同一目标必须切准同一部位。

（3）每次照准目标后,读数前必须使指标水准器气泡居中(对自动安平经纬仪则无此要求)。

（4）图根控制的竖直角观测时间一般不予限制。但对于高等级的控制时,应选择在中午前后(9～15 时)目标成像清晰、稳定时进行观测,避免在日出后和日落前 2 h 时观测。

任务五　经纬仪的检验与校正

一、经纬仪的主要轴线

为了测得正确的水平角和竖直角值,经纬仪必须得满足一定的轴线关系。经纬仪的主要轴线有视准轴 CC'、横轴 HH'、仪器竖轴 VV'、照准部水准管轴 LL' 及圆水准管轴 L_1L_1',如图 3-15 所示。

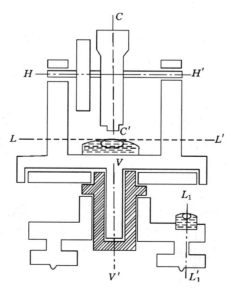

图 3-15　经纬仪的主要轴线

（1）视准轴 CC'：望远镜物镜光心与十字丝中心的连线，称为视准轴（或照准轴）；

（2）横轴 HH'：望远镜旋转的中心轴，称为横轴（或水平轴）；

（3）竖轴 VV'：照准部旋转的中心轴，称为竖轴（或垂直轴）；

（4）水准管轴 LL'：过管水准器零点（水准管圆弧顶点）与圆弧相切的切线，称为管水准轴；

（5）圆水准轴 L_1L_1'：连接圆水准器零点（玻璃盖中央小圆圈的中心）与球面球心的直线，称为圆水准轴。

二、经纬仪应满足的几何条件

要保证观测精度，经纬仪的主要部件之间，即主要轴线和平面之间，必须满足一定的几何条件。经纬仪各轴线间必须满足下列几何关系：

（1）照准部水准管轴垂直于仪器竖轴，即 $LL'\perp VV'$；

（2）仪器横轴垂直于竖轴，即 $HH'\perp VV'$；

（3）视准轴垂直于横轴，即 $CC'\perp HH'$；

（4）十字丝纵丝应垂直于横轴 HH'；

（5）竖盘指标差为零。

此外，还要求光学对中器的视轴与仪器竖轴重合，圆水准轴平行于竖轴，即 L_1L_1' // VV'。

三、经纬仪的检验与校正

一般来讲，仪器轴线间的关系在仪器出厂时是保证的，但经过长途运输的振动和颠簸，轴线间关系可能会发生变动；同时仪器在使用过程中，轴线间的关系也会发生变动。因此，每期作业前，应对所用仪器进行检验与校正。在地形测量中，应对前五项条件依次进行检验，如不符合要求，应及时校正。

1. 照准部水准管轴垂直于仪器竖轴的检验与校正

（1）检验

先将仪器粗平，再转动照准部使水准管平行于任意两脚螺旋的连线，转动这两个脚螺旋使气泡居中。然后将照准部旋转180°，如果此时气泡仍居中，则说明水准管轴垂直于竖轴，否则应进行校正。

（2）校正

图 3-16(a)中，设水准管轴与竖轴不垂直，倾斜了 α 角，当水准管气泡居中时，竖轴与铅垂线的夹角为 α。将仪器绕竖轴旋转180°后，竖轴位置不变，而水准管轴与水平线的夹角为 2α，如图 3-16(b)所示。

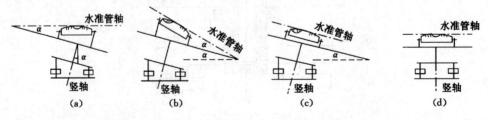

图 3-16 照准部水准管轴垂直于仪器竖轴的检验与校正

校正时,先相对旋转这两个脚螺旋,使气泡向中心移动偏离值的一半,如图 3-16(c)所示,此时竖轴处于竖直位置。然后用校正针拨动水准管一端的校正螺钉,使气泡居中,如图 3-16(d)所示,此时水准管轴处于水平位置。

此项检验与校正比较精细,应反复进行,直至照准部旋转到任何位置时,气泡偏离零点不超过半格为止。

2.圆水准器轴平行于竖轴的检验与校正

（1）检验

检验的目的是检查圆水准器轴是否与仪器的竖轴平行。如果此项条件得不到满足,以后就无法使用圆水准器做粗略整平。检验的方法是:首先用已检校的照准部水准管,将仪器精确整平,此时再看圆水准器的气泡是否居中,如不居中,则需校正。

（2）校正

在仪器精确整平的条件下,用校正针直接拨动圆水准器底座下的校正螺丝使气泡居中,校正时注意校正螺丝应一松一紧。

3.十字丝竖丝垂直于横轴的检验与校正

（1）检验

仪器严格整平后,用十字丝竖丝的上端或下端精确照准一清晰目标点,旋紧水平制动和望远镜制动螺旋,再用望远镜微动螺旋使望远镜上、下转动,若目标点始终在竖丝上移动,表明条件满足,否则就需要进行校正。

（2）校正

旋下目镜处的护盖,微微松开十字环的四个压环螺丝,如图 3-17 所示,转动十字丝环,直至望远镜上、下移动时目标点始终沿竖丝移动为止,最后将四个压环螺丝拧紧,旋上护盖。

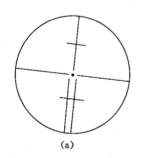 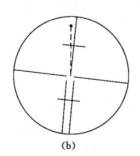 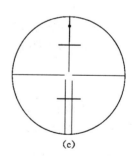

(a) (b) (c)

图 3-17　十字丝竖丝垂直于横轴的检验与校正

(a) 十字丝交点照准一个点;(b) 点偏离竖丝,需要校正;(c) 矫正后

4.视准轴垂直于横轴的检验与校正

如图 3-18 所示,视准轴不垂直于横轴,其偏离正确位置的角度 c 称为视准误差,它是由于十字丝分划板平面作业移动,使十字丝交点的位置不正确而产生的。因此,当望远镜瞄准同一竖直面内不同高度的点,它们的水平度盘读数各不相同,从而产生测量水平角误差。

（1）检验

检验时,应选一平坦场地,如图 3-18 所示,在相距 60～100 m 的 A、B 两点之间的 O 点安置仪器，在 A 点设一标志，在 B 点横置一有毫米分划的小尺，并使两点上的标志与仪器大致同高。先以盘左位置照准 A 点读得读数 L，纵转望远镜，在小尺上读得读数 B_1；再以盘右位置照准 A 点读得读数 R，纵转望远镜，在小尺上读得读数 B_2。若 B_1、B_2 两点重合，说明此条件满足。反之，存在 c 角误差，根据同一方向盘左、盘右读数 L、R 可算得 c 角值为：

$$c = \frac{1}{2}[L - (R \pm 180°)] \tag{3-14}$$

当 $c > 60''$ 时，则需校正。

（2）校正

如图 3-18 所示，在盘左位置时，视准轴 OA 及延长线与 OB_1 之间的夹角为 $2c$。同理，OA 延长线与 OB_2 之间的夹角也是 $2c$，所以 $\angle B_1OB_2 = 4c$。校正时只需校正一个 c 角。在尺上定出 B_3，使 $B_2B_3 = B_1B_2/4$。此时 OB_3 垂直于横轴 OH。然后松开望远镜目镜护盖，用校正针稍微拨动上、下的十字丝校正螺丝后，拨动左、右两个校正螺丝，一松一紧，左、右移动十字丝分划板，使十字丝交点对准 B_3 点，如图 3-19 所示。

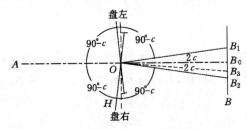

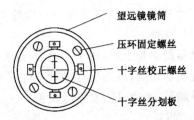

图 3-18　水准轴垂直于横轴的检验　　　　图 3-19　视准轴垂直于横轴的校正

5. 横轴垂直于竖轴的检验与校正

若横轴不垂直于竖轴，则仪器整平后竖轴虽已竖直，但横轴并不水平，因而视准轴绕倾斜的横轴旋转所形成的轨迹是一个倾斜面。这样，当瞄准同一铅垂面内高度不同的目标点时，水平度盘的读数并不相同，从而产生测角误差，影响测角精度，因此必须进行检验与校正。

（1）检验

在距一垂直墙面 20～30 m 处，安置经纬仪，整平仪器，如图 3-20 所示。盘左位置，瞄准墙面上高处一明显目标 P，仰角宜在 $30°$ 左右。固定照准部，将望远镜置于水平位置，根据十字丝交点在墙上定出一点 A。倒转望远镜成盘右位置，瞄准 P 点，固定照准部，再将望远镜置于水平位置，定出点 B。如果 A、B 两点重合，说明横轴是水平的，横轴垂直于竖轴；否则，需要校正。

（2）校正

在墙上定出 A、B 两点连线的中点 M，仍以盘右位置转动水平微动螺旋，照准 M 点，转动望远镜，仰视 P 点，这时十字丝交点必然偏离 P 点，设为 P' 点。打开仪器支架的护盖，松开望远镜横轴的校正螺钉，转动偏心轴承，升高或降低横轴的一端，使十字丝交点准确照准 P 点，最后拧紧校正螺钉。此项检验与校正也需反复进行。一般来讲，仪器在制造时此项条件是保证的，故通常情况下无须检校。

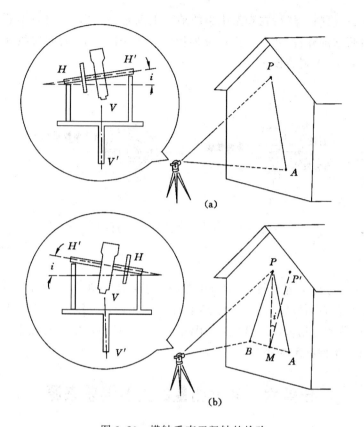

图 3-20 横轴垂直于竖轴的检验

6. 竖盘指标差的检验与校正

(1) 检验

整平仪器后,以盘左、盘右位置先后照准同一目标点,在竖盘指标水准管气泡居中的情况下分别读取竖盘读数 L 和 R,然后按式(3-13)计算指标差 x。若指标差超过 $1'$,则需进行校正。

(2) 校正

校正一般是在盘右位置进行的,即在读完盘右的竖盘读数后仪器保持不动,先计算出盘右位置的正确竖盘读数 $R_正$:

$$R_正 = R - x \tag{3-15}$$

转动竖盘指标水准管微动螺旋,使竖盘读数为 $R_正$,此时指标水准管气泡不再居中,用校正针调节指标水准管一端的上、下两个校正螺丝,使气泡居中。此项检校也应反复进行,直至满足要求为止。

对于竖盘指标是自动归零装置的经纬仪,校正时,先调节望远镜微动螺旋,使竖盘读数为 $R_正$,再用校正针调节十字丝环的上、下校正螺丝,使十字丝交点对准目标。

7. 光学对中器的检验与校正

(1) 检验

如图 3-21 所示,选择一平坦的地面并精确整平仪器,对光学对中器进行调焦,使对中器的分划板和地面均清晰。然后在脚架中央的地面上固定一张白纸,将对中器分划板中心投在白纸上;再将照准部旋转180°,再次将分划板中心投在白纸上,若两次投在白纸上的点位重合,说明条件满足,否则需校正。

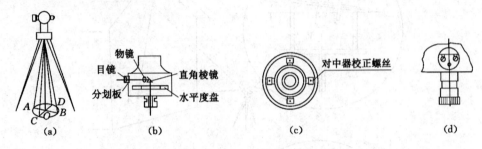

图 3-21   光学对中器的检验与校正

（2）校正

根据经纬仪型号和构造不同,光学对中器的校正方法有两种,一种是校正目镜十字丝分划板,另一种是校正直角棱镜。校正时先在白纸上定出两点连线的中点,然后调整对中器的直角棱镜或对中器的分划板（参见仪器使用说明书）,使对中器中心对准中点。此项检校也应反复进行,直至条件满足为止。

任务六　角度测量的主要误差来源

角度观察的误差来源多种多样,这些误差的来源对角度的影响各不相同。与用水准仪进行水准测量一样,角度测量的误差来源同样包括三个方面,即经纬仪本身的仪器误差、观测误差和外界条件的影响。

一、仪器误差

仪器误差包括仪器检验和校正之后的残余误差、仪器零部件加工不完善所引起的误差等。具体主要有以下几种:

1. 视准轴误差

视准轴误差又称视准误差,由望远镜视准轴不垂直于横轴引起。其对角度测量的影响规律如图 3-18 所示,因该误差对水平方向观测值的影响值为 $2c$,且盘左、盘右观测时符号相反,故在水平角测量时,可采用盘左、盘右一测回观测取平均数的方法加以消除。

2. 横轴误差

横轴误差是由横轴不垂直于竖轴引起的。在盘左、盘右观测中均含有此误差,且方向相反。故水平角测量时,同样可采用盘左、盘右观测取一测回平均值作为最后结果的方法加以消除。

3. 竖轴误差

竖轴误差由仪器竖轴不垂直于水准管轴、水准管整平不完善、气泡不居中所引起。由于竖轴不处于铅直位置,与铅垂方向偏离了一个小角度,从而引起横轴不水平,给角度测量带来误差,且这种误差的大小随望远镜瞄准不同方向、横轴处于不同位置而变化。同时,由于竖轴倾斜的方向与正、倒镜观测（即盘左、盘右观测）无关,所以竖轴误差不能用正、倒镜观测

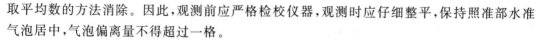

取平均数的方法消除。因此,观测前应严格检校仪器,观测时应仔细整平,保持照准部水准气泡居中,气泡偏离量不得超过一格。

4. 竖盘指标差

竖盘指标差由竖盘指标线不处于正确位置引起。其原因可能是竖盘指标水准管没有整平,气泡没有居中,也可能是经检校之后的残余误差。因此,观测竖盘指标线仍不在正确位置,如前所述,采用盘左、盘右观测一测回取其平均值作为竖直角成果的方法来消除竖盘指标差。

5. 度盘偏心差

该误差属仪器部件加工安装不完善引起的误差。在水平角测量和竖直角测量中,分别有水平度盘偏心差和竖直度盘偏心差两种,如图 3-22 所示。

水平度盘偏心差是由照准部旋转中心与水平度盘圆心不重合所引起的指标读数误差。因为盘左、盘右观测同一目标时,指标线在水平度盘上的位置具有对称性(即对称分划读数),所以,在水平测量时,此项误差亦可取盘左、盘右读数的平均数予以减小。

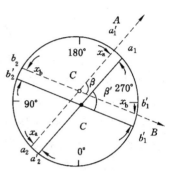

图 3-22　经纬仪度盘偏心差

竖直度盘偏心差是指竖直度盘圆心与仪器横轴(即望远镜旋转轴)的中心线不重合带来的误差。在竖直角测量时,该项误差的影响一般较小,可忽略不计。若在高精度测量工作中,确需考虑该项误差的影响时,应经检验测定竖盘偏心误差系数,对相应竖角测量成果进行改正;或者采用对向观测的方法(即往返观测竖直角)来消除竖盘偏心差对测量成果的影响。

6. 度盘刻划不均匀误差

该误差亦属仪器部件加工不完善引起的误差。在目前精密仪器制造工艺中,这项误差一般均很小。在水平角精密测量时,为提高测角精度,可利用度盘位置变换手轮或复测扳手,在各测回之间变换度盘位置的方法减小其影响。

二、观测误差

1. 对中误差

测量角度时,经纬仪应安置在测站上。若仪器中心与测站点不在同一铅垂线上,就称为对中误差,又称测站偏心误差。

如图 3-23 所示,设 O 为测站点,而仪器中心在地面上的投影点为 O',则 O 与 O' 点间的距离为 e(称为偏心距)即为对中误差。从图中不难看出,对中误差对测角的影响为应测的角度 β 与实测的角度 β' 之差,即:

$$\Delta\beta = \beta - \beta' = \delta_1 + \delta_2 \tag{3-16}$$

因 δ_1 和 δ_2 很小,则有:

$$\begin{cases} \delta_1 = \dfrac{e\sin\theta}{D_1}\rho'' \\[3mm] \delta_2 = \dfrac{e\sin(\beta'-\theta)}{D_2}\rho'' \end{cases} \tag{3-17}$$

因此有:

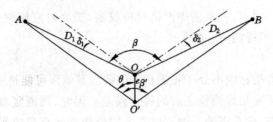

图 3-23 对中误差的影响

$$\Delta\beta = e\rho''\left[\frac{\sin\theta}{D_1} + \frac{\sin(\beta'-\theta)}{D_2}\right] \tag{3-18}$$

由式(3-18)可知,对中误差对测角的影响与偏心距成正比、与边长成反比,此外与所测角度的大小和偏心的方向有关。当 $\beta'=180°$,$\theta=90°$ 时,$\Delta\beta$ 最大。设 $e=3$ mm,$D_1=D_2=$ 100 m,$\theta=90°$,$\beta'=180°$,则 $\Delta\beta=12''$;当 $D_1=D_2=50$ m,其他条件相同时,则 $\Delta\beta=24''$。因此在进行水平角测量时,应精确地进行对中,尤其在边长较短、角度为钝角的情况下更应如此,否则将会给角度观测带来很大影响。

2. 目标偏心误差

目标偏心误差是由于照准点上所竖立的目标(如标杆、测钎等)与地面点的标志中心不在同一铅垂线上所引起的测角误差。如图 3-24 所示,O 为测站点,A 为照准点的标志中心,D 为两点间距离,A' 为照准的目标中心,e 为目标的偏心距,δ_1 为观测方向与偏心方向的夹角(称为目标的偏心角),则目标偏心误差对水平角的影响为:

$$\delta_1 = \beta - \beta' = \frac{e}{D}\rho'' \tag{3-19}$$

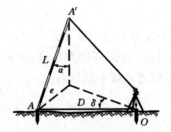

图 3-24 目标偏心的影响

由式(3-19)可知,目标偏心误差与目标偏心距 e 成正比,与边长 D 成反比。所以,观测标志倾斜度越大,照准部位越高,则目标偏心越大,由此给测角带来的影响也越大。因此,观测时应尽将观测标志竖直,同时观测时尽量照准观测标志的底部,尤其是短边观测时更应注意。

3. 照准误差

测量角度时,人的眼睛通过望远镜瞄准目标产生的误差,称为照准误差。其影响因素很多,如望远镜的放大倍率、人眼的分辨率、十字丝的粗细、标志的形状和大小、目标影像的亮度和清晰度等。通常以眼睛的最小分辨视角(60″)和望远镜的放大倍数 V 来衡量仪器照准精度的大小,即:

$$m_V = \pm\frac{60''}{V} \tag{3-20}$$

对于 DJ$_6$ 级经纬仪，一般 $V=26$，则 $m_V=\pm 2.3''$。

4. 读数误差

读数误差与观测者的生理习惯和技术熟练程度、读数窗的清晰度以及读数系统的形式有关。对于采用分微尺读数系统的经纬仪，读数时可估读的极限误差为测微器最小格值 t 的十分之一，以此作为读数误差 m_0，即：

$$m_0=\pm 0.1t \tag{3-21}$$

DJ$_6$ 级经纬仪分微尺测微器最小格值 $t=1'$，则读数误差 $m_0=\pm 0.1t=\pm 0.1'=\pm 6''$。

三、外界因素的影响

外界条件的影响主要指各种外界条件的变化对角度观测精度的影响。如大风影响仪器稳定；大气透明度差影响照准精度；空气气温变化，特别是太阳直接暴晒，可能使脚架产生扭转，并影响仪器的正常状态；地面辐射热会引起空气剧烈波动，使目标变得模糊甚至漂移；视线贴近地面或通过建筑物旁、冒烟的烟囱上方、接近水面的空间，还会产生不规则的折光；地面坚实与否影响仪器的稳定程度；等等。这些影响是极其复杂的，要想完全避免是不可能的，但大多数是与时间有关。因此，在角度观测时应选择有利的观测时间，操作要稳定，尽量缩短一测回的观测时间，仪器不让太阳直接暴晒，尽可能避开不利的条件等，以减少外界条件变化的影响。

思考题

1. 什么叫水平角？什么叫竖直角？竖直角的正、负是如何规定的？

2. 观测水平角时，对中的目的是什么？整平的目的是什么？

3. 使用经纬仪观测水平角时，从安置到读数之前，需要做哪些工作？

4. 观测水平角，为什么要做多个测回的观测？如果进行 3 个测回的水平角观测，第三测回的盘左起始读数应配置多少？

5. 什么是测回法？什么是方向观测法和全圆方向观测法？它们各自的观测步骤是什么？

6. 水平角观测中有哪几项限差？

7. 简述竖直角的观测方法。为什么观测水平角时要在两个方向上读数，而观测竖直角时只要在一个方向上读数？

8. 观测水平角和竖直角有哪些相同和不同之处？应如何判断竖直角计算公式？

9. 什么叫指标差？指标差对竖直角有何影响？竖直角观测读数时应使什么气泡居中？

10. 经纬仪有哪几条主要轴线，它们之间有什么样的几何关系？

11. 经纬仪的仪器误差主要包括哪些项目？哪些误差可以通过盘左、盘右观测取中数的方法清除或削弱？

12. 对中误差、目标偏心差、照准误差、读数误差能否通过观测方法消除？

13. 角度观测的误差来源有哪些？

练习题

1. 测回法水平角观测的数据列于表 3-4 中，试完成表中的计算。

表 3-4   测回法观测手簿

测站	测回	竖盘位置	目标	水平度盘读数 /(° ′ ″)	半测回角值 /(° ′ ″)	一测回角值 /(° ′ ″)	各测回平均值 /(° ′ ″)
O	1	左	A	0 02 12			
			B	39 16 48			
		右	A	180 02 06			
			B	219 16 36			
O	2	左	A	90 01 06			
			B	129 15 54			
		右	A	270 01 12			
			B	309 15 48			

2. 根据下列水平角的观测顺序,将观测数据按照记录表格填表计算,并计算各测回方向值,说明成果是否合格。

测站点位: P_5, 观测 P_1 和 P_2 的方向。

第 Ⅰ 测回:0°02′18″,60°23′30″,240°23′36″,180°02′24″。

第 Ⅱ 测回:90°07′24″,150°28′30″,330°28′36″,270°07′30″。

3. 方向法水平角观测的数据列于表 3-5 中,试完成表中的计算。

表 3-5   方向观测法观测手簿

测回	目标	水平度盘读数		2c=左−(右±180°)	平均读数=[左+(右±180°)]/2	归零后的方向值	各测回归零方向平均值
		盘左	盘右				
		/(° ′ ″)	/(° ′ ″)	/(″)	/(° ′ ″)	/(° ′ ″)	/(° ′ ″)
1	2	3	4	5	6	7	8
1	A	0 02 06	180 02 18				
	B	60 42 30	240 42 36				
	C	130 57 24	310 57 06				
	D	240 48 54	60 48 48				
	A	0 02 12	180 02 06				
2	A	90 01 00	270 01 06				
	B	150 41 12	330 41 24				
	C	220 56 30	40 56 36				
	D	330 47 48	150 47 42				
	A	90 01 06	270 01 12				

4. 竖直角观测的数据列于表 3-6 中,试完成表中的计算。

表 3-6   竖直角观测手簿

测站	目标	竖盘位置	竖盘读数 /(° ′ ″)	半测回竖角 /(° ′ ″)	指标差 /(″)	一测回竖角 /(° ′ ″)	备注
O	*A*	左	71 44 12				
		右	288 16 00				
O	*B*	左	117 48 36				
		右	242 11 30				

5. 某经纬仪竖盘注记形式为盘左视线水平时竖盘读数为 90°,视线向上倾斜时竖盘读数是减小的。将它安置在测站点 *O*,瞄准目标 *P*,盘左时竖盘读数是 92°27′24″,盘右时竖盘读数是 267°31′30″。(1)计算目标 *P* 的竖直角;(2)计算竖盘指标差的值;(3)在竖直角观测中怎样可以削弱竖盘指标差对竖直角的影响?

项目四 距离测量

地形测量中所说的距离,是指地面上两点之间的直线长度。距离测量是地形测量的主要任务之一。水平面上两点之间的距离称为水平距离,简称平距。不同高度上两点之间的距离称为倾斜距离,简称斜距。斜距加上倾斜改正之后,可以化为平距。在地形测量中,由于点与点之间的距离不太长,在测量距离时,一般不必考虑地球曲率的影响。

距离测量按使用的仪器和工具的不同,主要分为钢尺量距、视距测量和电磁波测距三种。钢尺量距是用钢卷尺沿地面直接丈量地面上两点间的距离。视距测量是用有视距装置的测量仪器和视距标尺按光学和三角学原理测算出地面上两点的距离。电磁波测距是利用仪器测出其发射的电磁波在被测两点的往返传播时间和电磁波的传播速度,求得两点间的距离。

钢尺量距工具简单,经济实惠,但工作量大,受地形条件限制,适合于平坦地区、较短距离的测量。视距测量与钢尺量距比较,工作轻便、灵活,但精度适合于 200 m 以内近距离测量。电磁波测距速度快、精度高、测程远,适合于高精度、远距离测量。

任务一 钢 尺 量 距

一、钢尺量距的器材

钢尺量距就是用钢尺沿地面丈量距离。钢尺量距具有较高的精度,但易受地形限制,且丈量长距离时工作量大,因此,它适合于平坦地区且短距离的测量。

1. 钢尺

钢尺也称钢卷尺,由薄钢带制成,宽 10~15 mm,厚约 0.4 mm,尺长有 20 m、30 m、50 m 等几种。钢尺常卷放在圆形盒内或金属架上,如图 4-1 所示。钢尺的最小刻划为毫米,每厘米、分米及每米处都刻有数字注记。钢尺一般量距的精度可达到 1/1 000~1/5 000,精密测距的精度可以达到 1/10 000~1/40 000,适合于平坦地区的距离测量。

图 4-1 钢尺

钢尺的零分划位置有两种形式:一种是零点位于尺的最外端,这种尺子称为端点尺,如图 4-2(a)所示;另一种是零分划线在靠近尺端的某一位置,这种尺称为刻线尺,如图 4-2(b)所示。钢尺大都属于刻线尺。

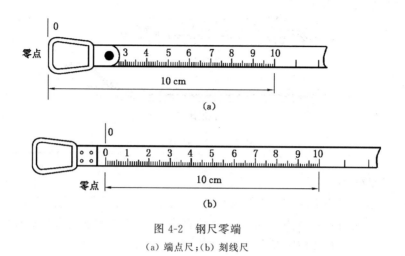

图 4-2　钢尺零端

(a) 端点尺;(b) 刻线尺

2. 标杆

标杆又称花杆,为木质或铝合金圆杆,如图 4-3(a)所示,一般长 2~3 m,直径约 3~4 cm。杆身每隔 20 cm 涂有红、白相间的油漆。杆的下端装有锥形铁脚,便于插入泥土中。量距时,花杆主要是用于直线的定线和在倾斜尺段上进行水平距离丈量时标定尺段点位。

3. 测钎

测钎用粗铁丝或细钢筋制成,长约 30~40 cm,如图 4-3(b)所示,一端磨尖便于插入土中准确定位,另一端卷成圆环,套在一个圆环上,一般 10 根为一组。测钎主要用于标定尺段和作为定线的标志。

4. 垂球

垂球的作用主要是用来对点、标点和投点,如图 4-3(c)所示。

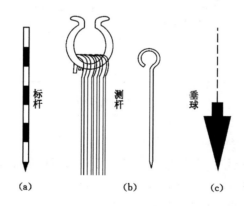

图 4-3　标杆、测钎、垂球

5. 温度计和弹簧秤

温度计和弹簧秤一般是在精密量距中用来测定钢尺的温度和拉力,如图 4-4 所示。量距时必须用弹簧秤施加检定时的标准拉力。温度计用于测定量距时的温度,以便对钢尺丈量的距离进行温度改正。

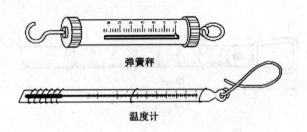

弹簧秤

温度计

图 4-4　弹簧秤和温度计

二、直线定线

当地面两点之间的距离比所用钢尺长时,就需要分成若干段再进行丈量,为使这些分段点不偏离两点连线的方向,就需要定线。所谓直线定线,就是将所有分段点都标定在两点连线上。定线工作一般有目估定线和精确定线。

1. 目估定线法

若定线精度要求不高,可采用目估定线的方法。

(1)在两点间定线

如图 4-5 所示,设 A、B 两点为地面上通视的两点,需要在该方向线上定出 C,D,…,F 等点,则先在 A、B 两点竖立标杆,定线者在 A 点(或 B 点)后面 1~2 m 处瞄准并指挥另一人在节点旁将标杆标定在 AB 垂直面内。定线时一般点与点之间距离宜稍短于一整尺段,地面起伏较大时则宜更短,以便于量距。目估定线的偏差一般小于 10 cm,若尺段长为 30 m,由此引起的距离误差小于 0.2 mm,在图根控制测量中可以忽略。

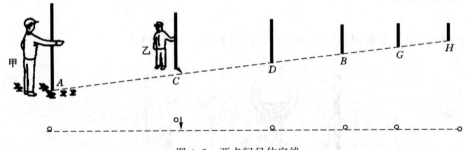

图 4-5　两点间目估定线

(2)在两点延长线上定线

如果要确定 A、B 两点延长线上的点(如图 4-5 中 G、H 等点),其方法与上述相同。但要尽量避免两点间距离过短而延长线却很长,那样不易精确。

(3)两点不通视的直线定线

如图 4-6 所示,先在 A、B 两点竖立标杆,甲、乙两人各持标杆分别在 C_1 和 D_1 处,甲要站在可以看到 B 点处,乙要站在可以看到 A 点处。先由站在 C_1 处的甲指挥乙移动至 BC_1 直线上的 D_1 处,然后由站在 D_1 处的乙指挥甲移动至 AD_1 直线上的 C_2 处,接着再由站在 C_2 处的甲指挥乙移动至 D_2,这样逐渐趋近,直到 C、D、B 在同一直线上,同时 A、C、D 也在同一直线上,则说明 A、C、D、B 同在一直线上。

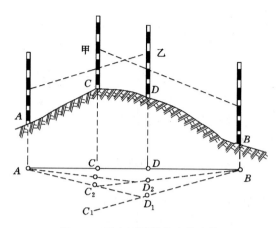

图 4-6 两点不通视的直线定线

2. 精确定线

测量中常用经纬仪进行精确定线,其方法如图 4-7 所示。

在直线的 A 端点整置经纬仪(对中、整平),照准 B 点标杆底部或标志中心,固定照准部,松开望远镜制动螺旋,仰俯望远镜,在 AB 方向的照准面内按略小于尺段长的各节点打下木桩,并按经纬仪十字丝中心指挥另一人在木桩顶面画十字,表示节点位置。如果目标远看不清定线,或节点低洼看不见定线,可将经纬仪搬到已定线的点上设站,并注意对中,然后按前述方法继续定线。

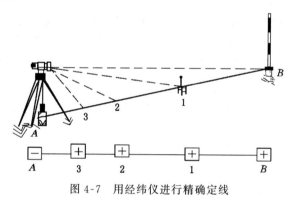

图 4-7 用经纬仪进行精确定线

三、直线丈量

1. 平坦地面的距离丈量

如图 4-8 所示,先清除待量直线上的障碍物,在直线两端点 A、B 竖立标杆,后尺手持钢尺的零端位于 B 点,前尺手持钢尺的末端和一组测钎沿 BA 方向前进,行至一个尺段处停下。后尺手用目测方法指挥前尺手将钢尺拉在 AB 直线上,然后后尺手将钢尺的零点对准 B 点,当两人同时把钢尺拉紧后,前尺手在钢尺末端的整尺段分划处竖直插下一根测钎。如果在水泥地面上丈量,也可以用记号笔在地面上画线做记号得到 1 点,即完成第一个尺段的丈量。前、后尺手抬尺前进,当后尺手到达插测钎(或画记号)处时停住,重复上述操作,完成第二尺段丈量。随后,后尺手拔起地上的测钎,依次前进,直到量完 AB 直线的最后一个尺段为止。最后一段距离一般不会是整尺段的长度,称为余长,丈量余长时,前尺手直接在

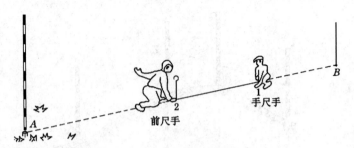

图 4-8　平坦地面距离丈量

钢尺上读取余长值。则最后 A、B 两点间的水平距离 D 为：

$$D = nl + q \qquad (4\text{-}1)$$

式中　l——钢尺一整尺的长度；

　　　n——整尺段数；

　　　q——不足一整尺的余长。

为了防止丈量中发生错误及提高量距的精度，一般要往返丈量。距离丈量的精度通常用相对误差来衡量，即：

$$K = \frac{|D_{往} - D_{返}|}{D_{均}} = \frac{1}{\dfrac{D_{均}}{|D_{往} - D_{返}|}} = \frac{1}{M} \qquad (4\text{-}2)$$

式中　$D_{均} = (D_{往} + D_{返})/2$。

相对误差的分母越大，表明量距的精度越高，反之相对误差的分母越小，表明量距的精度越低。一般情况下，平坦地区丈量的精度应不低于 1/2 000，在困难地区，也不应不低于 1/1 000。当量距的相对误差没有超出上述规定时，可取往返测距离的平均值作为两点间的水平距离。

例如，已知 A、B 的往测距离为 151.435 m，返测距离为 151.453 m，则丈量的结果 $D_{平均}$ 及相对误差 K 分别为：

$$D_{平均} \frac{151.453 + 151.453}{2} = 151.444 \ (\mathrm{m})$$

$$K = \frac{|151.453 - 151.435|}{151.444} = \frac{1}{8\ 400}$$

2. 倾斜地面量距

（1）平量法

沿倾斜地面丈量距离，当地势起伏不大时，可将钢尺拉平丈量，如图 4-9(a)所示。丈量时由 A 点向 B 点进行，甲立于 A 点，指挥乙将尺拉在 AB 方向线上。甲将尺的零端对准 A 点，乙将钢尺抬高，并且目估使钢尺水平，然后用垂球尖将尺段的末端投影到地面上，插上测钎。若地面倾斜较大，将钢尺抬平有困难时，可将一个尺段分成几个小段来平量，如图中的 ij 段。

应当注意：

① 每一尺段的长短不一定一样，由地面坡度的大小来决定。一般前尺员（低处的拉尺员）的拉尺高度应保持在腰部以下，这样既能用力将钢尺拉平，又能看清垂球线所处的尺面分划读数。

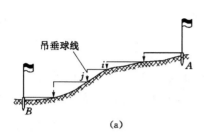 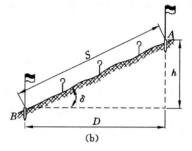

图 4-9 倾斜地面量距示意图

（a）平量法；（b）斜量法

② 倾斜地面的平量法不能由低处向高处量,只能从高处点向低处点丈量,因此可从高处向低处丈量两次代替往返丈量。

（2）斜量法

当倾斜地面的坡度比较均匀时,可采用斜量法。如图 4-9(b)所示,沿着斜坡丈量出 A、B 两点间的斜距 S,再用经纬仪测出地面的倾角 δ,或用水准仪测出两点间高差 h,然后按下式计算出 A、B 间的水平距离 D：

$$D = S\cos\delta = \sqrt{S^2 - h^2} \tag{4-3}$$

四、钢尺量距成果计算

野外钢尺量距完成后,为保证成果质量,首先应认真检查量距记录是否符合各项限差要求、计算有无错误、记录有无涂改、注记是否齐全等。在确认原始记录合格之后,方可进行计算。

我们需要的距离是地面两点之间的水平距离,但由于尺长本身有误差,温度也不一定是标准温度,尺段或丈量的两点间的线段也不一定是水平的,因此,测量的结果必须进行尺长改正、温度改正和倾斜改正,才能化算为准确的水平距离。若两点之间距离较长,则可分尺段进行改正。

1. 尺长方程式

尺长方程式就是表示钢尺长度变化的函数式。钢尺在制造的过程中,不可避免地带有误差。较精确的钢尺出厂时,已经经过检定,合格证上一般注明检定时的标准温度、标准拉力、名义尺长及尺长改正数。但钢尺的长期使用(经常拉)或使用不当,都会使钢尺的长度发生变化。另外,钢尺使用时,在不同的温度条件下,用不同的拉力尺长会不同,所以钢尺的名义长度并不是标准长度。若使用钢尺检定时,可避免尺长受不同拉力的影响,但无法保持一定的温度条件。因此,采用以温度为变量的函数表示钢尺的实际长度。尺长方程式的一般形式为：

$$L_t = L_0 + \Delta L + \alpha \times (t - t_0) \times L_0 \tag{4-4}$$

式中 L_t——钢尺在温度 t 时的实际长度;

$\quad\quad L_0$——钢尺的名义长度;

$\quad\quad \Delta L$——整尺的尺长改正数(即钢尺在 t_0 的温度下实际长度和名义长度的差值);

$\quad\quad \alpha$——钢尺的线膨胀系数,一般为 $1.25 \times 10^{-5}/℃$;

$\quad\quad t_0$——钢尺检定时的温度;

$\quad\quad t$——钢尺在量距时的温度。

尺长方程式中的 ΔL 会发生变化,故钢尺使用一段时期后必须重新检定,得出新的尺长方程式。

2.改正数的计算

(1)尺长改正

每根钢尺在作业前都经过检定求得其尺长方程式。因此,每根尺的尺长改正数 ΔL 是已知的,可以从该尺的尺长方程式中查取。如果丈量的距离为 D',则该段距离的尺长改正数 ΔD_l 应为:

$$\Delta D_l = \frac{\Delta L}{L_0} \times D' \tag{4-5}$$

(2)温度改正

尺长方程式的尺长改正数是在标准温度情况下的数值,丈量时并非标准温度。因此,作业时的温度与标准温度的差值对尺长的影响数值就是温度改正值。设 t 为设丈量时的平均温度,该段距离 D' 的温度改正数 ΔD_t 应为:

$$\Delta D_t = 1.25 \times 10^{-5} \times (t-20) \times D' \tag{4-6}$$

(3)倾斜改正

用串尺法量距,尺段两端点通常不在一个水平面上。在等倾斜地表面量距,测量的是斜距。因此,要将观测的斜距化算为平距,还需测定尺段两端的高差,然后进行倾斜改正 ΔD_h。如图 4-10 所示,S 为斜距,D 为平距,h 为两端点的高差,则倾斜改正数应为:

$$\Delta D_h = -\frac{h^2}{2S} \tag{4-7}$$

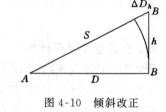

图 4-10 倾斜改正

可见,倾斜改正数恒为负值。

(4)全长计算

将测得的结果加上上述三项改正值,即得:

$$D = S + \Delta D_l + \Delta D_t + \Delta D_h \tag{4-8}$$

(5)相对误差计算

计算距离测量相对误差,若在限差范围之内,取平均值为丈量的结果。

例如,某钢尺在平坦地区采用直线精密量距法往返丈量 AB 边长,结果为 $D'_{往}=170.32$ m、$D'_{返}=170.36$ m,丈量时往返温度 $t_{往}=15$ ℃、$t_{返}=10$ ℃,已知该钢尺的尺长方程式为 $L_t = 30 \text{ m}+0.005 \text{ m}+1.25 \times 10^{-5}(t-20)$。求直线 AB 的水平距离及边长相对中误差。

由于在水平距离丈量时,不需要加入倾斜改正,仅需进行尺长改正和温度改正。

① 往测时,设其真实长度为 $D_{往}$,由尺长方程式可知尺长改正数 $\Delta D_l=0.005$ m,则:

尺长改正数:

$$\Delta D_l = \frac{0.005}{30} \times 170.32 = 0.028 \text{(m)}$$

温度改正数:

$$\Delta D_t = 1.25 \times 10^{-5} \times (15-20) \times 170.32 = 0.011 \text{(m)}$$

则 AB 的往测距离为:

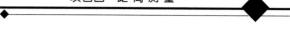

$$D_{往} = 170.32 + 0.028 - 0.011 = 170.337 \text{（m）}$$

② 返测时，设其真实长度为 $D_{返}$，由尺长方程式可知尺长改正数 $\Delta D_l = 0.005$ m，则：

尺长改正数：

$$\Delta D_l = \frac{0.005}{30} \times 170.36 = 0.028 \text{（m）}$$

温度改正数：

$$\Delta D_t = 1.25 \times 10^{-5} \times (10 - 20) \times 170.36 = 0.021 \text{（m）}$$

则 AB 的返测距离为：

$$D_{往} = 170.36 + 0.028 - 0.021 = 170.367 \text{（m）}$$

③ 直线 AB 的水平距离及边长相对误差计算：

水平距离：

$$D_{AB} = \frac{D_{往} + D_{返}}{2} = \frac{170.337 + 170.367}{2} = 170.352 \text{（m）}$$

距离相对误差：

$$K = \frac{D_{往} - D_{返}}{D_{AB}} = \frac{170.337 - 170.367}{170.352} = \frac{1}{5\ 678}$$

如果丈量距离的地方为倾斜地面，则应加入倾斜改正，距离计算见表 4-1。

表 4-1 　　　　　　　　　　　　　**某倾斜距离计算**

作业时间：2017.11.22　　　　　　　　　计算者：×××　　　　　　　　检核者：×××

线段	尺段	距离 D /m	温度 /℃	尺长改正 /m	温度改正 /m	高差 /m	倾斜改正 /m	水平距离 /m	备注
AB 往测	$A\sim1$	29.390	10	+4.9	−3.5	+0.860	−12.6	29.379	
	$1\sim2$	23.390	11	+3.9	−2.5	+1.280	−35.0	23.356	
	$2\sim3$	23.682	11	+4.6	−3.0	−0.140	−0.4	27.683	
	$3\sim4$	28.538	12	+4.8	−2.7	−1.030	−18.6	28.522	
	$4\sim B$	17.899	13	+3.0	−1.5	−0.940	−24.7	17.876	
							Σ	126.836	
BA 返测	$B\sim1$	25.300	13	+4.2	−2.1	+0.860	−14.6	25.288	
	$1\sim2$	23.922	13	+4.0	−2.0	+1.140	−27.2	23.897	
	$2\sim3$	25.070	11	+4.2	−2.7	0.130	−0.3	25.071	
	$3\sim4$	28.581	10	+4.8	−3.4	−1.100	−21.2	28.561	
	$4\sim A$	24.050	10	+4.0	−2.9	−1.180	−28.9	24.022	
							Σ	126.815	
成果计算	水平距离：$D_{AB} = \dfrac{D_{往} + D_{返}}{2} = \dfrac{126.836 + 126.815}{2} = 126.826$（m） 距离相对误差：$K = \dfrac{D_{往} - D_{返}}{D_{AB}} = \dfrac{126.836 - 126.815}{126.826} = \dfrac{1}{5\ 470}$									

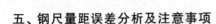

五、钢尺量距误差分析及注意事项

1. 钢尺量距的误差来源

（1）尺长误差

钢尺的名义长度与实际长度不一致所产生的误差称为尺长误差。每量一次都有一个尺长误差。因此，尺长误差是累积的，所量距离越长，误差就越大。所以，要对所使用的钢尺进行定期检定，求得钢尺的尺长改正数，以便进行改正。

（2）温度误差

钢尺丈量时的温度与标准温度不一致所产生的误差称为温度误差。钢尺的膨胀系数为温度每变化 $1\ ℃$ 时，钢尺每米的变化值为 1.25×10^{-5}，其对长度的影响约为 $1/80\ 000$。所以，一般量距时当温度变化小于 $10\ ℃$ 时，可以不加改正，但要求较高时，必须要加温度改正。

（3）尺子倾斜和垂曲误差

当地面高低不平而按水平整尺法量距时，若尺子没有处于水平位置或尺子中间下垂而呈一种曲线，将会使量得的长度比实际长更大。因此，丈量时必须注意尺子水平，整尺段悬空时，要保证有一定的拉力，尺中间应有人托尺，否则会产生不容忽视的垂曲误差。

（4）定线误差

丈量时尺子没有准确地放在所量距离的直线方向上所产生的误差称为定线误差。由于定线而产生的误差使得所量的长度不是直线长，而是折线的长度，使得丈量的长度偏大。因此，一般丈量时要求定线偏差不大于 $0.1\ m$，可用标杆目估定线。当直线较长或精度要求较高时，应利用仪器进行精确定线。

（5）拉力误差

丈量时的拉力与检定时的拉力不一致所产生的误差称为拉力误差。若拉力变化 $70\ N$，尺长将改变 $1/10\ 000$，故在一般丈量中只要保持拉力均匀即可。而对较精密的距离丈量，则应需要用弹簧秤。

（6）丈量误差

丈量时，若用测针在地面上标志尺端点位置时插测针不准，或前、后尺手配合不准，或余数读不准所产生的误差为丈量误差。这种误差对丈量结果的影响可正可负，大小不定。因此，在丈量时一定要认真细心，对点准确，密切配合。

2. 量距时的注意事项

（1）伸展钢卷尺时，要小心慢拉，钢尺不可扭曲、打结。若发现扭曲、打结情况，应细心解开，不能用力抖动，否则容易造成钢尺折断。

（2）丈量前，应辨认清钢尺的零端和末端。丈量时，钢尺应逐渐用力拉平、拉直、拉紧，不能突然猛拉。丈量过程中，钢尺拉力应始终保持鉴定时的拉力。

（3）转移尺段时，前、后尺手应将钢尺提高，不应在地面上拖拉摩擦。钢尺伸展开后，不能让行人、车辆、牲畜等从钢尺上通过，否则极易损坏钢尺。

（4）测钎应对准钢尺的分划并插直。如插入土中有困难，可在地面上标志一明显记号，并把测钎尖端对准记号。

（5）单程丈量完毕，前、后尺手应检查各自手中的测钎数目，避免加错或算错整尺段数。一测回丈量完毕，应立即检查限差是否合乎要求，不合乎要求时应重测。

（6）丈量工作结束后，钢尺要用布擦干净，然后上油，以防生锈。

任务二　视距测量

用有视距装置的仪器和标尺按光学和三角学的原理测定测站点到目标点的距离的方法,称为视距测量。如果视准轴水平,视距测量测得的就是水平距离;如果视准轴倾斜,测得的是斜距,为求得水平距离,还应测竖直角,有了竖直角,可以按三角高程求得测站点至目标点的高差。所以说,视距测量也是一种能同时测得两点之间的距离和高差的测量方法。

常见的水准仪、经纬仪和平板仪望远镜中都装有视距装置(视距丝,即上、下二丝),可用来进行视距测量。视距测量按精度不同可分为精密视距测量和普通视距测量。目前,精密视距测量的精度可达到 1/2 000 以上,而普通视距测量的精度仅有 1/300。

一、视准轴水平时普通视距测量的基本原理和公式

1. 水平视距原理及水平视距计算公式

如图 4-11 所示,欲测定 A、B 两点间的水平距离 D 及高差 h。将经纬仪安置在 A 点,照准 B 点上竖立的视距尺。当望远镜视线水平时,视线与视距尺面垂直。对光后视距尺成像在十字丝平面上,视距尺上 M 点和 N 点的像与视距丝 m 和 n 重合,即下、上视距丝 m、n,可以在视距尺上读取 M、N 两点的读数,其读数差用 l(l＝下丝读数－上丝读数)表示,称其为视距间隔。

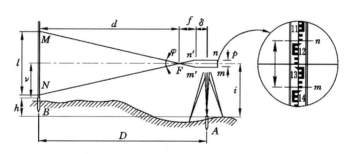

图 4-11　视线水平时的视距原理

设物镜焦点到视距尺之间的距离为 d ,用 p 代表十字丝平面上两视距丝之间的固定间距,用 f 代表物镜焦距,由相似三角形 ΔMFN 与 $\Delta m'Fn'$ 可得:

$$\frac{MN}{m'n'} = \frac{d}{f}$$

故

$$d = \frac{MN \times f}{m'n'} = \frac{f}{p}l$$

仪器中心距物镜焦点的距离是 $(\delta + f)$,δ 是仪器中心到物镜光心的距离,故仪器中心至视距尺的距离为:

$$D = d + (\delta + f) = \frac{f}{p}l + (\delta + f)$$

用 K 代表 $\frac{f}{p}$,用 C 代表 $(\delta + f)$,则:

$$D = Kl + C \qquad\qquad (4\text{-}9)$$

式(4-9)中的 K 称为视距乘常数,C 称为视距加常数。在仪器设计时,通过选择适当焦距的物镜和适当的视距丝间距,可使 $K=100$。对于内对光望远镜来讲,$C\approx0$,视距加常数 C 可忽略不计。于是视线水平时的视距公式成为:

$$D=Kl \tag{4-10}$$

2.水平视距求高差计算公式

如图 4-11 所示,当视线水平时,十字丝中丝在视距尺上的读数为 ν,设仪器高为 i,则测站点 A 到立尺点 B 间的高差为:

$$h=i-\nu \tag{4-11}$$

二、视准轴倾斜时普通视距测量的基本原理和公式

1.倾斜视距原理及倾斜视距的平距计算公式

水平视距仅适用于平坦地区。在丘陵及山区作业时,因高差变化比较大,则照准目标时视准轴往往是倾斜的,因此,水平视距方法往往不能适用,首先求出斜距的计算公式,然后利用斜距根据所测竖直角改化为平距的计算公式。

(1)斜距的计算公式

如图 4-12 所示,在 A 点设站,在 B 点竖立标尺,上、下丝在标尺上截取的视距间隔 $ab=n$。设垂直于照准轴的标尺为 $a'b'$,其视距间隔为 $a'b'=l$,按前述视准轴与标尺垂直时计算距离的公式,可求得斜距 D',即:

$$D'=Kl \tag{4-12}$$

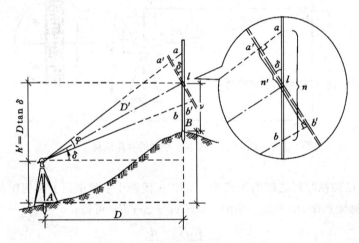

图 4-12　视准轴倾斜时的视距测量

若视准轴的倾斜角为 δ,则:

$$a'b'=n\times\cos\delta \tag{4-13}$$

即

$$l=n\times\cos\delta \tag{4-14}$$

所以斜距的计算公式为:

$$D'=Kl=Kn\times\cos\delta \tag{4-15}$$

(2)由斜距求平距的计算公式

将斜距 S 用竖直角改化成平距 D:

$$\begin{cases} D = D' \times \cos \delta \\ D = Kn\cos^2 \delta \end{cases} \qquad (4\text{-}16)$$

2. 倾斜视距求高差公式

由图 4-12 可以看出：

$$h + \nu = D \times \tan \delta + i \qquad (4\text{-}17)$$

式中　i——仪器高；

　　　ν——中丝在标尺上的读数，即觇标高。

则

$$h = D \times \tan \delta + i - \nu \qquad (4\text{-}18)$$

或

$$h = \frac{1}{2}Kn\sin 2\delta + i - \nu \qquad (4\text{-}19)$$

三、视距测量的观测与计算

1. 水准仪用于视距测量

当瞄准标尺视线水平后，即读取下丝、上丝读数，相减得视距丝在尺上截得的视距间隔 n，再利用公式即可得到仪器中心至标尺处的水平距离。也可直接读出视距，其方法是在圆水准气泡居中的情况下，旋转望远镜微动螺旋，使上丝对准标尺上某一整分米刻划，并迅速估读下丝的毫米数，再读取其分米及厘米数，用心算得到视距间隔，心算乘上 100，便得到视距，然后报给记录员。而后用微倾螺旋使符合水准器气泡影像符合后，进行中丝读数即可用于高差计算。

2. 经纬仪用于视距测量

（1）在被测点位上竖立视距尺。

（2）在测站点安置经纬仪，量取仪器高 i（量至厘米）；盘左（视距测量只用盘左一个盘位）照准标尺。

（3）如果采用视线水平方法视距，将望远镜视线调平（指标水准管气泡居中且竖盘读数等于 90°），依序读取下丝、上丝和中丝读数 ν（读至厘米），计算视距间隔 n，按式（4-10）和式（4-11）计算水平距离 D（取至分米）及高差 h（取至厘米）。

（4）如果采用视线倾斜方法视距，使望远镜照准标尺任一位置（保证上、下丝能读数），依序读取下丝、上丝和中丝读数 ν，调整指标水准管气泡居中，读取竖盘读数（读至分），计算视距间隔 n 和竖直角 δ，然后按式（4-16）和式（4-18）计算水平距离 D 及高差 h。

视距测量的记录计算见表 4-2，例中所示为视线倾斜方法视距。

表 4-2　　　　　　　　　　　　　视距测量记录、计算手簿

测站：A　　　测站高程：500.25 m　　　仪器高 $i = 1.45$ m　　　计算者：×××　　　检核者：×××

点号	K_n /m	中丝读数 /m	竖盘读数 /(° ′)	竖直角 /(° ′)	平距 /m	高差 /m	高程 /m
1	24.0	1.15	60 25	+29 35	18.2	+10.63	511.18
2	45.0	1.55	68 34	+21 26	39.0	+15.21	515.46
3	86.5	1.45	111 14	−21 14	75.2	−29.22	471.03

续表 4-2

点号	K_n /m	中丝读数 /m	竖盘读数 /(° ′)	竖直角 /(° ′)	平距 /m	高差 /m	高程 /m
4	66.8	1.00	102 06	−12 06	63.9	−13.25	487.00
…	…	…	…	…	…	…	…

四、视距测量注意事项

影响视距测量精度的因素很多,但主要有以下四个方面,在测量时应加以注意。

1. 读数误差的影响

用视距丝在视距尺上读数的误差是影响视距测量精度的主要因素。读数误差与视距尺最小分划的宽度、距离远近、望远镜的放大倍数、成像的清晰程度及人眼的分辨力等因素有关。由视距公式可知,如果尺间隔有 1 mm 的误差,将使视距产生 0.1 m 的误差。所以在作业时,有关测量规范对视线长度有具体要求。在实际工作中,常将经纬仪目镜下丝对准整分米数,由上丝直接读出视距间隔可减小读数误差。

2. 视距乘常数 K 的误差

由于温度变化,改变了物镜焦距和视距丝间隔,因此乘常数 K 不完全等于 100。通过测定 K,若 K 值在 100 ± 0.1 时,可视其为 100。

3. 视距尺倾斜误差

视距公式是在视距尺铅垂竖直的条件下推得的,视距尺倾斜对视距测量的影响与竖直角的大小有关,竖直角越大对视距测量的影响越大,特别在山区测量时,应尽量扶直视距尺或在尺上安置水准器。

4. 外界条件的影响

主要是垂直折光的影响,由于大气密度不均匀,越靠近地面,密度越大。实验证明,当视线接近地面,垂直折光引起视距尺上的读数误差较大。其次是空气对流使视距尺成像不清晰稳定,这种影响也是视线越靠近地面时较为明显,在烈日暴晒下尤为突出。因此,观测时应尽可能使视线离地面 1 m 以上以减小大气折光的影响,避免在烈日强光等不利天气条件下进行观测。

任务三　电磁波测距

电磁波测距是用电磁波(光波或微波)作为载波传输测距信号,以测定两点间距离的一种方法。与传统的钢尺量距和视距测量相比,具有测程长、精度高、作业快、工作强度低、几乎不受地形限制等优点。

随着激光技术的出现及电子技术的发展,世界上各工业发达国家相继研制了各类型光电测距仪,有激光测距仪、微波测距仪、红外测距仪,其中尤以红外测距仪发展最为迅速。测距仪与电子经纬仪结合,组成电子速测仪(全站仪),它可以同时进行角度和距离的测量,并能显示平距、高差和坐标增量。配合电子记录手簿,可以自动记录、存储、输出观测数据,使测量工作大为简化。所以,电子速测仪在小面积控制测量、地形测量及各种工程测量中得到广泛的应用,从而使距离测量发生了革命性的变化。

一、电磁波测距的基本原理

电磁波测距是通过测定电磁波束,在待测距离上往返传播的时间来计算待测距离的。如图 4-13 所示,电磁波测距的基本公式为:

$$D = \frac{1}{2}c \times T \tag{4-20}$$

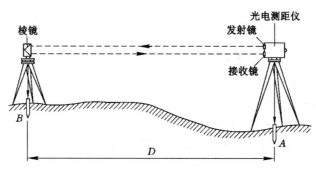

图 4-13 光电测距原理

式中 c——电磁波在大气中的传播速度;

T——电磁波在测线上的往返传播时间。

测定电磁波在大气中传播时间的方法有两种,一种是脉冲法,另一种是相位法。

直接测量电磁波传播时间是用一种脉冲波,它是由仪器的发送设备发射出去,被目标反射回来,再由仪器的接收器接收,最后由仪器的显示系统显示出脉冲传播时间,这种测定时间的方法称为脉冲法,利用这种测距原理制作的仪器称为脉冲式测距仪。由于脉冲宽度和计数器时间分辨能力的限制,其测距精度一般为 1~5 m,但这类仪器可以达到较远的测程。另外,这类仪器一般可以不用合作目标(如反射镜),直接利用被测目标对光脉冲产生的漫反射进行测距,作业效率高,适用于军事测量和地形测量的碎部测量。

为了提高测距精度,人们采用间接测定 T 的方法。该法是由仪器发射出去一种连续调制波,被反射回来后进入仪器的接收镜,通过发射信号与返回信号的相位比较,即可测定调制波往返于测线的滞后相位差(小于 2π 的尾数)。用几个不同调制波测相结果,便可间接推算出传播时间 T,并计算(显示)出测线的倾斜距离。这种测距仪器称为相位式测距仪。这类仪器的测距精度可提高到 1 cm 左右(甚至更高),可满足精密测距的要求,在测量中有广泛的应用。

由于相位测距精度大大高于脉冲测距精度,所以相位测距仪已被广泛应用于各种测量中。

二、电磁波测距仪的分类

电磁波测距仪的种类很多,有以下几种不同的分类方法:

1. 按测距原理

(1)脉冲式测距仪;

(2)相位式测距仪;

(3)脉冲-相位式测距仪。

2. 按载波不同

(1)微波测距仪;

（2）激光测距仪；

（3）红外线测距仪。

微波测距仪和激光测距仪多用于远程测距，测程可达数十千米，一般用于大地测量。红外线测距仪多用于中短程测距，一般用于小面积控制测量、地形测量和各种工程测量。

3. 按测程不同

（1）短程测距仪（3 km 以上）；

（2）中程测距仪（3～15 km）；

（3）长程测距仪（15 km 以上）。

4. 按发射目标不同

（1）漫反射目标（无合作目标）；

（2）合作目标（平面反射镜、角反射镜等）；

（3）有源反射器（同频载波应答机、非同频载波应答机等）。

5. 按精度不同

（1）Ⅰ级（$|m_D \leqslant 2$ mm$|$）；

（2）Ⅱ级（$|2$ mm$<m_D \leqslant 5$ mm$|$）；

（3）Ⅲ级（$|5$ mm$<m_D \leqslant 10$ mm$|$）；

（4）Ⅳ级（$|10$ mm$<m_D|$）。

上面按精度分类中，当 $D = 1$ km 时，m_D 为 1 km 测距中误差。测距仪出厂标称精度，表达式为 $m_D = a + b \times D$，式中 a 为仪器标称精度中的固定误差，以 mm 为单位；b 为仪器标称精度中的比例误差系数，以 mm/km 为单位；D 为测距边长度，以 km 为单位。

三、电磁波测距仪的使用

电磁波测距的主要步骤，包括竖直角观测、气象测量与改正测距及记录、计算等。具体操作步骤如下：

（1）在待测边一端测点安置仪器（对中、整平），另一端设置棱镜（对中、整平），并丈量仪器高和棱镜高（目标高），检查无误后开机。

（2）测定空气温度和气压，通过输入温度和气压后，自动加入气象改正数。

（3）设置测距参数。

（4）松开制动瞄准目标，当听到信号返回提示时，轻轻制动仪器，并用微动螺丝调整仪器，精确瞄准目标。

（5）轻轻按动测距按钮，直到显示测距成果并记录。测距完成后，应当松开制动并在关机后收装仪器。

四、电磁波测距的有关规定

1. 测距边的选择

（1）测距边宜在各等级控制网平均边长（1+30%）的范围内选择，并顾及所用仪器的最佳测程。

（2）测线宜高出地面或离开障碍物 1.3 m 以上。

（3）测线应避免通过吸热和发热物体（如散热塔、烟囱等）的上空及附近。

（4）安置测距仪的测站应避开电磁场干扰的地方，应避免测线与高压（35 kV 以上）输电线平行，无法避免时，应离开高压输电线 2 m 以上。

（5）应避开在测距时的视线背景部分有反光物体。

2. 观测时间的选择

（1）对于各等级边测距，应在最佳观测时间段内进行，一般选择在测区日出后 0.5～2.5 h 和日落前 2.5～0.5 h 的时间段进行观测。当使用测距仪的精度优于所要求的测距精度时，观测时间段可向中天方向适当延长。但在晴天或少云时，不应在正午和午夜前后 1 h 内进行测量。

（2）全阴天、有微风时，可以在全天进行观测，尽量避开正午和午夜前后 1 h 之内的时间。

（3）对等外各级控制边长的测距，无须严格限制观测时间。

（4）雷雨前后、大雾、大风（4级以上），雨、雪天气和能见度很差时，不应进行距离测量。

3. 气象数据的测定

当光穿过大气时，其速度会随温度和气压变化。而通过输入温度和气压值，就能自动对其进行改正。气象数据测定使用温度计和气压计。

（1）气象仪表宜选用通风干湿温度计和空盒气压计。在测距时使用的温度计及气压计宜与测距仪检定时使用的一致。

（2）到达测站后，应立刻打开装气压计的盒子，置平气压计，避免阳光暴晒。温度计宜悬挂在与测距视线同高、不受日光辐射影响和通风良好的地方，待气压计和温度计与周围温度一致后，才能正式记录气象数据。

4. 作业要求

（1）严格执行仪器说明书中规定的作业程序。

（2）测距前应检查电池电压是否符合要求。在气温较低时作业，应有一定的预热时间，使仪器各电子元件达到正常的工作状态后方可正式测距。读数时，信号指示器指针应在最佳回光信号范围内。

（3）在晴天作业时，应给测距仪、气象仪表打伞遮阳。严禁照准头对向太阳，亦不宜顺光或逆光观测。仪器的主要电子附件也不应暴晒。

（4）按仪器性能，在规定的测程范围内使用规定的棱镜个数，作业中使用的棱镜与检验时使用的棱镜一致。

（5）严禁有另外的反光镜位于测线及其延长线上。对讲机亦应暂停使用。

（6）仪器安置好后，仪器站和镜站不准离人，应时刻注意仪器的工作状态和周围环境的变化。风较大时，仪器和反射镜要有保护措施。

 思考题

1. 测量上常用的测距方法有哪几种？

2. 什么叫直线定线？怎么进行直线定线？

3. 为什么要进行钢尺检定？

4. 何谓尺长方程式？试述尺长方程式中各项的意义。

5. 用钢尺量距时，试判断下列情况中，丈量结果与正确距离的关系：

（1）丈量时定线不准确；

（2）丈量时钢尺不水平；

（3）丈量时拉力大于钢尺检定时拉力；

（4）钢尺名义长度小于钢尺实际长度；

（5）丈量时钢尺弯曲；

（6）丈量时温度高于钢尺检定温度；

6. 视距常数包括什么？

7. 用钢尺丈量两点间距离的观测值，需要加哪几项改正数才能化算为水平距离？

8. 视准轴水平或倾斜时，求平距和高差的公式分别是什么？

9. 电磁波测距的基本原理是什么？

10. 电磁波测距仪是怎样进行分类的？各包括什么？

11. 电磁波测距仪直接测得的是什么距离？还需要哪些元素才能改化为平距？

 练习题

1. 今用一名义长度为 50 m 的钢尺，沿倾斜地面丈量 A、B 两点间的距离。该钢尺的尺方程式为

$$l = 50 \text{ m} + 0.010 \text{ mm} + 1.25 \times 10^{-5}(t - 20 \text{ ℃}) \text{ m}$$

丈量时温度为 30 ℃，A、B 两点间的高差为 1.86 m，量得的长度为 123.36 m，计算经过尺长改正、温度改正和高差改正后的 A、B 两点间的水平距离 D_{AB}。

2. 怎样衡量距离丈量的精度？设丈量了 AB、CD 两段距离：AB 的往测长度为 246.68 m，返测长度为 246.61 m；CD 的往测长度为 435.88 m，返测长度为 435.98 m。问哪一段量距精度较高？

3. 用经纬仪进行视距测量的记录见表 4-3，试计算测站至各照准点的水平距离和各照准点的高差。

表 4-3 　　　　　　　　　　　视距测量记录

测站：B　　　　　　　　　　　测站高程：320.36 m　　　　　　　　　仪器高：1.42 m

照准点号	下丝读数 a 上丝读数 b 视距间隔 n	中丝读数 v	竖盘读数 L	竖直角 δ	水平距离 D	高差 h	高程 H
1	1.766 0.902	1.36	84°32′				
2	2.165 0.555	1.36	87°25′				
3	2.570 1.428	2.00	93°45′				

续表 4-3

照准点号	下丝读数 a 上丝读数 b 视距间隔 n	中丝读数 ν	竖盘读数 L	竖直角 δ	水平距离 D	高差 h	高程 H
4	2.871 1.128 	2.00	86°13′				
5	2.221 0.780 	1.50	90°28′				
备注	竖直角 δ＝90°－L						

项目五 全站仪测量技术

任务一 概 述

一、全站仪概述

全站仪,即全站型电子测距仪,是一种集光、机、电为一体的高技术测量仪器,是集水平角、竖直角、距离(斜距、平距)、高差测量功能于一体的测绘仪器系统。与光学经纬仪比较,电子经纬仪将光学度盘换为光电扫描度盘,将人工光学测微读数代之以自动记录和显示读数,使测角操作简单化,且可避免读数误差的产生。因其一次安置仪器就可完成该测站上全部测量工作,所以称之为全站仪。

全站仪基本功能是仪器照准目标后,通过微处理器控制,自动完成测距、水平方向、竖直角的测量,并将测量结果进行显示与存储。可以自动记录测量数据和坐标数据,并直接与计算机传输数据,实现真正的数字化测量。随着计算机的发展,全站仪的功能也在不断扩展,生产厂家将一些规模较小但很实用的计算机程序固化在微处理器内,如悬高测量、偏心测量、对边测量、距离放样、坐标放样、设置新点、后方交会、面积计算等,只要进入相应的测量模式,输入已知数据,然后依照程序观测所需的观测值,即可随时显示结果。

全站仪的应用可归纳为四个方面:一是在地形测量中,可将控制测量和碎部测量同时进行;二是可用于施工放样测量,将设计好的道路、桥梁、管线、工程建设中的建筑物、构筑物等的位置按图纸设计数据测设到地面上;三是可用全站仪进行导线测量、前方交会、后方交会等,不但操作简便,且速度快、精度高;四是通过数据输入与输出接口设备,将全站仪与计算机绘图仪连接在一起形成一套完整的测绘系统,从而大大提高测绘工作的质量和效率。

迄今为止,世界上最高精度的全站仪的测角精度可达到 $0.5''$,测距精度可达到 $0.5\text{ mm}+1\times10^{-6}$ 而且可利用 ATR(Auto Targets Recognition,自动目标识别)功能,白天和黑夜(无须照明)都可以工作。全站仪既可人工操作也可自动操作,既可远距离遥控运行也可在机载应用程序控制下使用,可使用在精密工程测量、变形监测及几乎是无容许限差的机械引导控制等应用领域。全站仪这一最常规的测量仪器将越来越满足各项测绘工作的需求,发挥更大的作用。

二、全站仪的工作原理

1. 全站仪的电子测角原理

光电度盘一般分为两大类:一类是由一组排列在圆形玻璃上具有相邻的透明区域或不透明区的同心圆上刻得编码所形成编码度盘进行测角;另一类是在度盘表面上一个圆环内刻有许多均匀分布的透明和不透明等宽度间隔的辐射状栅线的光栅度盘进行测角。也有将上述二者结合起来,采用"编码与光栅相结合"的度盘进行测角。

（1）编码度盘测角原理

在玻璃圆盘上刻划几个同心圆带,每一个环带表示一位二进制编码,称为码道,如图5-1所示。如果再将全圆划成若干扇区,则每个扇形区有几个梯形,如果每个梯形分别以"亮"和"黑"表示"0"和"1"的信号,则该扇形可用几个二进制数表示其角值。因为度盘直径有限,码道越多,靠近度盘中心的扇形间隔越小,而且又缺乏使用意义,故一般将度盘刻成适当的码道,再利用测微装置来达到细分角值的目的。

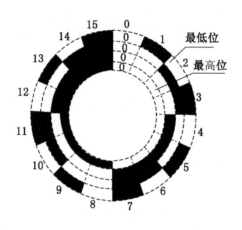

图5-1　码道分布图

（2）增量式光栅度盘测角原理

均匀地刻有许多一定间隔细线的直尺或圆盘,称为光栅尺或光栅盘。刻在直尺上用于直线测量的为直线光栅,如图5-2所示;刻在圆盘上的等角距的光栅称为径向光栅,如图5-3所示。在光栅度盘的上、下对应位置上装上光源、计数器等,使其随照准部相对于光栅度盘转动,可由计数器累计所转动的栅距数,从而求得所转动的角度值。因为光栅度盘上没有绝对度数,只是累计移动光栅的条数计数,故称为增量式光栅度盘,其读数系统为增量式读数系统。

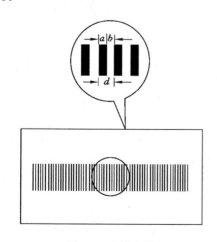

图5-2　直线光栅

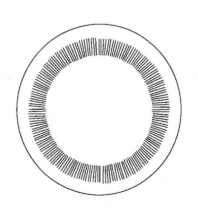

图5-3　径向光栅

如图 5-4 所示,指示光栅、接收管、发光管位置固定在照准部上。当度盘随照准部移动时,莫尔条纹落在接收管上。度盘每转动一条光栅,莫尔条纹在接收管上移动一周,流过接收管的电流变化一周。当仪器照准零方向时,让仪器的计数器处于零位,而当度盘随照准部转动照准某目标时,流过接收管电流的周期数就是两方向之间所夹的光栅数。由于光栅之间的夹角是已知的,计数器所计的电流周期数经过处理就刻有显示处角度值。如果在电流波形的每一周期内再均匀内插 n 个脉冲,计算器对脉冲进行计数,所得的脉冲数就等于两个方向所夹光栅数的 n 倍,就相当于把光栅刻划线增加了 n 倍,角度分辨率也就提高了 n 倍。使用增量式光栅度盘测角时,照准部转动的速度要均匀,不可突快或太快,以保证计数的正确性。

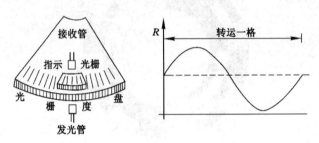

图 5-4　增量式光栅度盘测角原理

（3）动态光栅度盘测角原理

动态光栅度盘测角原理如图 5-5 所示。度盘光栅可以旋转,另有两个与度盘光栅交角为 β 的指标光栅 S 和 R,S 为固定光栅,位于度盘外侧;R 为可动光栅,位于度盘内侧。同时,度盘上还有两个标志点 a 和 b,S 只接收 a 的信号,R 只接收 b 的信号。测角时,S 代表任一原方向,R 随着照准部旋转,当照准目标后,R 位置已定,此时启动测角系统,使度盘在马达的带动下,始终以一定的速度逆时针旋转,b 点先通过 R,开始计数。接着 a 通过 S,计数停止,此时记下了 R、S 之间的栅距(φ_0)的整倍 n 和不是一个分划的小数 $\Delta\varphi_0$,则水平角为 $\beta = n\varphi_0 + \Delta\varphi_0$。事实上,每个栅格为一脉冲信号,由 R、S 的粗测功能可

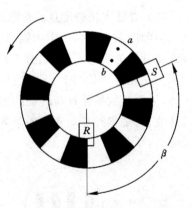

图 5-5　动态光栅度盘测角原理

计数得 n;利用 R、S 的精测功能可测得不足一个分划的相位差 $\Delta\varphi_0$,其精度取决于将 φ_0 划分成多少相位差脉冲。

动态光栅度盘测角原理动态测角除具有前两种测角方式的优点外,最大的特点在于消除了度盘刻划误差等,因此在高精度(0.5″级)的仪器上采用。但动态测角需要马达带动度盘,因此在结构上比较复杂,耗电量也大一些。

2. 全站仪的电子测距原理

电子测距即电磁波测距,它是以电磁波作为载波,传输光信号来测量距离的一种方法。它的基本原理请详见项目四的任务三中关于电磁波测距的内容,在此不再赘述。

任务二　全站仪的基本构造及附件

一、全站仪的基本构造

不同厂家生产的全站仪各不相同,但其基本结构都是由同轴望远镜、键盘、度盘读数系统、补偿器、存储器和 I/O 通信接口几部分组成。本项目以广东科力达仪器有限公司出品的 KTS 470 系列(图 5-6)全站仪为例,讲述全站仪的基本构造。

图 5-6　KTS 470 系列全站仪各部件名称

1. 同轴望远镜

全站仪的望远镜实现了视准轴、测距光波的发射、接收光轴同轴化。同轴化的基本原理是:在望远物镜与调焦透镜间设置分光棱镜系统,通过该系统实现望远镜的多功能,既可瞄准目标,使之成像于十字丝分划板,进行角度测量,同时其测距部分的外光路系统又能使测距部分的光敏二极管发射的调制红外光在经物镜射向反光棱镜后,经同一路径反射回来,再经分光棱镜作用使回光被光电二极管接收。为测距需要,在仪器内部另设一内光路系统,通过分光棱镜系统中的光导纤维将由光敏二极管发射的调制红外光也传送给光电二极管接收,进行而由内、外光路调制光的相位差间接计算光的传播时间,计算实测距离。

同轴性使得望远镜一次瞄准即可实现同时测定水平角、竖直角和斜距等全部基本测量要素的测定功能。加之全站仪强大、便捷的数据处理功能,使全站仪使用极其方便。

2. 键盘

全站仪的键盘(图 5-7)为测量时的操作指令和数据输入的部件,键盘上的按键分为硬键和软件键(简称软键)两种。每一个硬键有一固定的功能,或兼有第二、第三功能;软键与屏幕最下一行显示的功能菜单相配合,使一个软键在不同的功能菜单下有多种功能,具体功能见表 5-1。

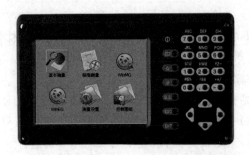

图 5-7　科力达 KTS 470 系列全站仪数字键盘

表 5-1　　　　　　　　　　　　　　　　按 键 功 能

按键	名称	功能
⏻	电源键	控制电源的开/关
0～9	数字键	输入数字,用于预置数值
A～/	字母键	输入字母
⊡	输入面板键	显示输入面板
★	星键	用于仪器若干常用功能的操作
α	字母切换键	切换到字母输入模式
B.S	后退键	输入数字或字母时,光标向左删除一位
ESC	退出键	退回到前一个显示屏或前一个模式
ENT	回车键	数据输入结束并认可时按此键
◆	光标键	上下左右移动光标

3. 补偿器

在测量工作中,有许多方面的因素影响着测量的精度,不正确安装常常是诸多误差源中最重要的因素。补偿器的作用就是通过寻找仪器在垂直和水平方向的倾斜信息,自动地对测量值进行改正,从而提高采集数据的精度。

补偿器按补偿范围一般分为单轴(纵向,即 X 方向)补偿、双轴(纵横向,即 XY 方向)补偿和三轴补偿。单轴补偿仅能补偿由于垂直轴倾斜而引起的垂直度盘读数误差;双轴补偿可同时补偿由于垂直轴倾斜而引起的垂直和水平度盘的读数误差;三轴补偿则不仅能补偿垂直轴倾斜引起的垂直度盘和水平度盘读数误差,而且还能补偿由于水平轴倾斜误差和视准轴误差引起的水平度盘读数的影响。

与全站仪的双轴补偿器密切相关的是电子气泡。在仪器工作过程中,它显示的就是仪器的倾斜状态,而这种状态对垂直和水平度盘读数的影响,就是通过补偿器有关电路来进行改正。

4. 存储器

把测量数据先在仪器内存储起来,然后传送到外围设备(电子记录手簿、计算机等),这是全站仪的基本功能之一。全站仪的存储器有机内存储器和存储卡两种。

利用内存储器来暂时存储或读出测量数据,其容量的大小随仪器的类型而异,较大的内存可同时存储测量数据和坐标数据多达 10 000 点以上。现场测量所必需的已知数据也可以放入内存。经过接口线将内存数据传输到计算机以后将其清除。

存储器卡的作用相当于计算机的磁盘,用作全站仪的数据存储装置,卡内有集成电路、能进行大容量存储的元件和运算处理的微处理器。一台全站仪可以使用多张存储卡。通常,一张卡能存储大约 10 000 个点的距离、角度和坐标数据。

将测量数据存储在卡上后,把卡送往办公室处理测量数据。同样,在室内将坐标数据等存储在卡上后,送到野外测量现场,就能使用卡中的数据。

5. I/O 通信接口

全站仪可以将内存中的存储数据通过 I/O 接口和通信电缆传输给计算机,也可以接收由计算机传输来的测量数据及其他信息,称为数据通信。通过 I/O 接口和通信电缆,在全站仪的键盘上所进行的操作,也同样可以在计算机的键盘上操作,便于用户应用开发,即具有双向通信功能。

常见的通信接口有:数据通信串口、SD 卡接口和 USB 接口。

二、反射棱镜

当全站仪用红外光进行距离测量等作业时,需在目标处放置反射棱镜。反射棱镜有单棱镜、三棱镜组,可通过基座连接器将棱镜组与基座连接,再安置到三脚架上,也可直接安置在对中杆上。棱镜组由用户根据作业需要自行配置。棱镜组的配置可参照图 5-8 所示。

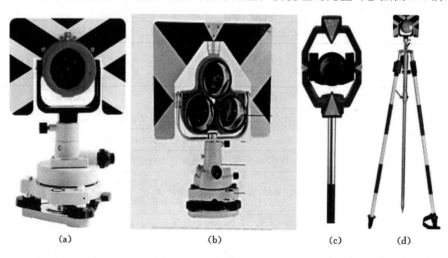

(a)　　　　　　　　(b)　　　　　　　　(c)　　　　(d)

图 5-8　棱镜组的配置图

(a) 单棱镜组;(b) 三棱镜组;(c) 小棱镜;(d) 棱镜安置

任务三　全站仪的操作

一、全站仪的安置

将仪器安置在三脚架上,精确对中和整平。在操作时,应使用中心连接螺旋固定在三脚架上。其具体操作方法同光学经纬仪的安置相同,现仅介绍与光学经纬仪的不同点。

(1)装入电池:测量时将电池装上使用,测量前首先应检查内部电池充电情况,避免由于电池的原因影响测量作业的进度。

（2）安置仪器：在测点上对仪器进行对中、整平，可采用光学对中器好的激光对中器对中。

（3）设置作业及参数：仪器对中、整平以后，应该根据项目的情况设置作业。当作业和参数设置完成后，才能进行相应任务的作业。

（4）根据作业任务选择对应程序，按程序步骤开始测量。

二、全站仪的有关设置

无论何种类型的全站仪，在开始测量前，都应进行一些必要的准备工作，如水平度盘及竖直度盘指标设置、仪器参数和使用单位的设置、棱镜常数改正值和气象改正值的设置等。准备工作完成后，方可开始进行测量。下面以 KTS 470 系列为例介绍其设置方法，具体见表 5-2～表 5-4。

表 5-2 单位设置项目

序号	菜单	可选项目	内容
1	角度单位	度/哥恩/密尔	选择测角单位，分别为度（360°制）、哥恩（400 gon 制）或密尔（6400 mil 制）
2	距离单位	米/国际英尺/美制英尺	选择测距单位，米或英尺
3	温度单位	摄氏度/华氏度	选择大气改正中的温度单位
4	气压单位	mmHg/ hPa/ inHg	选择大气改正中的气压单位

表 5-3 测量设置项目

序号	菜单	可选项目	内容
1	角度最小读数	1″/5″/0.1″	选择最小角度读数为 1″/5″/0.1″
2	距离最小读数	1 mm/0.1 mm	选择距离最小读数为 1 mm/0.1 mm
3	垂直角模式	天顶零/水平零	选择垂直角读数零位为天顶方向或水平方向
4	自动补偿模式	关/单轴/双轴	选择倾斜传感器补偿模式，分别为关（关闭）、仅竖角（单轴）补偿或竖角和水平角（双轴）补偿
5	大气折光系数	0/0.14/0.20	设置大气折光和地球曲率改正，可选择的折光系数有：关（不加改正）、$K=0.14$ 或 $K=0.20$

表 5-4 全站仪设置示例

序号	操作步骤	按键	显示
1	在主菜单中单击"测量设置"	"测量设置"	

序号	操作步骤	按键	显示
2	用笔针单击设置参数的选项,这里以单位设置为例,单击"单位设置"	"单位设置"	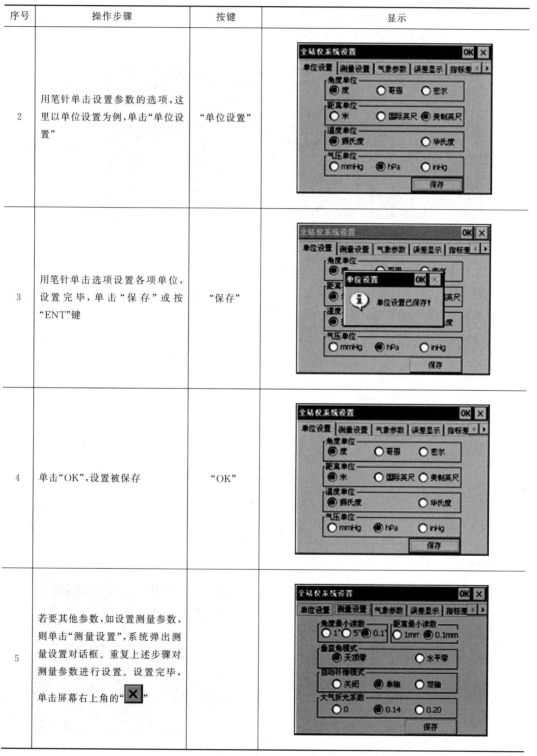
3	用笔针单击选项设置各项单位,设置完毕,单击"保存"或按"ENT"键	"保存"	
4	单击"OK",设置被保存	"OK"	
5	若要其他参数,如设置测量参数,则单击"测量设置",系统弹出测量设置对话框。重复上述步骤对测量参数进行设置。设置完毕,单击屏幕右上角的"✖"		

三、全站仪角度测量

全站仪的基本测量功能主要是角度测量、距离测量和坐标测量,如图 5-9 所示,以科力达 KTS 470 系列全站仪讲解其主要操作流程。

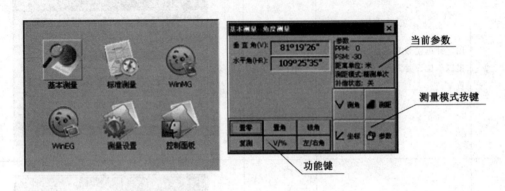

图 5-9　科力达 KTS 470 系列全站仪基本测量功能

如图 5-10 所示,O 点为测站,A 点为左目标(后视方向),B 点为右目标(前视目标),现测量$\angle AOB$ 构成的水平角β。

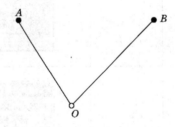

图 5-10　角度示意图

确认在角度测量模式下,具体步骤见表 5-5。

表 5-5　　　　　　　　　　　　　　　　角度测量操作示例

序号	操作步骤	按键	显示
1	照准第一个目标(后视方向 A)		

续表 5-5

序号	操作步骤	按键	显示
2	设置目标 A 的水平角读数为 0°00′00″。单击"置零"键，在弹出的对话框选择"OK"键确认。或根据角度测量的测回数，进行水平度盘读数设置。单击"置角"键，弹出如右图所示对话框。输入所需的水平度盘读数。如需要测量 3 个量，则第三测回置数为 120°20′00″	"置零" "OK"	基本测量—角度测量 垂直角(V): 90°11′01″　参数 PPM：0 PSM：-30 水平角(HR): 水平角置零　OK X ？ 确定要将水平角置零吗？ 置零　置角　镜角　坐标 参数 复测　V/%　左/右角 基本测量—角度测量 垂直角 水平角设置 X 水平 输入角度值：120.2000 输入提示 输入的角度值模式为： 12.2345(12°23′45″度单位) 12.7865(12.7865哥雷单位) 12.45(12.45密尔单位) 确定　取消 置零　置角　左/右角
3	照准第二个目标(B)，仪器显示目标 B 的水平角和垂直角		基本测量—角度测量 垂直角(V): 82°40′26″　参数 PPM：0 PSM：-30 垂直单位：米 测距模式：精测单次 补偿状态：关 水平角(HR): 22°14′34″ Ⅴ 测角 测距 置零　置角　镜角　坐标 参数 复测　V/%　左/右角 基本测量—角度测量 垂直角(V): 82°40′26″　参数 PPM：0 PSM：-30 垂直单位：米 测距模式：精测单次 补偿状态：关 水平角(HL): 354°30′52″ Ⅴ 测角 测距 置零　置角　镜角　坐标 参数 复测　V/%　左/右角
备注	根据上述观测值计算上半测回(盘左)水平角度值，下半测回角度观测方法和光学经纬仪测回法观测水平角一致。 　照准目标的方法(供参考)： 　(1) 将望远镜对准明亮的地方，旋转目镜筒，调焦看清十字丝(先朝自己方向旋转目镜筒，再慢慢旋进调焦，使十字丝清晰)。 　(2) 利用粗瞄准器内的三角形标志的顶尖瞄准目标点，照准时眼睛与瞄准器之间应保留有一定距离。 　(3) 利用望远镜调焦螺旋使目标成像清晰。 　(4) 当眼睛在目镜端上下或左右移动发现有视差时，说明调焦不正确或目镜屈光度未调好，这将影响观测的精度。应仔细进行物镜调焦和目镜屈光度调节即可消除视差		

四、全站仪距离测量

在进行距离测量之前需检查：仪器已正确地安置在测站点上；电池已充足电，度盘指标是否已设置好；仪器参数是否已按观测条件设置好；大气改正数、棱镜常数改正数和测距模式是否已正确设置；是否已准确照准棱镜中心；返回信号强度是否适宜测量。

在基本测量初始屏幕中，单击"测距"键进入距离测量模式，如图 5-11 所示。

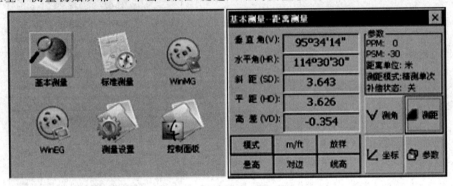

图 5-11　距离测量模式

进行距离测量之前设置好以下参数，具体见表 5-6。

表 5-6　　　　　　　　　　　　　　距离测量参数设置示例

序号	操作步骤	按键	显示
1	在全站仪功能主菜单界面中点击"测量设置"，在系统设置菜单栏单击"气象参数"	"测量设置" "气象参数"	全站仪系统设置　OK ✕ 单位设置　测量设置　气象参数　误差显示　指标差 ▶ 参数输入 温度　20　℃ 气压　1013　hPa PPM　0　ppm PSM　-30　mm 保存
2	屏幕显示当前使用的气象参数。用笔针将光标移到需设置的参数栏，输入新的数据。例如，温度设置为 26 ℃		全站仪系统设置　OK ✕ 单位设置　测量设置　气象参数　误差显示　指标差 ▶ 参数输入 温度　26　℃ 气压　1013　hPa PPM　0　ppm PSM　-30　mm 保存

序号	操作步骤	按键	显示
3	按照同样的方法,输入气压值。设置完毕,单击"保存"键	"保存"	
4	单击"OK",设置被保存,系统根据输入的温度值和气压值计算出PPM值,屏幕显示如右图所示	"OK"	
备注	数据范围: 温度:−30~+60 ℃(步长 0.1 ℃)或−22~+140 ℉(步长 1 ℉) 气压:420~800 mmHg(步长 1 mmHg)或 560~1 066 hPa(步长 0.1 hPa)或 16.5~31.5 inHg(步长 0.1 inHg) 大气改正数(PPM):−100~+100 ppm(步长 1 ppm) 仪器根据输入的温度和气压来计算大气改正值		

（1）设置大气改正

距离测量时,全站仪所发射的红外光的光速随着大气温度（仪器周围的空气温度）和压力（仪器周围的大气压）的改变而改变。为了顾及大气条件的影响,距离测量时须使用气象改正参数修正测量成果。仪器一旦设置了大气改正值,即可自动对测距结果实施大气改正。KTS 470 系列全站仪标准气象条件（即仪器气象改正值为 0 时的气象条件）:气压为 1 013 hPa,温度为 20 ℃。

（2）大气折光和地球曲率改正

仪器在进行平距测量和高差测量时,可对大气折光和地球曲率的影响进行自动改正。

（3）设置目标类型

科力达 KTS 470 系列全站仪可设置为红色激光测距和不可见光红外测距,可选用的反射体有棱镜、无棱镜及反射片,用户可根据作业需要自行设置。使用时所用的棱镜需与棱镜常数匹配。

（4）设置棱镜常数

当用棱镜作为反射体时,需在测量前设置好棱镜常数。一旦设置了棱镜常数,关机后该常数将被保存,见表 5-6 中 PSM 值的设置。

（5）距离测量模式

科力达 KTS 470 系列全站仪利用棱镜测距时,提供了精测和跟踪测量两种不同测距模式下的测量时间和距离值的最小显示,具体见表 5-7。

① 精测精度为 $\pm(2+2\times D)$mm（D 为距离）,测量时间为 3 s,最小显示为 1 mm。

② 跟踪测量时间为 1 s,最小显示为 10 mm。

表 5-7   距离测量模式设置示例

序号	操作步骤	按键	显示
1	照准棱镜中心		
2	单击"测距"键进入距离测量模式。系统根据上次设置的测距模式开始测量	"测距"	
3	在测距模式下,单击"模式"键进入测距模式设置功能。系统默认设置为"精测单次"	"模式"	

续表 5-7

序号	操作步骤	按键	显示
4	用笔针单击"精测 N 次"或按上下光标键。屏幕右上方会显示"次数"栏,用笔针单击空白方框,待光标出现,输入 N 次精测的观测次数	"精测 N 次"输入精测次数	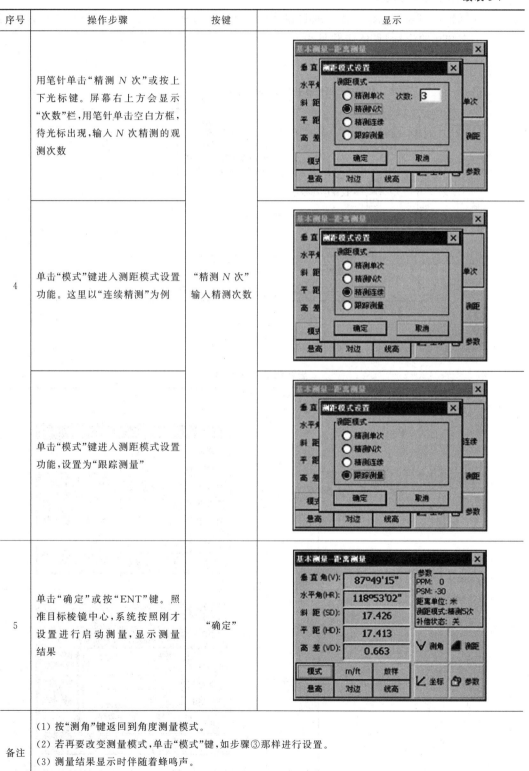
	单击"模式"键进入测距模式设置功能。这里以"连续精测"为例		
	单击"模式"键进入测距模式设置功能,设置为"跟踪测量"		
5	单击"确定"或按"ENT"键。照准目标棱镜中心,系统按照刚才设置进行启动测量,显示测量结果	"确定"	
备注	(1) 按"测角"键返回到角度测量模式。 (2) 若再要改变测量模式,单击"模式"键,如步骤③那样进行设置。 (3) 测量结果显示时伴随着蜂鸣声。 (4) 若测量结果受到大气折光等因素影响,仪器会自动进行重复观测		

五、全站仪坐标测量

在进行坐标测量时（图 5-12），通过设置测站坐标、后视方位角、仪器高和棱镜高，即可直接测定未知点的坐标，具体步骤见表 5-8。

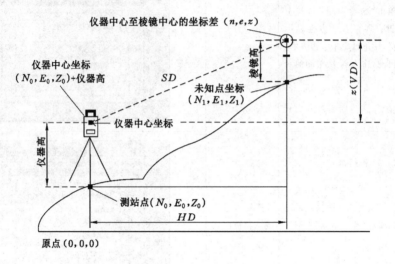

图 5-12　坐标测量示意图

表 5-8　　　　　　　　　　　　　　坐标测量操作示例

序号	操作步骤		按键	显示
1	设置测站点坐标	单击"坐标"键，进入坐标测量模式	"坐标"	
		单击"设站"键	"设站"	

序号	操作步骤	按键	显示
1	设置测站点坐标	输入测站点坐标,输入完一项,单击"确定"或按"ENT"键将光标移到下一输入项	"确定"	
		所有输入完毕,单击"确定"或按"ENT"键返回坐标测量屏幕	"确定"	
2	设置后视点	单击"后视"键,进入后视点设置功能	"后视"	
		输入后视点坐标,输入完一项,单击"确定"或按"ENT"键将光标移到下一输入项	"确定"	

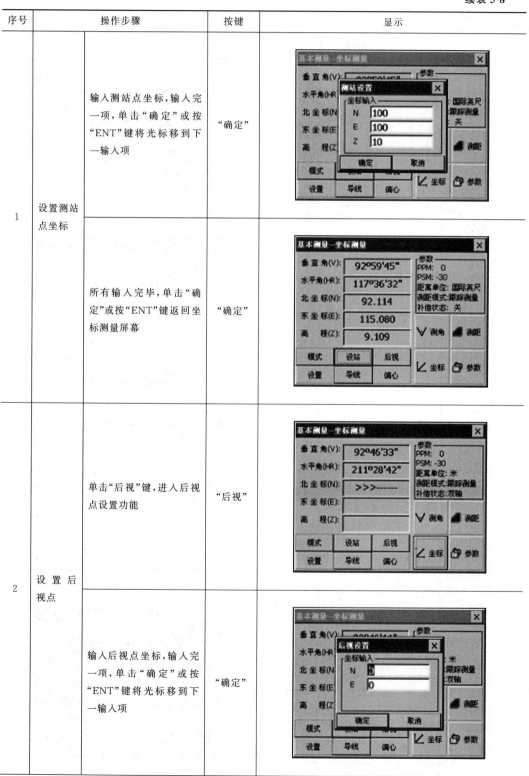

序号	操作步骤	按键	显示
2	设置后视点	输入完毕,单击"确定"	"确定"	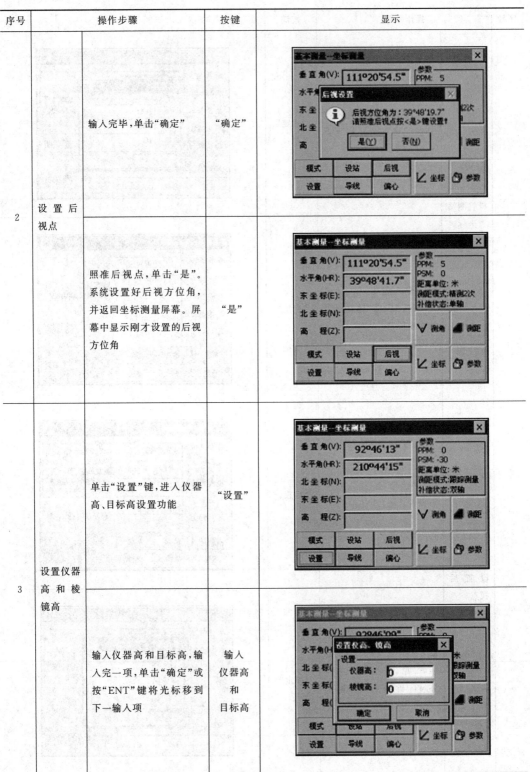
		照准后视点,单击"是"。系统设置好后视方位角,并返回坐标测量屏幕。屏幕中显示刚才设置的后视方位角	"是"	
3	设置仪器高和棱镜高	单击"设置"键,进入仪器高、目标高设置功能	"设置"	
		输入仪器高和目标高,输入完一项,单击"确定"或按"ENT"键将光标移到下一输入项	输入仪器高和目标高	

续表 5-8

序号	操作步骤		按键	显示
3	设置仪器高和棱镜高	所有输入完毕,单击"确定"或按"ENT"键返回坐标测量屏幕	"确定"	
4	坐标测量	照准目标点,单击"坐标"键。测量结束,显示结果	"坐标"	
备注	(1) 若未输入测站点坐标,则以上次设置的测站坐标作为缺省值。若未输入仪器高和棱镜高,则亦以上次设置的代替。 (2) 水平度盘读数的设置可参照"角度测量"。 (3) 单击"模式"键,可更换测距模式(单次精测/N 次精测/重复精测/跟踪测量)。 (4) 要返回正常角度或距离测量模式可单击"测角"/"测距"键			

六、全站仪放样测量

放样测量用于在实地上测定出所要求的点。在放样测量中,通过对照准点的水平角、距离或坐标的测量,仪器所显示的是预先输入的待放样值与实测值之差,如图 5-13 所示。显示值＝实测值－放样值,放样测量使用盘左位置进行,具体步骤见表 5-9。

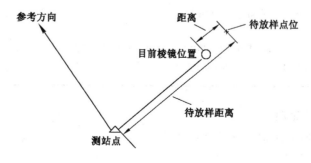

图 5-13 距离放样示意图

表 5-9 距离放样操作示例

序号	操作步骤	按键	显示
1	在距离测量模式下,单击"放样"键	"放样"	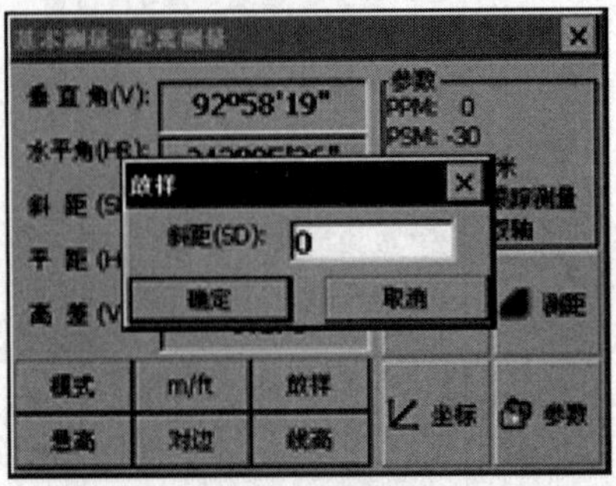
2	选择待放样的距离测量模式(斜距/平距/高差),输入待放样的数据后,单击"确定"或按"ENT"键		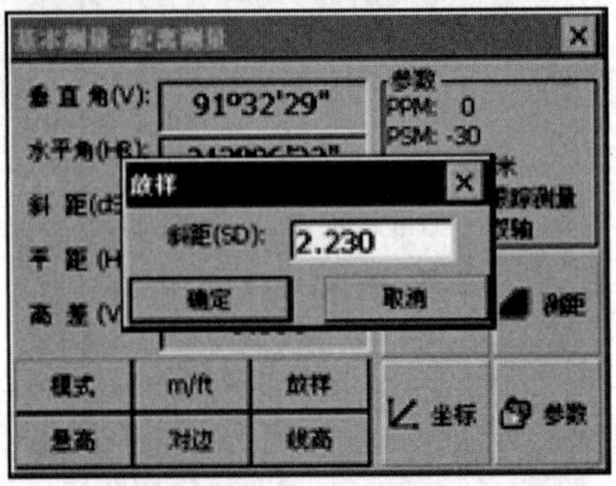
3	开始放样		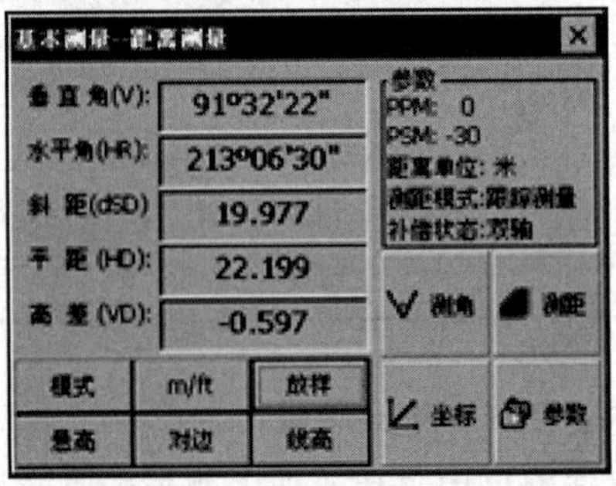
备注	(1) 系统弹出的对话框中首先提示输入待放样的斜距,输入数据后单击"确定"或按"ENT"键即可进行斜距放样。 (2) 若要进行平距放样,需在斜距对话框中输入"0"值,单击"确定"或按"ENT"键,系统会继续弹出输入平距对话框。 (3) 输入平距后,单击"确定"或按"ENT"键即可进行平距的放样。若需进行高差放样,则需在斜距和平距对话框中输入"0"值,系统才会弹出对话框,提示输入待放样的高差		

七、全站仪注意事项

在使用全站仪时应注意以下三个方面:

1. 使用的注意事项

(1) 严禁将仪器直接置于地上,以免沙土对仪器、中心螺旋及螺孔造成损坏。

(2) 作业前应仔细、全面检查仪器,确定电源、仪器各项指标、功能、初始设置和改正参

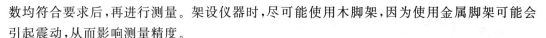

数均符合要求后,再进行测量。架设仪器时,尽可能使用木脚架,因为使用金属脚架可能会引起震动,从而影响测量精度。

（3）在烈日、雨天或潮湿环境下作业时,请务必在测伞的遮掩下进行,以免影响仪器的精度或损坏仪器。此外,日光下测量应避免将物镜直接对准太阳。建议使用太阳滤光镜以减弱这一影响。

（4）部分全站仪发射光是激光,连续直视激光束是有害的,因此不要用眼睛盯着激光束看,也不要用激光束指向别人。当激光束照射在如棱镜、平面镜、金属表面、窗户上时,用眼睛直接观看反射光可能具有危险性,因此不要盯着激光反射的地方看。在激光开关打开时(测距模式),不要在激光光路或棱镜旁边看,只能通过全站仪的望远镜观看照准棱镜。

2．存放与保管的注意事项

（1）仪器使用完毕,应用绒布或毛刷清除表面灰尘;若被雨淋湿,切勿通电开机,应该用干净的软布轻轻擦干,并放在通风处一段时间。

（2）全站仪是精密仪器,务必小心轻放,不使用时应将其装入箱内,置于干燥处,注意防震、防潮、防尘。

（3）避免在高温和低温下存放仪器,若仪器工作处的温度与存放处的温度相差太大,应先将仪器留在箱内,直至它适应环境温度后再使用。

（4）外露光学件需要清洁时,应用脱脂棉或镜头纸轻轻擦净,切不可使用其他物品擦拭。

（5）仪器运输时应将其置于箱内,运输时应小心,避免挤压、碰撞和剧烈震动。长途运输最好在箱子周围放一些软垫。

（6）若发现仪器功能异常,非专业维修人员不可擅自拆开仪器,以免发生不必要的损失。

3．电池的注意事项

（1）充电时的注意事项

① 将仪器放入箱内,必须先取下电池并按原布局放置;如果不取下电池,可能会使仪器发生故障或耗尽电池的电能。关箱时,应确保仪器和箱子内部的干燥,如果内部潮湿将会损坏仪器。

② 电池须使用专用充电器充电,尽管充电器有过充电保护回路,但过充电会缩短电池寿命,因此在电池充满电后应及时结束其充电。取下电池务必先关闭电源,否则会造成内部线路的损坏。

③ 要在0°~45°温度范围内充电,超出此范围可能会出现充电异常。

④ 禁止使用任何已经损坏的充电器或电池,根据本地的规则妥善处理电池,最好回收,不要将电池投入火中。

（2）存放的注意事项

① 充电电池可重复充电300~500次,电池完全放电会缩短其使用寿命,为更好地获得电池的最长使用寿命,若仪器长期不使用时,应将电池卸下,并与主机分开存放。

② 电池应每月充电一次。

③ 不要将电池存放在高温、高热或潮湿的地方,更不要将电池短路,否则会损坏电池。

思考题

1. 何谓全站仪？其结构具有哪些特点？

2. 简述全站仪的安置步骤。

3. 一般情况下，全站仪所显示的数据中 S、V、N、E、Z 各表示什么含义。

 练习题

1. 坐标测量时，在测站安置全站仪，输入测站坐标(325.175,289.216)，后视定向采用坐标定向，并输入后视点坐标(297.545,265.147)，按下"OK"键后，屏幕显示方位角为 $221°10'39''$，请问仪器计算正确与否？分析判断并写出计算步骤。

2. 一台测距精度为 $3+2×10^{-6}$ 的全站仪进行距离测量，如果两点间距 2.5 km，则仪器可能的产生的误差为多少？

3. A、B 为控制点，$X_A=321.11$ m，$Y_A=279.23$ m；$X_B=285.06$ m，$Y_B=320.76$ m。待测点 P 的设计坐标为 $X_P=358.09$ m，$Y_P=307.57$ m。试计算仪器架设在 A 点时用极坐标法测设 P 点放样数据 D_{AP} 和 $β$。

项目六 测量误差基本知识

任务一 测量误差概述

在测量工作中,无论使用的仪器多么精良,观测者如何仔细地操作,最后仍不可能得到绝对正确的测量成果。也就是说,在测量成果中总是不可避免地存在误差。例如,对同一个水平角连续观测两次,两次的值往往是不一样的;距离丈量时往返丈量的结果总会有差异;观测平面三角形的三内角,其观测值之和常常不等于其理论值(180°)。观测值与其客观真实值之差就是误差。用重复观测的方法可以发现误差的存在,但发现测量误差的存在并不是目的,研究测量误差产生的原因和变化规律、找出减弱误差的措施、保证测量成果达到必需的精度,才是研究测量误差的根本目的。

一、测量误差的来源

测量工作是由观测者使用某种仪器、工具,按照规定的操作方法,在一定的外界条件下进行,外界环境、观测者的技术水平和仪器本身构造的不完善等原因,都可能导致测量误差的产生。对同一个量进行多次观测,其结果总是有差异的,如往返丈量某段距离,或重复观测某一角度,其结果往往是不一致的。这种差异的出现,说明观测值中有测量误差存在。产生测量误差的因素是多方面的,概括起来有以下三个主要因素:

(1)观测时由于观测者的感觉器官的鉴别能力存在局限性,在仪器的对中、整平、照准、读数等方面都会产生误差。同时,观测者的技术熟练程度也会对观测结果产生一定影响。

(2)测量中使用的仪器和工具,在设计、制造、安装和校正等方面不可能十分完善,致使测量结果产生误差。

(3)观测过程中的外界条件,如温度、湿度、风力、日光、大气折光、烟雾等时刻都在变化,必将对观测结果产生影响。

通常把上述的人、仪器、外界条件这三种因素综合起来称为观测条件。可想而知,观测条件好一些,观测中产生的误差就会小一些;反之,观测条件差一些,观测中产生的误差就可能会大一些。但是,不管观测条件如何,因受上述因素的影响,测量中存在误差是不可避免的。

应该指出,误差与粗差是不同的,粗差是指观测结果中出现的错误,如测错、读错、记错等,通常所说的"测量误差"不包括粗差。

测量中,一般把观测条件相同的各次观测称为等精度观测;观测条件不同的各次观测称为不等精度观测。

二、测量误差的概念

误差是相对于绝对准确而言的。反映一个量真正大小的绝对准确的数值,称为这一量的真值。与真值相对而言,凡以一定的精确程度反映一个量大小的数值,称为此量的近似值或估计值。通过量测得到一个量的近似值,称作该量的观测值。一个量的近似值与真值的差,叫作真误差,如果用 X 表示真值,x 表示近似值,Δ 表示真误差,则:

$$\Delta = X - x \tag{6-1}$$

测量中所要处理的量的真值通常是无法确切知道的,因此一般也不能求得真误差,只有在特殊情况下才能求得,如平面三角形三内角之和应等于 180° 就是真值,三个内角观测值之和与 180° 的差 $\Delta = \angle A + \angle B + \angle C - 180°$ 即为真误差。

多数情况下,一个量的真值不能预先知道,那么怎样通过观测值来估计真值,其"可信程度"有多大或"精度"有多高,是本任务讨论的主要问题。

例如,A、B 两点间的高差,从理论上讲,在某一时刻它应该是一个确定的数。但是我们采用不同的方法进行测量,得到的观测结果一般不同,即使采用完全相同的方法(相同观测条件)进行两次测量,所得到的结果一般也不会相同,它们都含有一定的观测误差。显然,在相同观测条件下,我们没有理由认为某次观测结果比另一次观测结果"更好"。也就是说,对等精度观测得到的若干个观测值,不能简单认为某一观测值比其他观测值更"可信"。可以理解,两次相同观测条件(等精度观测)所得到的观测值进行平均(简单算术平均)得到的结果(中数),介于两观测值之间,用它作为真值的近似值,其可信程度应该比某一观测值的可信程度更高。

三、测量误差的分类及处理原则

测量误差按其产生的原因和对观测结果影响的性质不同,可分为系统误差和偶然误差两类。

1. 系统误差

在相同观测条件下,对某量进行一系列观测,若出现的误差在数值、符号上保持不变或按一定的规律变化,这种误差称为系统误差。它是由仪器制造或校正不完善,观测者生理习性及观测时的外界条件等引起的。如用名义长度为 30 m 而实际长度为 29.99 m 的钢卷尺量距,每量一尺段就有将距离量长 1 cm 的误差,这种量距误差其数值和符号不变,且量的距离越长,误差越大。因此,系统误差在观测成果中具有累积性。

系统误差在观测成果中具有明显的规律性和累积性,对成果质量影响显著,但它们的符号和大小又有一定的规律性。因此,可在观测中采取相应措施予以消除。其方法有:

(1)测定仪器误差,对观测结果加以改正,如进行钢尺检定,求出尺长改正数,对量取的距离进行尺长改正。

(2)测前对仪器进行检校,以减少仪器校正不完善的影响。如水准仪的 i 角检校,使其影响减到最小限度。

(3)采用合理观测方法,使误差自行抵消或削弱。如水平角观测中,采用盘左、盘右观测,可消除视准轴误差和水平轴误差。

2. 偶然误差

在相同观测条件下,对某量进行一系列观测,若出现的误差在数值、符号上有一定的随机性,从表面看并没有明显的规律性,这种误差称为偶然误差。偶然误差是许许多多人们所不能控制的微小的偶然因素(如人眼的分辨能力、仪器的极限精度、外界条件的时刻变化等)共同影响的结果。如用经纬仪测角时的照准误差;水准测量中,在标尺上读数时的估读误差等。

在测量过程中,通常偶然误差和系统误差是同时出现的,我们知道系统误差虽然具有累积性,但它又具有一定的规律性,只要采取相应措施便可加以消除或削弱;偶然误差则不然,它是在一定条件下产生的许多大小不等、符号不同的不可避免的小误差,对此则找不到一个予以完全消除的方法。

3.误差处理的原则

为了防止错误的发生和提高观测成果的精度,在测量工作中,一般需要进行多余必要的观测,称为"多余观测"。例如,一段距离用往返丈量,如果将往测作为必要观测,则返测就属于多余观测;又如,由三个地面点构成一个平面三角形,在三个点上进行水平角观测,其中两个角度属于必要观测,则第三个角度的观测就属于多余观测。有了多余观测,就可以发现观测值中的错误,以便将其剔除和重测。由于观测值中的偶然误差不可避免,有了多余观测,观测值之间必然产生矛盾(往返差、不符值、闭合差)。根据差值的大小,可以评定测量的精度,差值如果大到一定程度,就可以认为观测值中有错误(不属于偶然误差),称为误差超限,应予重测(返工)。差值如果不超限,则按偶然误差的规律加以处理,称为闭合差调整,以求得最可靠的数值。

至于观测值中的系统误差,应该尽可能按其产生的原因和规律加以改正、抵消或削弱。但是,在观测值中也有可能存在情况不明的系统误差,无法加以改正或削弱,则观测结果将同时受到偶然误差和系统误差的影响。不同时间的多次观测,有可能削弱部分情况不明的系统误差的影响。

四、偶然误差的特性

前面已经提及,偶然误差就其单个而言,从表面看其大小和符号没有明显的规律性,即呈现出偶然性,但人们通过长期的测量实践发现:在相同的观测条件下,对某量进行多次观测,所出现的大量偶然误差也具有一定的规律性,而且观测次数越多,这种规律性就越明显。

表 6-1 所列为 217 个三角形闭合差(真误差),按每 $3''$ 为一区间的统计结果。三角形内角和的真值 X 为 $180°$,设三角形内角和的观测值为 L_i,则三角形内角和的真误差(简称误差)为:

$$\Delta_i = X - L_i \qquad (6\text{-}2)$$

表 6-1   三角形闭合差分布统计

误差区间 /($''$)	正误差		负误差		误差绝对值	
	k	k/n	k	k/n	k	k/n
0～3	30	0.138	29	0.134	59	0.272
3～6	21	0.097	21	0.097	42	0.194
6～9	15	0.069	17	0.078	32	0.147
9～12	14	0.065	16	0.074	30	0.138
12～15	12	0.055	10	0.046	22	0.101
15～18	8	0.037	8	0.037	16	0.074
18～21	5	0.023	6	0.028	11	0.051

误差区间 /(")	正误差		负误差		误差绝对值	
	k	k/n	k	k/n	k	k/n
21～24	2	0.009	2	0.009	4	0.018
24～27	1	0.005	0	0.000	1	0.005
27 以上	0	0.000	0	0.000	0	0.000
总计	108	0.498	109	0.502	217	1.000

若以误差的大小为横坐标,以误差出现的个数为纵坐标,可以绘成如图 6-1 所示的直方图。

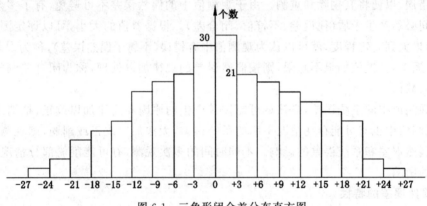

图 6-1　三角形闭合差分布直方图

由表 6-1 和图 6-1 可以直观地看出偶然误差的分布规律,归纳出其如下四个基本特性:

(1) 在一定的观测条件下,偶然误差的绝对值不会超过一定的限值;

(2) 绝对值小的误差比绝对值大的误差出现的机会多;

(3) 绝对值相等的正、负误差出现的机会相等;

(4) 偶然误差的算术平均值随观测次数的无限增加而趋向于零,即:

$$\lim_{n\to\infty}\frac{[\Delta]}{n}=0 \tag{6-3}$$

式中　$[\Delta]=\Delta_1+\Delta_2+\cdots+\Delta_n$。

以上四个特性中,第一特性说明了偶然误差出现的范围,第二特性说明了偶然误差绝对值大小的规律;第三特性说明了偶然误差符号出现的规律;第四特性说明了偶然误差具有互相抵消的性能。

任务二　评定精度的指标

评定观测结果的精度高低,是用其误差大小来衡量的。评定精度的标准,通常用平均误差、中误差、容许误差和相对误差来表示。

一、平均误差

在测量工作中,对于评定一组同精度观测值的精度来说,为了计算上的方便等原因,取

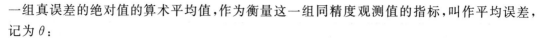

一组真误差的绝对值的算术平均值,作为衡量这一组同精度观测值的指标,叫作平均误差,记为 θ:

$$\theta = \pm \frac{|\Delta_1| + |\Delta_2| + \cdots + |\Delta_n|}{n} = \pm \frac{[|\Delta|]}{n} \qquad (6-4)$$

例如,两组观测者对同一已知角各进行了 5 次观测,观测结果见表 6-2。如果角的真值为 $68°46'26''$,则两组观测的平均误差分别为 3.6″和 2.4″。可见,第二组观测精度比第一组高。

表 6-2　　　　　　　　计算两组观测的平均误差

第一组			第二组		
编号	观测值	Δ	编号	观测值	Δ
1	$68°46'27''$	$-1''$	1	$68°46'25''$	$+1''$
2	$68°46'20''$	$+6''$	2	$68°46'21''$	$+5''$
3	$68°46'32''$	$-6''$	3	$68°46'29''$	$-3''$
4	$68°46'24''$	$+2''$	4	$68°46'24''$	$+2''$
5	$68°46'29''$	$-3''$	5	$68°46'27''$	$-1''$
$\theta_1 = \pm \dfrac{18}{5} = \pm 3.6''$			$\theta_2 = \pm \dfrac{12}{5} = \pm 2.4''$		

二、中误差

对一个未知量进行多次观测,设观测结果为 $L_1, L_2, \cdots, L_n$,每个观测结果相应的真误差为 $\Delta_1, \Delta_2, \cdots, \Delta_n$。则用各个真误差之平方和的平均数的平方根作为精度评定的标准,用中误差 m 表示,即:

$$m = \pm \sqrt{\frac{\Delta_1^2 + \Delta_2^2 + \cdots + \Delta_n^2}{n}} = \pm \sqrt{\frac{[\Delta^2]}{n}} \qquad (6-5)$$

由中误差的定义可知,中误差是指在同样观测条件下,一组观测值的中误差,它并不等于每个观测值的真误差,而是一组真误差的代表。一组观测值的真误差越大,中误差也就越大,其精度就越低。

例如,对 10 个三角形的内角进行了两组观测,根据两组观测值的偶然误差,分别计算中误差,观测结果见表 6-3。

表 6-3　　　　　　　　按照观测值的真误差计算中误差

次序	第一组			第二组		
	观测值	真误差 Δ	Δ^2	观测值	真误差 Δ	Δ^2
1	$180°00'03''$	$-3''$	$9''$	$180°00'00''$	$0''$	$0''$
2	$180°00'02''$	$-3''$	$9''$	$179°59'59''$	$+1''$	$1''$
3	$179°59'58''$	$+2''$	$2''$	$180°00'07''$	$-7''$	$49''$
4	$179°59'56''$	$+4''$	$16''$	$180°00'02''$	$-2''$	$4''$
5	$180°00'01''$	$-1''$	$1''$	$180°00'01''$	$-1''$	$1''$
6	$180°00'00''$	$0''$	$0''$	$179°59'59''$	$+1''$	$1''$

次序	第一组			第二组		
	观测值	真误差 Δ	Δ^2	观测值	真误差 Δ	Δ^2
7	$180°00'04''$	$-4''$	$16''$	$179°59'52''$	$+8''$	$64''$
8	$179°59'57''$	$+3''$	$9''$	$180°00'00''$	$0''$	$0''$
9	$179°59'58''$	$+2''$	$4''$	$179°59'57''$	$+3''$	$9''$
10	$180°00'03''$	$-3''$	$9''$	$180°00'01''$	$-1''$	$1''$
$\sum \mid \mid$		$24''$	$72''$		$24''$	$130''$
中误差	$m_1 = \pm\sqrt{\dfrac{\sum \Delta^2}{7}} = \pm\sqrt{\dfrac{72}{7}} = \pm3.2''$			$m_2 = \pm\sqrt{\dfrac{\sum \Delta^2}{7}} = \pm\sqrt{\dfrac{130}{7}} = \pm4.3''$		

由此可知,第一组观测值的中误差 m_1 小于第二组观测值的中误差 m_2,可见第一组的观测精度高于第二组。因为中误差能明显反映出误差对测量成果可靠程度的影响,所以成为测量上被广泛采用的一种评定精度的指标。中误差相对较小的观测值,认为其精度较高;反之,中误差较大的观测值则认为其精度较低。

三、极限误差

极限误差是指在一定观测条件下,偶然误差的绝对值不应越过的限值。如果在测量中,某一观测值的误差超过这个限值,则认为这个观测值不符合要求,应予以舍去。那么这个限值是如何确定的呢?根据误差理论及大量的实验统计证明:大于 2 倍中误差的偶然误差出现的机会为 5%;大于 3 倍中误差的偶然误差出现的机会仅为 0.3%。因此,实际工作中常采用 3 倍中误差作为极限误差(或称允许误差、限差),即:

$$\Delta_允 = 3m \qquad (6-6)$$

现行的测量规范中采用 2 倍中误差作为允许误差的,即:

$$\Delta_允 = 2m \qquad (6-7)$$

四、相对误差

对于精度的评定,在很多情况下用中误差这个指标还不能完全描述对某量观测的精确程度。例如,用钢卷尺丈量了 100 m 和 1 000 m 两段距离,其观测值中误差均为 ±0.1 m。若以中误差来简单地评定精度,认为它们的"精度相等",显然是错误的。因为量距误差与其长度有关。为此,需要采取另一个评定精度的标准,即相对误差。相对误差是指误差与相应观测值之比,通常以分子为 1 的分数形式表示,即:

$$相对误差 = \frac{m}{L} = \frac{1}{\dfrac{L}{m}} \qquad (6-8)$$

式中 L——观测值。

上例中,前者的相对误差为 $\dfrac{0.1}{100} = \dfrac{1}{1\ 000}$,后者为 $\dfrac{0.1}{1\ 000} = \dfrac{1}{10\ 000}$。很明显,后者的精度高于前者。因此,相对误差越小,精度越高;相对误差越大,则精度越低。

应该注意的是,当误差大小与观测量本身大小无关时,如角度测量,则不能用相对误差评定精度,而需用中误差来评定。

任务三　算术平均值及其中误差

一、算术平均值

设在相同的观测条件下对某量进行了 n 次等精度观测,观测值为 $L_1,L_2,\cdots,L_n$,其真值为 X,真误差为 $\Delta_1,\Delta_2,\cdots,\Delta_n$。由公式 $\Delta=X-L_i$ 可写出观测值的真误差公式为:

$$\begin{cases} \Delta_1 = X - L_1 \\ \Delta_2 = X - L_2 \\ \quad\cdots\cdots \\ \Delta_n = X - L_n \end{cases}$$

将上式两端分别相加后,得:

$$[\Delta] = nX - [L_i]$$

则

$$\frac{[\Delta]}{n} = X - \frac{[L_i]}{n}$$

若以 $\overline{x}$ 表示上式右边第二项观测值的算术平均值,即:

$$\overline{x} = \frac{[L_i]}{n} \tag{6-9}$$

则

$$X = \overline{x} + \frac{[\Delta]}{n} \tag{6-10}$$

上式右边第二项是真误差的算术平均值。由偶然误差的第四特性可知,当观测次数 n 无限增多时,$\dfrac{[\Delta]}{n} \to 0$,则 $\overline{x} \to X$,即算术平均值就是观测量的真值。

在实际测量中,观测次数总是有限的。根据有限个观测值求出的算术平均值 x 与其真值 X 仅差一微小量 $\dfrac{[\Delta]}{n}$,故算术平均值是观测量的最可靠值,通常也称为最或然值。

二、观测值的改正数

由于观测值的真值 X 一般无法知道,故真误差 Δ 也无法求得,所以不能直接应用公式求观测值的中误差,而是利用观测值的最或然值 $\overline{x}$ 与各观测值之差 ν 来计算中误差,ν 称为改正数,即:

$$\begin{cases} \nu_1 = \overline{x} - L_1 \\ \nu_1 = \overline{x} - L_2 \\ \quad\cdots\cdots \\ \nu_n = \overline{x} - L_n \end{cases} \tag{6-11}$$

将上列等式相加,得:

$$[\nu] = n\overline{x} - [L_i] = n\frac{[L]}{n} - [L_i] = 0 \tag{6-12}$$

由此可见,一组观测值取算术平均值后,其改正数之和恒等于 0。这一特性可作为计算中的检核。

三、按观测值的改正数计算中误差

由于在实际工作中不可能对某一量进行无穷多次观测,因此,只能根据有限次观测用中误差的估值来衡量其精度。应用公式求值还需要具有观测对象的真值 X,进而求得真误差 Δ_i,但是一般情况下,一个量的真值是不可知的,当然其观测值所对应的真误差 Δ_i 也就无法求得。

实际工作中,利用改正数计算观测值中误差的实用公式称为贝塞尔公式。即:

$$m = \pm\sqrt{\frac{[vv]}{n-1}} \qquad (6\text{-}13)$$

利用 $[v] = 0$、$[vv] = [Lv]$ 可作计算正确性的检核。

在求出观测值的中误差 m 后,就可应用误差传播定律求观测值算术平均值的中误差 M,现推导如下:

$$x = \frac{[L]}{n} = \frac{L_1}{n} + \frac{L_2}{n} + \cdots + \frac{L_n}{n} \qquad (6\text{-}14)$$

应用误差传播定律有:

$$M_x^2 = \left(\frac{1}{n}\right)^2 m^2 + \left(\frac{1}{n}\right)^2 m^2 + \cdots + \left(\frac{1}{n}\right)^2 m^2 = \frac{1}{n}m^2 \qquad (6\text{-}15)$$

即

$$M_x = \pm\frac{m}{\sqrt{n}} \qquad (6\text{-}16)$$

由式(6-16)可知,增加观测次数能削弱偶然误差对算术平均值的影响,提高其精度。但因观测次数与算术平均值中误差并不是线性比例关系,所以,当观测次数达到一定数目后,即使再增加观测次数,精度却提高得很少。因此,除适当增加观测次数外,还应选用适当的观测仪器和观测方法,选择良好的外界条件,才能有效地提高精度。

例如,对某段距离进行了 5 次等精度观测,观测结果列于表 6-4,试求该段距离的最或然值、观测值中误差及最或然值中误差,计算结果见表 6-4。

表 6-4 等精度观测计算

序号	L/m	v/cm	vv/cm	精度评定
1	148.64	-3	9	
2	148.58	$+3$	9	
3	148.61	0	0	$m = \pm\sqrt{\dfrac{20}{4}} = 2.2 \text{ (cm)}$
4	148.62	-1	1	$M = \pm\dfrac{m}{\sqrt{n}} = \pm\sqrt{\dfrac{[vv]}{n(n-1)}} = \pm\sqrt{\dfrac{20}{5\times4}} = \pm1 \text{ (cm)}$
5	148.60	$+1$	1	
	$x = \dfrac{[L]}{n} = 148.61$	$[v] = 0$	$[vv] = 20$	

最后结果可写成 $x = (148.61 \pm 0.01)$ m。

思考题

1. 产生观测误差的原因有哪些？

2. 什么是观测条件？

3. 什么是等精度观测和不等精度观测？

4. 偶然误差与系统误差有何区别？偶然误差具有哪些特性？在什么条件下才能呈现这种规律性？

5. 评定精度的指标有哪几种？其公式分别是什么？

6. 在相同的观测条件下，对同一量进行若干次观测，问这些观测值的精度是否相同？这时能否将误差小的观测值理解为比误差大的观测值精度要高？

7. 等精度观测的算术平均值为什么是最可靠的值？

8. 在什么情况下才用相对中误差来衡量观测值的精度？

 练习题

1. 对一个三角形用两种不同精度分别进行了 10 次观测，每次观测求得三角形内角和真误差为：

第一组：$+2''$、$-3''$、$+4''$、$-2''$、$+1''$、$0''$、$+3''$、$-3''$、$-2''$、$-4''$；

第二组：$+1''$、$+3''$、$+1''$、$-1''$、$+9''$、$-8''$、$0''$、$-2''$、$0''$、$-1''$。

试求这两组观测值的中误差，并说明哪组的精度高。

2. 对某个水平角以等精度观测 4 个测回，观测值列于表 6-5。试计算其算术平均值 $\bar{x}$、一测回的观测值中误差 m 和算术平均值的中误差 M_x。

表 6-5　　　　　　　　　　　　计算水平角算术平均值和中误差

次序	观测值 l	$\Delta l/('')$	改正值 $\nu/('')$	$\nu\nu$	计算 $\bar{x}$、m、M_x
1	55°40′47″				
2	55°40′40″				
3	55°40′42″				
4	55°40′46″				

3. 对某段距离用全站仪观测其水平距离 4 次，观测值列于表 6-6。试计算其算术平均值 $\bar{x}$、一测回的观测值中误差 m 和算术平均值的中误差 M_x。

表 6-6　　　　　　　　　　　　计算距离算术平均值和中误差

次序	观测值 l/m	$\Delta l/mm$	改正值 ν/mm	$\nu\nu$	计算 $\bar{x}$、m、M_x
1	346.522				
2	346.548				
3	346.538				
4	346.550				

项目七 平面控制测量

任务一 平面控制测量概述

任何一种测量工作都会产生误差,为了不使测量误差累积,保证测量成果的质量,必须采用一定的程序和方法。在实际测量工作中,必须遵循"从整体到局部,先控制后碎部"的原则来进行。即先在整个测区内进行控制测量,建立控制网,然后以测定的控制网点为基础,分别在各个控制点上施测周围的碎部点(地物、地貌的特征点)。

在测量工作中,首先在测区内选择一些具有控制意义的点,组成一定的几何图形,构成测区的整体骨架,用相对精确的测量手段和方法在统一坐标系中确定这些点的平面坐标和高程,这些具有控制意义的点称为控制点;由控制点组成的几何图形称为控制网;对控制网进行布设、观测、计算,确定控制点位置的工作称为控制测量。

在全国范围内,布设的平面控制网称为国家平面控制网,相应的控制测量工作称为国家等级控制测量;专门为工程施工放样和变形监测而布设的控制网称为施工控制网;在碎部测量中,专门为地形测图而布设的控制网称为图根控制网,相应的控制测量工作称为图根控制测量,由此建立的控制点称为图根控制点(简称图根点)。

对于地形测图而言,由于国家等级控制测量所建立的控制点精度比较高,但数量比较少,远远不能满足大比例尺地形测图的需要。为此,在测图之前,必须在国家等级控制点的基础上加密基本控制网(点),再在此基础上加密图根控制网(点),以供直接测图。

一、平面控制测量的方法

平面控制测量就是在某地区或全国范围内选定一些有意义的点构成平面控制网,精密测定控制点的平面位置。在 20 世纪 90 年代以前,平面控制测量方法还主要以三角测量为主,导线测量为辅。20 世纪 90 年代以后,随着卫星定位技术(GNSS)和全站仪的普及,控制测量方法更多是采用 GNSS 测量和导线测量,三角测量则较少使用。尤其是 GNSS 卫星定位技术,更是在各种等级的控制测量中全面取代了传统方法而成为平面控制测量的主要手段。

1. 三角网测量

三角网测量是在地面上选定一系列的控制点构成相互连接的若干个三角形,组成各种网(锁)状图形,通过观测三角形的内角或边长,根据已知控制点的坐标计算出各待定点的平面坐标。三角形的各个顶点称为三角点,各三角形连成网状的称为三角网,如图 7-1(a)所示;连成锁状的称为三角锁,如图 7-1(b)所示。

随着测距仪的普及使用,三角测量已很少使用,因此,本项目不做具体详细介绍。按观测值的不同,三角网测量可分为三角测量、三边测量和边角测量。

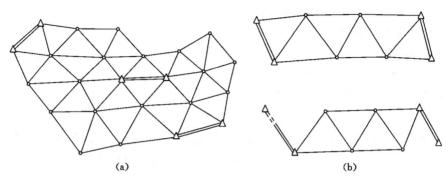

图 7-1 三角网

2. 导线测量

在地面上选定一系列控制点,以折线的形式将它们连接起来,测定边长和转折角,然后根据起算数据算出各导线点的坐标。导线可布设成单一的,如图 7-2(a)所示;也可布设成网状的,如图 7-2(b)所示;还可以布设成其他形式。

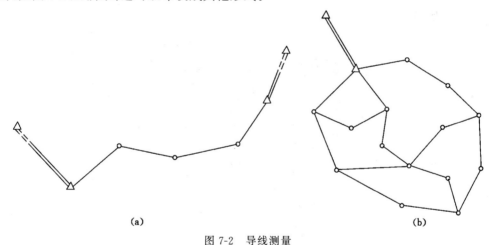

(a)   (b)

图 7-2 导线测量

3. 交会测量

交会测量即利用交会定点法来加密平面控制点。通过观测水平角确定交会点平面位置的,称为测角交会;通过测边确定交会点平面位置的,称为测边交会;通过边长和水平角同测来确定交会点平面位置的,称为边角交会。

4. GNSS 测量

GNSS 定位的基本原理是依据距离交会定位原理确定点位的。利用三个及以上的控制点可交会确定出天空中的卫星位置;反之,利用三个及三个以上卫星的已知空间位置也可以交会出地面未知点的位置。

GNSS 与常规控制测量(三角测量、三边测量、导线测量等)相比,有许多优点:不要求测站间的通视,因此可以按需要布点,布网灵活;定位精度高,以两点间的距离相对误差来表示,约为 10^{-6};观测不受天气条件限制,可以全天候进行,观测所需时间短,可以节省人力;记录、计算等具有高度的自动化,可较快获得测量成果。因此,GNSS 测量在大地测量、工程勘测及开阔地区的细部测量中展现了极其广阔的应用前景。

二、国家平面控制网

对于全国性的测量工作,由于我国国土幅员辽阔,为了使各地相邻地形图可以互相衔接,应有统一的精度和统一的规格,需要建立一个全国统一、分布均匀、精度一致、密度适当的国家控制网,又称大地网。国家基本控制网按照精度的不同,分为一、二、三、四等,由高等向低等逐步建立。

我国国家控制测量早期主要用三角测量(平面控制)进行,对于西部沙漠和西南部高山地区多采用导线测量的方法进行。20 世纪 80 年代后,又采用现代的卫星定位技术(GNSS测量)对国家平面网进行了修正和加强。

一等三角锁沿经线和纬线布设成纵横交叉的三角锁系,锁长 200～250 km,构成许多锁环。一等三角锁是国家平面控制网的骨干,二等三角网布设于一等三角锁环内,是国家平面控制网的全面基础,如图 7-3 和图 7-4 所示。三、四等三角网为二等三角网的进一步加密。由于一等锁的两端和二等网的中间都要测定起算边长、天文经纬度和方位角,所以国家一、二等网合称为天文大地网。我国天文大地网于 1951 年开始布设,1961 年基本完成,1975 年修(补)测工作全部结束,全网约有 5 万个大地点。

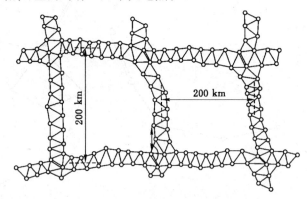

图 7-3　国家一等三角锁

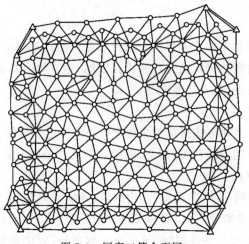

图 7-4　国家二等全面网

按照《工程测量规范》(GB 50026—2007)的规定,各等级三角网测量的主要技术要求应符合表 7-1 的规定。

表 7-1　　　　　　　　　　　　三角测量的主要技术要求

等级	平均边长/km	测角中误差/(")	测边相对中误差	最弱边边长相对中误差	测回数			三角形最大闭合差/(")
					1"级仪器	2"级仪器	6"级仪器	
二等	9	1	≤1/250 000	≤1/120 000	12	—	—	3.5
三等	4.5	1.8	≤1/150 000	≤1/70 000	6	9	—	7
四等	2	2.5	≤1/100 000	≤1/40 000	4	6	—	9
一级	1	5	≤1/40 000	≤1/20 000	—	2	4	15
二级	0.5	10	≤1/20 000	≤1/10 000	—	1	2	30

注:当测区测图的最大比例尺为 1:1 000 时,一、二级的边长可适当放长,但最大长度不应大于表中规定的 2 倍。

三、城市平面控制网

为了进行城镇的规划、建设、土地管理等,都需要测绘大比例尺的地形图、地籍图和进行市政工程和房屋建筑的施工放样。为此,需要建立控制测量,布设城市控制网。在国家控制网的基础下,城市平面控制网分为二、三、四等(按城镇面积的大小从其中某一等开始布设)及一、二级小三角网或一、二、三级导线网,最后再布设直接为测绘大比例尺地形图等用的图根控制网,如图 7-5 所示。

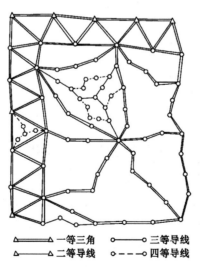

△——△ 一等三角	o——o 三等导线
△——△ 二等导线	o- - -o 四等导线

图 7-5　城市平面控制网示意图

按城市范围大小布设不同等级的平面控制网,卫星定位静态测量可施测二、三、四等和一、二级平面控制网;动态测量可施测一、二、三级平面控制网。按照《城市测量规范》(CJJ/T 8—2011)的规定,其主要技术指标见表 7-2。

表 7-2 静态卫星定位网的主要技术指标

等级	平均边长/km	a/mm	b/1×10⁻⁶	最弱边相对中误差	卫星高度角/(°)	有效卫星数	时段长度/min
二等	9	≤5	≤2	≤1/12 万	≥15	≥4	≥90
三等	5	≤5	≤2	≤1/8 万	≥15	≥4	≥60
四等	2	≤10	≤5	≤1/4.5 万	≥15	≥4	≥45
一级	1	≤10	≤5	≤1/2 万	≥15	≥4	≥45
二级	<1	≤10	≤5	≤1/1 万	≥15	≥4	≥45

采用导线测量方法时,可布设三、四等,三、四等及一、二、三级,以及图根导线网,按照《城市测量规范》(CJJ/T 8—2011)的规定,其主要技术指标见表 7-3。

表 7-3 导线布设平面控制网的主要技术指标

等级	闭合环或附合导线长度/km	平均边长/m	测距中误差/mm	测角中误差/(″)	测回数 DJ₁	测回数 DJ₂	测回数 DJ₆	导线全长相对闭合差	方位角闭合差/(″)
三等	≤15	3 000	≤18	≤1.5	8	12	—	≤1/60 000	±3√n
四等	≤10	1 600	≤18	≤2.5	4	6	—	≤1/40 000	±5√n
一级	≤3.6	300	≤15	≤5	—	2	4	≤1/14 000	±10√n
二级	≤2.4	200	≤15	≤8	—	1	3	≤1/10 000	±16√n
三级	≤1.5	120	≤15	≤12	—	1	2	≤1/6 000	±24√n

注:n 为测站数。

采用边角组合测量方法时,可布设二、三、四等和一、二级平面控制网,按照《城市测量规范》(CJJ/T 8—2011)的规定,其主要技术指标见表 7-4 和表 7-5。

表 7-4 边角组合网的主要技术指标

等级	平均边长/km	测角中误差/(″)	测距中误差/mm	起始边边长相对中误差	测距相对中误差	最弱边边长相对中误差
二等	9.0	≤1.0	≤30	≤1/30 万	≤1/30 万	≤1/12 万
三等	5.0	≤1.8	≤30	≤1/20 万(首级) ≤1/12 万(加密)	≤1/16 万	≤1/8 万
四等	2.0	≤2.5	≤16	≤1/12 万(首级) ≤1/8 万(加密)	≤1/12 万	≤1/4.5 万
一级	1.0	≤5.0	≤16	≤1/4 万	≤1/6 万	≤1/2 万
二级	0.5	≤10.0	≤16	≤1/2 万	≤1/3 万	≤1/1 万

表 7-5 边角组合网水平角观测技术指标

等级	测角中误差 /(″)	三角形 最大闭合差/(″)	平均边长 /km	方向观测测回数		
				DJ$_1$	DJ$_2$	DJ$_6$
二等	≤1.0	±3.5	>9	15	—	—
			≤9	12	—	—
三等	≤1.8	±7.0	>5	9	12	—
			≤5	6	9	—
四等	≤2.5	±9.0	>2	6	9	—
			≤2	4	6	—
一级	≤5.0	±15.0	—	—	2	6
二级	≤10.0	±30.0	—	—	1	2

四、地形测量控制网

为了达到测绘大比例尺地形图的需要,在进行测图之前,通常要在国家控制或城市控制的基础上进行地形控制测量。地形控制测量一般包括基本控制测量和图根控制测量。

在全测区范围内建立的控制网,称为首级控制网。

图根控制测量的目的是在基本控制测量的基础上再加密一些直接供测图使用的控制点,称为图根点,以满足用于测绘地物地貌的测站点的需要,因此图根点必须具备有适当的密度。目前图根控制测量常采用卫星定位测量(GNSS 测量)、导线测量和电磁波测距极坐标法等方法,此部分内容将在项目九中详细阐述。

任务二 平面控制网的定向、定位与坐标计算

一、标准方向的分类

在测量工作中,要将地面上的地物、地貌等内容的位置确定下来,其实就是确定点与点之间的相对位置关系,而要确定其相对位置关系,除需测定两点之间的距离外,还必须确定两点所连直线的方向。确定直线方向的工作称为直线定向。

如图 7-6 所示,要确定直线 AB 的方向,首先要选定一个标准方向线,作为确定直线方向的依据和标准,然后再根据该直线与标准方向线之间的夹角来确定其方向。因此,又可以说,确定一条直线与标准方向之间的夹角关系称为直线定向。

在测量工作中,进行直线定向采用的标准方向通常有三种,即真子午线、磁子午线和坐标纵轴线(即平面直角坐标系的纵坐标轴以及平行于纵坐标轴的直线)。这三种标准方向的北方向,即真北、磁北和坐标北统称为"三北"方向。

图 7-6 直线定向

1.真北方向

包含地球北南极的平面与地球表面的交线称为真子午线。过地面点的真子午线切线方向,指向北方的一端称为该点的真北方向,如图 7-7(a)所示。真北方向可以用天文观测方法

或陀螺经纬仪测定。

2.磁北方向

包含地球磁北南极的平面与地球表面的交线称为磁子午线。过地面点的磁子午线切线方向,指向北方的一端称为该点的磁北方向,如图7-7(a)所示。磁北方向用指南针或罗盘仪测定。

3.坐标北方向

平面直角坐标系中,通过某点且平行于坐标纵轴(X 轴)的方向,指向北方的一端称为坐标北方向,如图7-7(b)所示。高斯平面直角坐标系中的纵轴是高斯投影带的中央子午线的平行线。

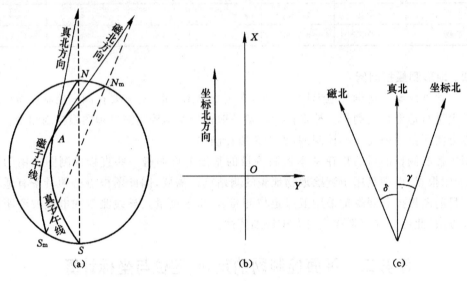

图 7-7 "三北"方向及其关系

上述三种北方向的关系如图7-7(c)所示。过一点的磁北方向与真北方向之间的夹角称为磁偏角,用 δ 表示;过一点的坐标北方向与真北方向之间的夹角称为子午线收敛角,用 γ 表示。磁北方向或坐标北方向偏在真北方向东侧时,δ 或 γ 为正;偏在真北方向西侧时,δ 或 γ 为正。

二、坐标方位角

1.方位角的概念

从标准方向的北端起,顺时针转至某一直线的水平夹角,称为该直线的方位角,常用 A 或 α 表示,角值为 $0°\sim360°$,如图7-8所示。依据不同的标准方向,就分别有真方位角 $A_{真}$、磁方位角 $A_{磁}$ 和坐标方位角 α。

2.正、反坐标方位角

坐标方位角在测量工作中因其确定直线方向和计算工作的方便而被广泛使用,若无须和其他方位角区别,一般就将坐标方位角称方位角,且符号也直接用 α 表示。若要表明其具体直线,可用直线的起点和终点作为方位角的下标表示,如图7-9所示,直线1—2的方位角为 α_{12}。一条直线有正、反两个方向,其方位角也就有正、反方位角,对于直线1—2而言,正方位角为 α_{12},其反方位角为 α_{21},二者相差180°,即:

$$\alpha_{12} = \alpha_{21} \pm 180° \tag{7-1}$$

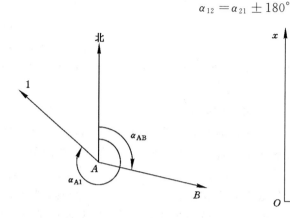

图 7-8　直线的坐标方位角

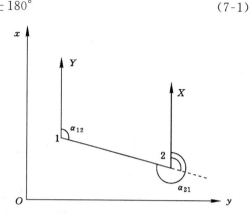

图 7-9　正、反坐标方位角

3.坐标方位角的计算

在测量工作中并不是每一条直线的方位角都是通过天文测量的方法或者陀螺仪测定的,而是在测定了直线与已知方位角边之间的夹角关系后通过计算得到的。如图 7-10 所示,已知直线 AB 的方位角为 α_{AB},观测得到直线 AB 与直线 $B1$ 间的夹角 β_1,则直线 $B1$ 的方位角 α_{B1} 可按下式求得,即:

$$\alpha_{B1} = \alpha_{AB} + \beta_1 - 180° \tag{7-2}$$

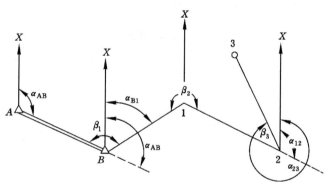

图 7-10　坐标方位角计算

同理可得直线 1—2 的方位角为:

$$\alpha_{12} = \alpha_{B1} + \beta_2 - 180° \tag{7-3}$$

从图 7-10 中还可看出,直线 2—3 的方位角可用下式算出

$$\alpha_{23} = \alpha_{12} + \beta_3 + 180° \tag{7-4}$$

综上可知,根据已知直线方位角和两直线间的水平夹角计算未知方位角的计算式,可得出一般计算方位角的公式:

$$\alpha_{未} = \alpha_{已} + \beta_{左} \pm 180° \tag{7-5}$$

式(7-5)可理解为:未知边的方位角等于已知边的方位角加上该两侧条边之间的左夹角,再加(或减)180°,当前两项之和大于 180°时就减 180°,当前两项之和小于 180°时就

加 180°。

$$\alpha_{\text{前}} = \alpha_{\text{后}} + \beta_{\text{左}} \pm 180° \qquad (7-6)$$

式(7-6)可理解为:前一条边的方位角等于后一条边的方位角加上前后两条边的左夹角,再加(或减)180°,当前两项之和大于 180°时就减 180°,当前两项之和小于 180°时就加 180°。

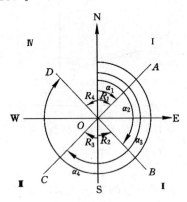

图 7-11　方位角与象限角的关系

三、象限角

从标准方向的北端或南端起,顺时针或逆时针转至某一直线的水平锐角,称为该直线的象限角,常用 R 表示,角值为 $0° \sim 90°$,如图 7-11 所示。通过直线起点 O 的纵坐标线和横坐标线将平面划分为四个象限。直线 OA,位于第Ⅰ象限,象限角是 R_1;直线 OB,位于第Ⅱ象限,象限角是 R_2;直线 OC,位于第Ⅲ象限,象限角是 R_3;直线 OD 位于第Ⅳ象限,象限角是 R_4。

用象限角表示直线的方向,必须注明直线所处的象限,第Ⅰ象限用"北东"表示,第Ⅱ象限用"南东"表示,第Ⅲ象限用"南西"表示,第Ⅳ象限用"北西"表示。

例如,$R_{AB} = $ 南东 $38°24'36''$,表示直线 AB 位于第Ⅱ象限,象限角是 $38°24'36''$。

象限角和坐标方位角的关系列于表 7-6 中。

表 7-6　　　　　　　　　　　坐标方位角和象限角的关系

象限	方向	坐标方位角推算象限角	象限角推算坐标方位角
Ⅰ	北东	$\alpha = R$	$\alpha = R$
Ⅱ	南东	$R = 180° - \alpha$	$\alpha = 180° - R$
Ⅲ	南西	$R = \alpha - 180°$	$\alpha = 180° + R$
Ⅳ	北西	$R = 360° - \alpha$	$\alpha = 360° - R$

四、坐标正算与坐标反算

1. 坐标正算

如图 7-12 所示,已知一点 A 的坐标(x_A, y_A)、边长(AB 两点间的水平距离)D_{AB} 和坐标方位角 α_{AB},求 B 点的坐标(x_B, y_B),此过程称为坐标正算。

由图可知,B 点的坐标可用下述公式计算:

$$\begin{cases} x_B = x_A + \Delta x_{AB} \\ y_B = y_A + \Delta y_{AB} \end{cases} \qquad (7-7)$$

式中,Δx_{AB}、Δy_{AB} 分别为 A 点到 B 点的纵、横坐标增量,是边长在坐标轴上的投影,即:

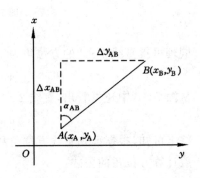

图 7-12　坐标正、反算

$$\begin{cases} \Delta x_{AB} = D_{AB} \times \cos \alpha_{AB} \\ \Delta y_{AB} = D_{AB} \times \sin \alpha_{AB} \end{cases} \tag{7-8}$$

Δx_{AB}、Δy_{AB} 的符号分别由 α_{AB} 的余弦、正弦函数确定,要根据 α 的大小、所在象限来判别。式(7-7)也可以写成:

$$\begin{cases} x_B = x_A + D_{AB} \times \cos \alpha_{AB} \\ y_B = y_A + D_{AB} \times \sin \alpha_{AB} \end{cases} \tag{7-9}$$

例如,已知直线 AB 的边长为 136.68 m,坐标方位角为 $101°07'24''$,其中一个端点 A 的坐标为($x_A = 836.84$ m,$y_A = 637.29$ m),求直线另一个端点 B 的坐标(x_B,y_B)。

$$\Delta x_{AB} = D_{AB} \times \cos \alpha_{AB} = 136.68 \times \cos 101°07'24'' = -26.37 \text{(m)}$$

$$\Delta y_{AB} = D_{AB} \times \sin \alpha_{AB} = 136.68 \times \sin 101°07'24'' = +134.11 \text{(m)}$$

$$x_B = x_A + \Delta x_{AB} = 836.84 + (-26.37) = 810.47 \text{(m)}$$

$$y_B = y_A + \Delta y_{AB} = 637.29 + 134.11 = 771.40 \text{(m)}$$

因此,B 点坐标为($x_B = 810.47$ m,$y_B = 771.40$ m)。

2. 坐标反算

如图 7-12 所示,设已知两点 $A(x_A,y_A)$、$B(x_B,y_B)$ 的坐标,求边长 D_{AB} 和坐标方位角 α_{AB},此过程称为坐标反算。

(1)计算方位角

由图 7-12 可知:

$$\Delta x_{AB} = x_B - x_A, \quad \Delta y_{AB} = y_B - y_A$$

当 $\Delta x_{AB} \neq 0$,$\Delta y_{AB} \neq 0$ 时,则象限角为:

$$R_{AB} = \tan^{-1} \left| \frac{\Delta y_{AB}}{\Delta x_{AB}} \right| \tag{7-10}$$

如图 7-13 所示,根据 R 所在的象限,将象限角换算为方位角,即:

当 $\Delta x_{AB} > 0$,$\Delta y_{AB} > 0$ 时,α_{AB} 位于第 Ⅰ 象限内,范围在 $0° \sim 90°$ 之间,$\alpha = R$;

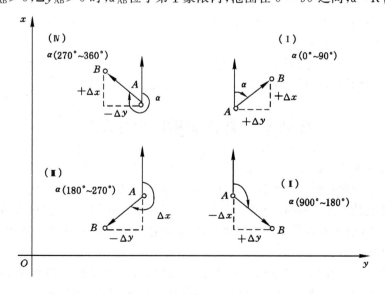

图 7-13　坐标增量的正负

当 $\Delta x_{AB} < 0, \Delta y_{AB} > 0$ 时,α_{AB} 位于第 Ⅱ 象限内,范围在 90°~180° 之间,$\alpha = 180° - R$;

当 $\Delta x_{AB} < 0, \Delta y_{AB} < 0$ 时,α_{AB} 位于第 Ⅲ 象限内,范围在 180°~270° 之间,$\alpha = 180° + R$;

当 $\Delta x_{AB} > 0, \Delta y_{AB} < 0$ 时,α_{AB} 位于第 Ⅳ 象限内,范围在 270°~360° 之间,$\alpha = 360° - R$。

或者为:

$$\alpha_{AB} = \tan^{-1} \frac{\Delta y_{AB}}{\Delta x_{AB}} = \tan^{-1} \frac{y_B - y_A}{x_B - x_A} \tag{7-11}$$

求得的 α_{AB} 可在四个象限之内,它由 Δx、Δy 的正负符号确定,如图 7-13 所示,即:

$\Delta x_{AB} = 0, \Delta y_{AB} > 0$ 时,象限角 $\alpha_{AB} = 90°$;

当 $\Delta x_{AB} = 0, \Delta y_{AB} < 0$,时,象限角 $\alpha_{AB} = 270°$;

当 $\Delta y_{AB} = 0, \Delta x_{AB} > 0$ 时,象限角 $\alpha_{AB} = 0°$;

当 $\Delta y_{AB} = 0, \Delta x_{AB} < 0$ 时,象限角 $\alpha_{AB} = 180°$。

（2）计算边长

$$\begin{cases} D_{AB} = \sqrt{\Delta x_{AB}^2 + \Delta y_{AB}^2} = \sqrt{(x_B - x_A)^2 + (y_B - y_A)^2} \\ D_{AB} = \dfrac{\Delta y_{AB}}{\sin \alpha_{AB}} = \dfrac{\Delta x_{AB}}{\cos \alpha_{AB}} \end{cases} \tag{7-12}$$

例如,已知 $A(100, 400)$、$B(200, 300)$,求 α_{AB}、D_{AB}。

由已知坐标得:

$$R_{AB} = \tan^{-1} \left| \frac{\Delta y_{AB}}{\Delta x_{AB}} \right| = \tan^{-1} \left| \frac{y_B - y_A}{x_B - x_A} \right| = 45°$$

$$\Delta y_{AB} = 300 - 400 = -100 \text{（m）}, \quad \Delta x_{AB} = 200 - 100 = +100 \text{（m）}$$

以上可知,α 在第四象限,则:

$$\alpha_{AB} = 360° - R = 360° - 45° = 315°, \quad D_{AB} = \sqrt{\Delta x_{AB}^2 + \Delta y_{AB}^2} = 141.4 \text{（m）}$$

五、平面控制网的定位与定向

在布设各等级的平面控制网时,必须至少取得网中一个已知点的坐标和该点至另一已知点连线的方位角,或网中两个已知点的坐标。因此,"一点坐标及一边方位角"或"两点坐标"是平面控制网必要的起始数据。

在小地区内建立平面控制网时,一般应与该地区已有的国家控制网或城市控制网进行联测,以取得起始数据,这样才能进行平面控制网的定位和定向。

任务三　导线测量的外业工作

一、导线的布设形式

导线是建立图根控制的一种常见形式。所谓导线,就是由选定的若干个地面点,由直线连接相邻点成折线图形,每条直线叫导线边,点叫导线点。在导线点上,用仪器（经纬仪、钢尺或全站仪）测定各转折角角度及各边边长,然后根据已知方向和已知点坐标,便可推算出各导线点的平面坐标。

导线应在高一级控制点的基础上布设,因只需要相邻导线点间互相通视,故特别适用于建筑物密集的城镇、工矿和森林隐蔽地区,也适用作为狭长地带（如公路、铁路、隧道等）的测量控制。

根据不同的情况和要求,单一图根导线通常可以布设成如下三种形式。

1. 闭合导线

如图 7-14 所示,A、B 为高级已知坐标点,从已知控制点 B 出发,经过选定的一系列导线点后,仍旧回到起始高级已知点上,形成一闭合的多边形,这样的导线布设形式叫闭合导线。从闭合导线的图形来看,因其起、闭于一点,另从几何条件上看内角和等于 $(n-2) \times 180°$,故这种导线从坐标和观测角上都具有一定的检核条件,是一种较常应用的导线形式。

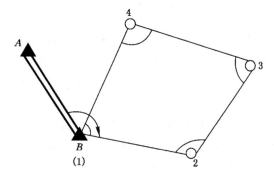

图 7-14　闭合导线布设形式

2. 附合导线

如图 7-15 所示,在高级已知点 A、$B(1)$、$C(4)$、D 之间布设 2、3 点,以 AB 边的坐标方位角 α_{AB} 为起始边方位角,以 CD 边的坐标方位角 α_{CD} 为终结边方位角,起始边的坐标方位角和终结边的坐标方位角均为已知,即选定的未知点两端均有已知点和已知边控制的导线,称为附合导线。这种导线不仅有检核条件(坐标条件和方位角条件),而且最弱点位于导线中部,两端已知点均可控制其精度,布设长度相应增大,故附合导线在生产中得到广泛应用。

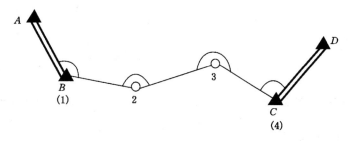

图 7-15　附合导线布设形式

在附合导线的两端,如果各只有一个已知高级点,而缺少已知方位角,则这样的导线称为无定向附合导线(简称无定向导线)。在选定的未知点两端已知点较少的情况下可以采用这种形式。

3. 支导线

如图 7-16 所示,图中 A、$B(1)$ 为高级已知点。从一个高级已知点 $B(1)$ 和已知方位边 AB 出发,布设若干待定点,形成自由伸展的折线形状,这种导线形式称为支导线。

导线观测后,未知点坐标计算所必需的已知数据为:一个已知点的坐标(x_B,y_B)和一条

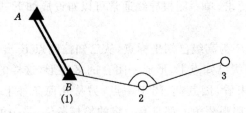

图 7-16　导线布设形式

边的已知方位角（α_{AB}）。从图 7-16 可以看出,支导线仅有必要的起算数据,且其图形既不闭合也不附合,不具备检核条件,在生产中应尽量少用,因此,只限于在图根导线和地下工程导线中使用。对于图根导线,支导线未知点的点数一般不超过 2 个,还应限制支导线长度,并进行往返观测,以资检核。

以上三种导线是其基本布设形式,在测量工作中,导线的布设并不仅限于上述三种单一的形式,根据测区形状、大小和已知点的数量、分布状况等因素综合考虑,还可布设成一个结点或多个结点的结点导线(图 7-17)、多个闭合环的导线网(图 7-18)等多种较复杂的图形。

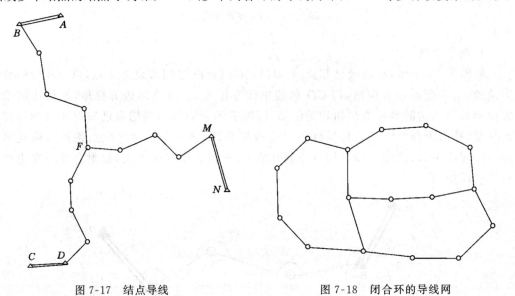

图 7-17　结点导线　　　　　　　　　　　图 7-18　闭合环的导线网

二、踏勘选点、埋石

1. 踏勘选点

在踏勘选点之前,应到有关部门收集测区已有的测量资料,如测区已有的地形图、高级控制点资料等。首先在已有的地形图上标出高级控制点的位置和测区范围,再根据测区地形情况和测量的具体要求规划设计好测量路线和导线点位置,然后按照规划路线到实地去踏勘落实导线点的位置。现场踏勘选点时,应注意以下几点:

（1）相邻导线点间通视良好,以便于角度观测和距离测量。

（2）点位应选在地质坚实和易于保存之处。

（3）在点位上,视野开阔,便于测绘周围的地物和地貌。

（4）导线边长应符合有关规定,导线中不宜出现过长和过短的导线边,尤其要避免由长

边立即转到短边的情况出现。

（5）为了减少大气折光的影响,视线应尽量避开水域、热体等,离开地表和地物的距离不小于 0.5 m。

（6）导线点在测区内要设点均匀,便于控制整个测区。

2. 建立标志

导线点位选好以后,要在地面上标定下来,埋设图根导线点位标志的做法有三种：

（1）埋设木桩。在泥土地面上,要在点位上打一木桩,桩顶上钉一小钉,作为测量时仪器对中的标志。木桩的长度为 30 cm 左右,横断面为 4 cm² 为宜。在碎石或沥青路面上,可以用顶上凿有十字纹的大铁钉代替木桩。作为临时性导线点,打木桩是一种常用的埋设点位标志的做法。

（2）埋设标石。若导线点需要长期保存,则在选定的点位上埋设混凝土导线点标石,如图 7-19 所示,顶面中心浇注入短钢筋,顶上凿十字纹,作为导线点位中心的标志。

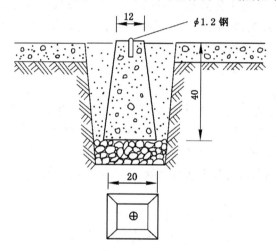

图 7-19 导线点标石(单位:cm)

（3）直接在地面凿点。在混凝土场地或路面上,可以用钢凿凿一个十字纹,再涂上红漆,使标志明显。

导线点应分等级统一编号,以便于测量资料的管理,对于闭合导线,习惯于逆时针方向编号,使内角自然成为导线的左角。导线点埋设以后,为了便于在观测和使用时寻找,可以在点位附近房屋或电线杆等明显的地物上用红油漆标明指示导线点的位置。对于每一导线点的位置,还应画一草图,注明导线点与邻近明显地物的相对位置的距离尺寸,并写上地名、路名、导线点编号等,便于日后寻找。该图称为控制点的"点之记",如图 7-20 所示。

一、二、三级导线点和图根导线点一般不造永久觇标,观测时用花杆或觇牌代替。

三、转折角测量

水平角是由相邻两条导线边构成,也就是导线点上的转折角。导线的转折角分为左角和右角,在导线前进方向左侧的水平角称为左角($\beta_左$),右侧的水平角称为右角($\beta_右$)。在导线水平角观测时,对于左角和右角并无差别,仅仅是计算上的差别,这是因为：

$$\beta_左 + \beta_右 = 360°$$ 　　　　　(7-13)

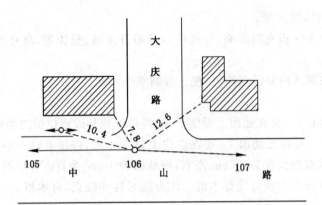

图 7-20　控制点"点之记"

导线水平角用经检验校正过的 DJ$_6$ 经纬仪观测或者全站仪进行观测。当测站上只有两个方向时,采用测回法观测;当测站上有三个以上方向时,采用方向法观测。对于不同等级导线,测回数不同,测回间须改变水平度盘位置,以减少度盘刻划误差的影响。第一测回水平度盘位置习惯置于大于0°附近,从第二测回起,每次增加 $180°/n$,n 为测回数。

四、导线边长测量

导线边长可用光电测距仪测定,测量时要同时观测竖直角,供倾斜改正之用。若用钢尺丈量,钢尺必须经过检定。对于一、二、三级导线,应按钢尺量距的精密方法进行丈量。对于图根导线,用一般方法往返丈量,取其平均值,并要求其相对误差不大于1/3 000。钢尺量距结束后,应进行尺长改正、温度改正和倾斜改正,三项改正后的结果作为最后成果。

五、联测

当测区内有高级平面控制点时,导线应与高级点联测,从而获得起始边方位角和起始点坐标。闭合导线和支导线只与一个已知点相连接,应在 $B(1)$ 处测一个连接角,如图 7-14 所示;附合导线与两个已知点连接,应在 $B(1)$、$C(4)$ 两点处测两个连接角,如图 7-15 所示;在无高级控制点的独立测区,可用罗盘仪测定起始边的方位角,并假定起始点坐标作为起算数据(仅对闭合导线和支导线而言)。

六、三联脚架法导线观测

三联脚架法通常使用三个既能安置全站仪,又能安置带有觇牌的通用基座和脚架,基座应有通用的光学对中器,如图 7-21 所示。将全站仪安置在测站点 i 的基座中,带有觇牌的反射棱镜安置在后视点 $i-1$ 和前视点 $i+1$ 的脚架和基座中,进行导线测量。迁站时,导线点 i 和 $i+1$ 的脚架和基座不动,只取下全站仪和带有觇牌的反射棱镜,在导线点 $i+1$ 上安

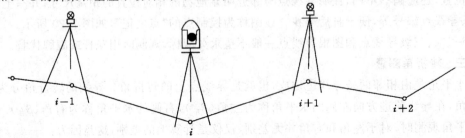

图 7-21　三联脚架法导线观测

置全站仪,在导线点 i 的基座上安置带有觇牌的反射棱镜,并将导线点 $i-1$ 上的脚架连同基座一块搬迁至导线点 $i+2$ 处并予以安置,这样直到测完整条导线为止。

在观测者精心安置仪器的情况下,三联脚架法可以减弱仪器和目标对中误差对测角和测距的影响,从而提高导线的观测精度,减少坐标传递误差。

任务四　导线测量的内业工作

导线测量的内业计算目的是计算导线点的平面坐标。在计算之前,应全面检查导线测量的外业记录手簿有无遗漏、各项限差是否超限。然后绘制导线略图,在图上注明已知点(高级点)及导线点的点号、已知点坐标、已知边坐标方位角及导线经改正后的边长和水平角观测值。

进行导线计算时,应利用计算器在规定的表格中进行(也可采用专用导线计算程序在计算机中进行)计算。内业计算中数字的取位,对于四等以下的小三角及导线,角值取至秒(s),边长及坐标取至毫米(mm)。对于图根导线,角值取至秒(s),边长和坐标取至厘米(cm)。

一、准备工作

(1)检查外业观测手簿(包括水平角观测、边长观测、磁方位角观测等),确认观测、记录及计算成果正确无误。

(2)绘制导线略图。略图是一种示意图,绘图比例、用线粗细没有严格要求,但应注意美观、大方,大小适宜,与实际图形保持相似,且与实地方位大体一致。所有的已知数据(已知方位角、已知点坐标)和观测数据(水平角值、边长)应正确抄录于图中,注意字迹工整、位置正确,如图 7-22 所示。

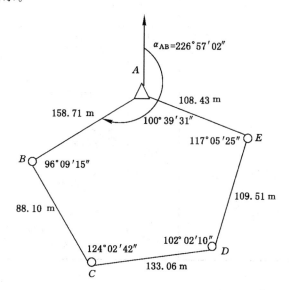

图 7-22　闭合导线实测数据

$\alpha_{AB}=226°57'02''$, $x_A=540.380$, $y_A=1\,236.700$

（3）绘制计算表格。在对应的列表中抄录已知数据和观测数据，应注意抄录无误。在点名或点号一列应按推算坐标的顺序填写点名和点号。

二、闭合导线的计算

现以图7-22和表7-7所示示例说明闭合导线的计算步骤与方法。

表7-7 　　　　　　　　　　　　　　　　闭合导线计算算例

点号	观测角 /(° ′ ″)	改正后的角 /(° ′ ″)	坐标方位角 α /(° ′ ″)	距高 D /m	坐标增量		改正后的坐标增量（m）		坐标值	
					Δx/m	Δy/m	$\hat{\Delta x}$	$\hat{\Delta y}$	$\hat{x}$/m	$\hat{y}$/m
1	2	3	4	5	6	7	8	9	10	11
A					−0.021	+0.025			540.380	1 236.700
			226 27 02	157.71	−108.340	−115.980	−108.361	−115.955		
B	+12 96 09 15	96 09 27							469.908	1 120.745
			143 06 29	88.10	−0.012 −70.460	+0.014 +52.887	−70.472	+52.901		
C	+12 124 02 43	124 02 54							476.491	1 173.646
			87 09 23	133.05	−0.018 +6.601	+0.021 +132.896	−6.583	+132.917		
D	+11 102 02 10	102 02 21							584.580	1 306.563
			9 11 44	109.51	−0.014 +108.103	+0.018 +17.500	+108.089	+17.518		
E	+11 117 05 25	117 05 36							648.741	1 324.081
			306 17 20	108.43	−0.014 +64.175	+0.018 −87.399	+64.161	−87.381		
A	+11 100 39 31	100 39 42							540.380	1 236.700
			226 57 02							
B										
$\sum$	539 59 03	540 00 00		587.81	+0.079	−0.096	0	0		

辅助计算	$f_\beta = 539°59'03'' - 540° = -57''$ $f_{\beta允} = \pm 60''\sqrt{5} = 134''$ $f_x = +0.079, f_y = -0.097$ $f_D = \sqrt{f_x^2 + f_y^2}$ $\quad = \sqrt{0.079^2 + (-0.096)^2} = 0.124$ $K_D = \dfrac{f_D}{\sum D} = \dfrac{0.124}{578.81} = \dfrac{1}{4\ 668}$	草图	

1. 角度闭合差的计算与调整

闭合导线是由折线组成的多边形，由平面几何可知，n 边形内角和的理论值为：

$$\sum \beta_{理} = (n-2) \times 180°$$

设闭合导线实际观测的各个内角的和为 $\sum \beta_{测}$。在角度观测过程中,不可避免地会产生误差,致使内角和的观测值不等于其理论值,两者的差值称为角度闭合差,以 f_β 表示,则:

$$f_\beta = \sum \beta_{测} - \sum \beta_{理}$$

于是得到闭合导线角度闭合差的计算公式为:

$$f_\beta = \sum \beta_{测} - (n-2) \times 180° \tag{7-14}$$

例如,在图 7-22 中:

$$\sum \beta_{测} = 96°09'15'' + 124°02'42'' + 102°02'10'' + 117°05'25'' + 100°39'31''$$
$$= 539°59'03''$$

$$f_\beta = \sum \beta_{测} - \sum \beta_{理} = 539°59'03'' - (5-2) \times 180° = -57''$$

角度闭合差 f_β 的大小一定程度上标志着测角的精度。对于图根导线,角度闭合差的允许值为:

$$f_{\beta允} = \pm 60'' \sqrt{n} \tag{7-15}$$

如果角度闭合差超过允许值,应分析原因,进行外业局部或全部返工。当角度闭合差小于允许值时,可将闭合差按"反号平均法则"分配到各个观测角中,即每个观测角分配一个改正数:

$$V_\beta = -\frac{f_\beta}{n} \tag{7-16}$$

式中　f_β——角度闭合差,('');

　　　n——闭合导线内角个数。

如果 f_β 的数值不能被内角数 n 整除而有余数时,可将余数调整分配在短边的邻角上。本例所示的闭合导线,按上式算得角度改正数为 $V_\beta = -\dfrac{-57''}{5} = +11.4''$,可先按 $+11''$ 分配给各角,剩余共有 $+2''$ 的余数,由于 BC 边长最短,可分别再给 B 角和 C 角各分配 $+1''$,即 B 角和 C 角的改正数各为 $+12''$,角度闭合差改正数填写在表 7-7 的第 2 栏观测值秒值的上方。为避免改正数的计算或分配错误,应按下式做角度改正数的检校:

$$\sum V_\beta = -f_\beta \tag{7-17}$$

如改正数计算和分配无误,将各角观测值加上相应的改正数即得各角改正后的角值(表 7-7 的第 3 栏为改正后的角度值)。改正后角值之和应该等于多边形内角和的理论值,以此可检核改正后角值的计算是否正确。

2. 坐标方位角的推算

实际工作中,常根据已知边的方位角和观测的水平角来推算未知边的方位角。可根据式(7-6),从已知方位角的边开始,结合各角改正后的角值,依序推算各边的方位角,计算各未知边的坐标方位角。若算得的坐标方位角超过 $360°$,则应减去一个或若干个 $360°$。

为了检核方位角计算有无错误,方位角应推回到起算边,推算得到的方位角值应等于其已知值,否则说明方位角推算有误,应重新推算。

3. 坐标增量及闭合差的计算

(1) 导线边近似坐标增量计算

各边方位角推出后,即可根据边长和方位角按坐标正算公式计算导线各边的坐标增量。计算结果应填写在表 7-7 第 6、第 7 栏相应位置中。计算结果的取位应当和已知点坐标的取位一致。

例如,在表 7-7 中:

$$\begin{cases} \Delta x_{AB} = D_{AB} \times \cos \alpha_{AB} = 158.71 \times \cos 226°57'02'' = -108.340 \ (m) \\ \Delta y_{AB} = D_{AB} \times \sin \alpha_{AB} = 158.71 \times \sin 226°57'02'' = -115.980 \ (m) \end{cases}$$

(2) 坐标增量闭合差的计算

从图 7-23 中可以看出,闭合导线各边纵、横坐标增量的代数和在理论上应等于零,即:

$$\begin{cases} \sum \Delta x_{理} = 0 \\ \sum \Delta y_{理} = 0 \end{cases} \tag{7-18}$$

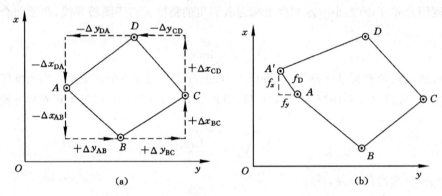

图 7-23 闭合导线坐标闭合差

由于角度和边长测量均存在误差,尽管角度进行了闭合差的调整,但调整后的角值也不一定是该角的真值,所以由边长、方位角计算出的纵、横坐标增量代数和 $\sum \Delta x_{测}$、$\sum \Delta y_{测}$ 一般都不等于其理论值(即零),那么它们和理论值的差值称为闭合导线纵、横坐标增量闭合差,分别以 f_x、f_y 表示,则:

$$\begin{cases} f_x = \sum \Delta x_{测} \\ f_y = \sum \Delta y_{测} \end{cases} \tag{7-19}$$

(3) 坐标增量闭合差的限差

由于 f_x、f_y 的存在,使闭合导线从 A 点出发,最后不是闭合到 A 点,而是落在 A' 点,产生了一段差距 $A'A$,如图 7-23(b)所示,这段差距称为导线全长闭合差,用 f_D 表示,从图中可以得出:

$$f_D = \sqrt{f_x^2 + f_y^2} \tag{7-20}$$

仅从 f_D 值的大小还不能显示导线测量的精度,应当将 f_D 与导线全长 $\sum D$ 相比,用分子为 1 的分数来表示导线全长相对闭合差,即:

$$K = \frac{f_D}{\sum D} = \frac{1}{\sum D/f_D} \tag{7-21}$$

例如,在表 7-7 中:

$$K_D = \frac{f_D}{\sum D} = \frac{0.124}{578.81} = \frac{1}{4\ 668}$$

以导线全长相对闭合差 K 来衡量导线测量的精度，K 的分母越大，精度越高。图根导线测量中，一般情况下，K 值不应超过 1/2 000，困难地区也不应超过 1/1 000。若 K 值超过限差，则说明成果不合格，首先应检查内业计算有无错误，必要时重测；若 K 不超过限差，则说明符合精度要求，可以进行坐标增量闭合差的调整。

（4）坐标增量闭合差的分配

坐标增量闭合差的调整方法是将增量闭合差 f_x、f_y 反号，按与边长成正比分配到各边的纵、横坐标增量中。换言之，即为了消除闭合差，应给各边的坐标增量施加一个改正数。设第 i 边的边长为 D_i，坐标增量改正数为 $V_{\Delta xi}$、$V_{\Delta yi}$，则：

$$\begin{cases} V_{\Delta xi} = -\dfrac{f_x}{\sum D} \times D_i \\ V_{\Delta yi} = -\dfrac{f_y}{\sum D} \times D_i \end{cases} \tag{7-22}$$

例如，在表 7-7 中：

$$\begin{cases} V_{\Delta x2} = -\dfrac{f_x}{\sum D} \times D_2 = -\dfrac{0.079}{587.81} \times 88.10 = -0.012 \\ V_{\Delta y2} = -\dfrac{f_y}{\sum D} \times D_2 = -\dfrac{-0.096}{587.81} \times 88.10 = +0.014 \end{cases}$$

改正数的计算结果应填写在表中第 6、第 7 栏相应坐标增量的上方位置，改正数计算结果的取位应当与坐标增量的取位一致。坐标增量改正数计算的正误可用下式来进行校核：

$$\begin{cases} \sum V_{\Delta x} = -f_x \\ \sum V_{\Delta y} = -f_y \end{cases} \tag{7-23}$$

由于取舍误差的影响，有时会使改正数之和与增量闭合差相反数有一微小的差值，即上式不能绝对得到满足，此时可将这一微小差值分配到较长的导线边上。

坐标增量改正数经检核无误后，即可计算各边改正后的坐标增量，填写在表中第 8、第 9 栏相应位置中。改正后纵、横坐标增量之代数和应分别为零，以作计算校核。

4.导线点的坐标计算

根据起点的坐标和改正后的坐标增量，按照式(7-9)依次推算各导线点的坐标，填写于表中第 10、第 11 栏中相应的位置。

例如，在表 7-7 中：

$$\begin{cases} x_B = x_A + \Delta x_{AB改} = 540.380 + (-108.361) = 469.908 \\ y_B = y_A + \Delta y_{AB改} = 1\ 236.700 + (-115.955) = 1\ 120.745 \end{cases}$$

推至最后一个点的坐标后，还要再推算出起点的坐标，看是否与其已知坐标相等，以检查计算是否正确。

三、附合导线的计算

附合导线的坐标计算步骤与闭合导线相同，但由于两者形式不同，致使角度闭合差与坐

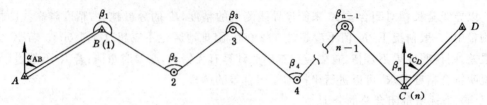

标增量闭合差的计算稍有区别。下面结合图 7-24 和表 7-8 说明闭合导线的附合计算步骤与方法。现仅将其不同之处做如下说明：

图 7-24　附合导线的计算

表 7-8　　　　　　　　　　　　　　　　附合导线计算算例

点号	观测角 /(° ′ ″)	改正后的角 /(° ′ ″)	坐标方位角 α /(° ′ ″)	距高 D /m	坐标增量		改正后的坐标增量(m)		坐标值	
					Δx/m	Δy/m	$\overset{\wedge}{\Delta} x$	$\overset{\wedge}{\Delta} y$	$\hat{x}$/m	$\hat{y}$/m
1	2	3	4	5	6	7	8	9	10	11
A			<u>60 00 00</u>							
B	+6 253 34 54	253 35 00							1 000.000	2 000.000
			133 35 00	125.37	−0.004 −86.431	+0.003 +90.815	−86.435	+90.818		
1	+6 114 52 36	114 52 42							913.565	2 090.818
			68 27 42	109.84	−0.004 +40.325	+0.003 +102.170	+40.321	+102.173		
2	+6 240 18 48	240 18 54							953.886	2 192.991
			128 46 36	108.26	−0.004 66.549	+0.002 +82.840	−66.553	+82.842		
C	+6 227 16 12	227 16 18							<u>887.333</u>	<u>2 275.833</u>
			<u>176 02 54</u>							
D										
Σ	836 02 30	836 02 54		341.47	−112.655	+275.825	−112.667	+275.866		

辅助计算

$f_\beta = \alpha'_{CD} - \alpha_{CD} = (60°00'00'' + 4 \times 180'' + 836°02'30'') - 176°02'54'' = -24''$

$f_{\beta允} = \pm 60'' \sqrt{4} = 120''$

$f_x = (-112.655) - (887.333 - 1\,000.00)$
$\quad = \pm 0.012$

$f_D = \sqrt{f_x^2 + f_y^2}$
$\quad = \sqrt{0.012^2 + (-0.008)^2} = 0.014$

$K_D = \dfrac{f_D}{\sum D} = \dfrac{0.014}{341.47} = \dfrac{1}{24\,386}$

草图

1. 角度闭合差的计算

在如图 7-24 所示的附合导线中，A、B、C、D 为已知点，α_{AB} 和 α_{CD} 分别为起边和终边的

方位角。根据方位角(左角)推算公式,有:

$$\alpha_{12} = \alpha_{AB} + \beta_1 \pm 180°$$

$$\alpha_{23} = \alpha_{12} + \beta_2 \pm 180° = \alpha_{AB} + 2 \times 180° + (\beta_1 + \beta_2)$$

$$\cdots\cdots$$

$$\alpha'_{CD} = \alpha_{(n-1)n} + \beta_n \pm 180° = \alpha_{AB} + (\beta_1 + \beta_2 + \cdots + \beta_n) \pm n \times 180°$$

即

$$\alpha'_{CD} = \alpha_{AB} + \sum \beta_{测} \pm n \times 180° \tag{7-24}$$

式中　n——观测角的个数;

　　$\sum \beta_{测}$——为观测角的总和;

　　α'_{CD}——推得的 CD 边(终边)的方位角。

应当注意,当推算出的 α'_{CD} 超过 $360°$ 时,应减去一个或若干个 $360°$。

例如,在表 7-8 中:

$$\alpha'_{CD} = \alpha_{AB} + \sum \beta_{测} \pm n \times 180°$$

$$= 60°00'00'' + 836°02'30'' - 4 \times 180°$$

$$= 176°02'30''$$

由于测量误差的存在,使得推得的 CD 边的方位角 α'_{CD} 不等于其已知方位角 α_{CD}。两者的差值(方位角闭合差)即角度闭合差 f_β 为:

$$f_\beta = \alpha'_{CD} - \alpha_{CD} \tag{7-25}$$

例如,在表 7-7 中:

$$f_\beta = \alpha'_{CD} - \alpha_{CD} = 176°02'30'' - 176°02'54'' = -24''$$

附合导线角度闭合差允许值的计算以及角度闭合差的调整方法与闭合导线相同。但需注意,改正后角值的检核应按下式进行:

$$\sum \beta_{改} = \sum \beta_{测} - f_\beta \tag{7-26}$$

式中　$\sum \beta_{改}$——各角改正后的角值之和。

2. 坐标增量闭合差的计算

由于附合导线是从一个已知点出发,附合到另一个已知点,因此,各边纵、横坐标增量的代数和理论上不是零,而应等于终、起两已知点间的坐标增量(即两已知点坐标之差)。如不相等,其差值即为附合导线的坐标增量闭合差,计算公式为:

$$\begin{cases} f_x = \sum \Delta x_{测} - (x_{终} - x_{起}) \\ f_y = \sum \Delta y_{测} - (y_{终} - y_{起}) \end{cases} \tag{7-27}$$

式中　$x_{起}$、$y_{起}$——导线起点的纵、横坐标;

　　$x_{终}$、$y_{终}$——导线终点的纵、横坐标。

例如,在表 7-8 中:

$$\begin{cases} f_x = (-112.655) - (887.333 - 1\,000.00) = +0.012\ (\text{m}) \\ f_y = 275.825 - (2\,275.833 - 2\,000.00) = -0.008\ (\text{m}) \end{cases}$$

附合导线的导线全长闭合差、全长相对闭合差和容许相对闭合差的计算,以及增量闭合

差的调整,与闭合导线相同。但需注意,改正后坐标增量的检核应按下式进行:

$$\begin{cases} \sum \Delta x_{改} = x_{终} - x_{起} \\ \sum \Delta y_{改} = y_{终} - y_{起} \end{cases} \qquad (7\text{-}28)$$

式中 $\sum \Delta x_{改}$——为各边改正后的纵坐标增量之和;

   $\sum \Delta y_{改}$——为各边改正后的横坐标增量之和。

四、支导线的计算

支导线因终点为待定点,不存在附合条件。但为了进行检核和提高精度,一般采取往返观测,使其有了多余观测。因观测存在误差,所以就会产生方位角闭合差和坐标闭合差。支导线因采取往返观测,故又称复测支导线。复测支导线的平差计算过程与附合导线基本相同。

支导线的计算步骤如下:

(1)根据观测的转折角推算各边坐标方位角。

(2)根据各边的边长和方位角计算各边的坐标增量。

(3)根据各边的坐标增量推算各点的坐标。

五、导线测量错误的检查

在导线计算中,如果发现闭合差超限,则应首先复查导线测量外业观测记录、内业计算的数据抄录和计算。如果都没有发现什么问题,则说明导线外业中边长或角度测量有错误,应到现场去返工重测。但是在去现场以前,如果能分析判断出错误可能发生在某处,则应首先到该处重测,以避免边长和角度的全部返工。

1.一个角度测错的查找方法

在图 7-25 中,设附合导线的第 3 点上的转折角 β_3 发生了 $\Delta\beta$ 的错误,使角度闭合差超限。如果分别从导线两端开始,根据已知边坐标方位角推算导线各未知边坐标方位角,则到测错角度的第 3 点为止,推算的坐标方位角仍然是正确的。经过第 3 点的转折角 β_3 以后,导线边的坐标方位角开始向错误方向旋转偏转,而且随着导线的延伸,点位的偏离会越来越大。

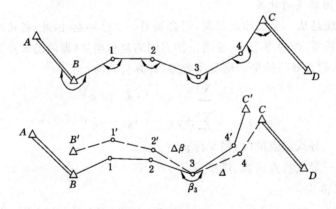

图 7-25   一个角测错的检查方法

因此,一个转折角测错的查找方法为:分别从导线两端的已知点坐标方位角出发,都按支导线计算各点的坐标,这样导线各点便算出两套坐标。如果其中某一个导线点的两套坐标值非常接近,则该点的转折角(水平角)最有可能测错。为此,该点上的水平角便成为首先重测的对象。

对于闭合导线,查找方法也相类似,只是从同一个已知点及已知坐标方位角出发,分别沿顺时针方向和逆时针方向分别计算出两套坐标,去寻找两套坐标值最为接近的导线点。

2. 一条边长测错的查找方法

当角度闭合差在允许范围以内而坐标增量闭合差超限时,说明边长测量有错误。在图7-26 中,导线边 2-3 中发生错误 ΔD。由于其他各边和水平角没有发生错误,因此,从第 3 点开始及以后各点均产生一个平行于 2-3 边的位移量 ΔD。如果其他各边、各角中的偶然误差可以忽略不计,则计算的导线全长闭合差即:

$$f = \sqrt{{f_x}^2 + {f_y}^2} = \Delta D \tag{7-29}$$

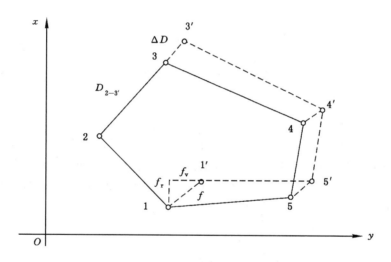

图 7-26　一条边长测错的查找方法

此时,按式(7-29)计算导线全长闭合差的方位角 α_f,即等于 2-3 边的坐标方位角 α_{23},或者二者相差 $180°$,即:

$$\alpha_f = \arctan\left(\frac{f_y}{f_x}\right) = \alpha_{23}(或 \pm 180°) \tag{7-30}$$

上式也可以表达成另外一种形式,即:

$$\frac{f_x}{f_y} = \frac{\Delta x_{23}}{\Delta y_{23}} \tag{7-31}$$

根据这个原理,可以查找出有可能发生量距错误的导线边,以便准确及时地对发生量距错误的边长进行重测。

如果哪一条边的方位角等于或最接近 α_f,则该边可能含有错误。在导线测量中,如果存在一个角度或一条边长的观测错误,可以按此法进行查找。

任务五 交会定点测量

交会定点是加密控制点常用的方法,它可以采用在数个已知控制点上设站,分别向待定点观测方向或距离,也可以在待定点上设站向数个已知控制点观测方向或距离,然后计算待定点的坐标。交会定点方法有前方交会法、后方交会法和自由设站法等。下面介绍三种常用方法——前方交会法、后方交会和测边交会法。

一、前方交会

在两已知点 A、B 上分别观测水平角 α、β,根据两已知点坐标和角度观测值计算待定点 P 的坐标,这样的定点方法称为前方角度交会,简称前方交会,如图 7-27 所示。

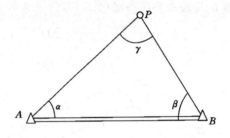

图 7-27 前方交会

要计算 P 点坐标,需要计算已知点到 P 点的坐标增量,而坐标增量的计算又需知道边长值及边的坐标方位角。因此,首先应根据两已知点间的方位角 α_{AB} 和测得的 α、β 角推算方位角 α_{AP};再根据已知点间的距离 D_{AB},应用正弦定理求得边长 D_{AP};然后计算坐标增量,进而求得 P 点坐标。其公式推导如下:

$$
\begin{aligned}
x_P - x_A &= D_{AP} \times \cos\alpha_{AP} \\
&= \frac{D_{AB} \times \sin\beta}{\sin(\alpha+\beta)} \times \cos(\alpha_{AB}-\alpha) \\
&= \frac{D_{AB} \times \sin\beta}{\sin\alpha\cos\beta + \cos\alpha\sin\beta} \times (\cos\alpha_{AB}\cos\alpha + \sin\alpha_{AB}\sin\alpha) \\
&= \frac{\dfrac{D_{AB} \times \sin\beta}{\sin\alpha \times \sin\beta}}{\dfrac{\sin\alpha\cos\beta + \cos\alpha\sin\beta}{\sin\alpha \times \sin\beta}} \times (\cos\alpha_{AB}\cos\alpha + \sin\alpha_{AB}\sin\alpha) \\
&= \frac{D_{AB} \times \cos\alpha_{AB} \times \cot\alpha + D_{AB} \times \sin\alpha_{AB}}{\cot\beta + \cot\alpha} \\
&= \frac{\Delta x_{AB} \times \cot\alpha + \Delta y_{AB}}{\cot\alpha + \cot\beta} \\
&= \frac{(x_B - x_A) \times \cot\alpha + y_B - y_A}{\cot\alpha + \cot\beta}
\end{aligned}
$$

同理可得:

$$\begin{cases} x_P = x_A + \dfrac{(x_B - x_A) \times \cot \alpha + y_B - y_A}{\cot \alpha + \cot \beta} \\ y_P = y_A + \dfrac{(y_B - y_A) \times \cot \alpha + x_A - x_B}{\cot \alpha + \cot \beta} \end{cases}$$

经整理后变为：

$$\begin{cases} x_P = \dfrac{x_A \cot \beta + x_B \cot \alpha - y_A + y_B}{\cot \alpha + \cot \beta} \\ y_P = \dfrac{y_A \cot \beta + y_B \cot \alpha + x_A - x_B}{\cot \alpha + \cot \beta} \end{cases} \tag{7-32}$$

上式称为余切公式或变形的戎格公式。前方交会算例见表 7-9。

表 7-9　　　　　　　　　　　　前方交会计算算例

已知数据	x_A	500.000 m	y_A	400.000 m	
	x_B	268.179 m	y_B	675.494 m	
观测数据	α	36°27′34″	β	40°58′33″	
计算	$\cot \alpha$	1.353 425	$x_A \cot \beta + x_B \cot \alpha - y_A + y_B$		1 214.129
	$\cot \beta$	1.151 349	$y_A \cot \beta + y_B \cot \alpha + x_A - x_B$		1 606.591
	$\cot \alpha + \cot \beta$	2.504 774	x_P	484.726 m	y_P	641.412 m

必须指出,在应用式(7-32)时,需按逆时针方向编排 A、B、P 的点号顺序。此外,如果某一已知点上不便安置仪器测角,则可在待定点 P 上观测角度,由它推出已知点上的角值,利用余切公式,同样可计算 P 点坐标,这就是所谓的侧方交会。

二、后方交会

如图 7-28 所示,在待定点 P 上安置仪器,对三个已知点 A、B、C 进行观测,测得水平角 α 和 $\beta(\gamma)$,根据已知点坐标和角度观测值计算 P 点坐标,这种方法称为后方交会。此法的特点是:不必在已知点上设站架仪器,野外工作量少;待定点 P 可以在已知点组成的 $\triangle ABC$ 之内,也可以在其外。但当 P 点处于三个已知点构成的圆周上时,用后方交会将无法解出 P 点坐

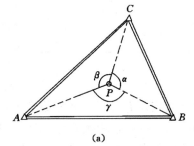

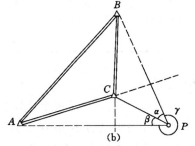

图 7-28　后方交会

标,我们把由三个已知点构成的圆称为危险圆。因此,要避免将 P 点选在危险圆附近。

计算后方交会点的公式很多,在此直接给出适宜于可编程计算器计算的仿权计算公式。

设由 A、B、C 三个已知点构成的三角形的三内角为 $\angle A$、$\angle B$、$\angle C$,在 P 点观测 A、B、C 三点的方向值 R_A、R_B、R_C 构成三个水平角 α、β、γ,并规定:

$$\begin{cases} \alpha = R_C - R_B \\ \beta = R_A - R_C \\ \gamma = R_B - R_A \end{cases}$$

$$\begin{cases} P_A = \dfrac{1}{\cot\angle A - \cot\alpha} \\[2mm] P_B = \dfrac{1}{\cot\angle B - \cot\beta} \\[2mm] P_C = \dfrac{1}{\cot\angle C - \cot\gamma} \end{cases} \qquad (7\text{-}33)$$

则 P 点坐标为:

$$\begin{cases} x_P = \dfrac{P_A x_A + P_B x_B + P_C x_C}{P_A + P_B + P_C} \\[3mm] y_P = \dfrac{P_A y_A + P_B y_B + P_C y_C}{P_A + P_B + P_C} \end{cases} \qquad (7\text{-}34)$$

如果把 P_A、P_B、P_C 看作是三个已知点 A、B、C 的权,则待定点 P 的坐标就是三个已知点坐标的加权平均值,仿权公式由此得名,后方交会算例见表 7-10。

表 7-10 　　　　　　　　　　　　　　 **后方交会计算算例**

已知数据	x_A	448.004 m	y_A	370.769 m	$\angle A$	53°18′04″
	x_B	717.784 m	y_B	626.311 m	$\angle B$	69°20′56″
	x_C	399.475 m	y_C	780.884 m	$\angle C$	57°21′00″
观测数据	α		β		γ	示意图
	115°02′14″		125°03′29″		119°54′17″	
计算	P_A		P_B		P_C	
	0.824 779		0.927 117		0.822 441	
	x_A	529.659 m	y_P	593.822 m		

三、距离交会

如图 7-29 所示,分别测量了两个已知点 A、B 与待定点 P 之间的水平距离 a、b,就可计算 P 点坐标,这种方法称为距离前方交会,简称距离交会,通常用测距仪测距比测角要简便、快捷、精度高,并且测距仪可根据实际情况或置于已知点或置于待定点上测距,因此距离交会已成为一种最常用的定点方法。

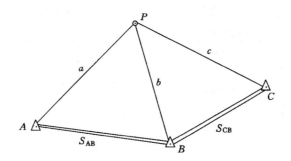

图 7-29　距离交会

计算距离交会待定点的思路是：由已知边 D_{AB} 和观测边 a、b 推算出 m、n、h，进而求出 $\angle A$、$\angle B$，再按前方交会公式计算 P 点坐标，如表 7-11 中的例图所示。下面导出适宜于计算器计算的距离交会公式。

<table>
<tr><td colspan="2">表 7-11</td><td colspan="4" align="center">距离交会计算算例</td></tr>
<tr><td rowspan="2">已知数据</td><td>x_A</td><td>100.000 m</td><td>y_A</td><td>447.742 m</td><td rowspan="2">示意</td></tr>
<tr><td>x_B</td><td>78.561 m</td><td>y_B</td><td>661.217 m</td></tr>
<tr><td rowspan="2">观测数据</td><td colspan="2" align="center">a</td><td colspan="2" align="center">b</td><td rowspan="7"></td></tr>
<tr><td colspan="2" align="center">198.348 m</td><td colspan="2" align="center">222.454 m</td></tr>
<tr><td rowspan="3">计算</td><td>m</td><td>83.634</td><td>D_{AB}</td><td>214.549</td></tr>
<tr><td>n</td><td>130.914</td><td>h</td><td>179.854</td></tr>
<tr><td>x_P</td><td>270.596 m</td><td>y_P</td><td>548.928 m</td></tr>
</table>

（1）由已知点坐标 (x_A, y_A)、(x_B, y_B) 反算距离 D_{AB}：

$$D_{AB} = \sqrt{(x_B - x_A)^2 + (y_B - y_A)^2} \tag{7-35}$$

（2）过待定点 P 作 AB 的垂线交于 Q，在 $\triangle APQ$ 和 $\triangle BPQ$ 中算出 m、n、h 及 $\angle A$、$\angle B$。可知：

$$
\begin{cases}
h^2 + m^2 = a^2 \\
h^2 + n^2 = b^2 \\
m + n = D_{AB}
\end{cases}
$$

联解上式得：

$$
\begin{cases}
m = \dfrac{a^2 - b^2 + D_{AB}^2}{2D} \\[2mm]
n = \dfrac{b^2 - a^2 + D_{AB}^2}{2D} \\[2mm]
h = \sqrt{a^2 - m^2} = \sqrt{b^2 - n^2} \\[1mm]
\cot A = m/h \\
\cot B = n/h \\
\dfrac{1}{\cot A + \cot B} = \dfrac{h}{D_{AB}}
\end{cases}
\tag{7-36}
$$

(3) 将上式结果代入前方交会公式(7-32),算出待定点坐标:

$$
\begin{cases}
x_P = \dfrac{x_A \cot B + x_B \cot A - y_A + y_B}{\cot A + \cot B} = [n x_A + m x_B + h(y_B - y_A)] / D_{AB} \\
y_P = \dfrac{y_A \cot B + y_B \cot A + x_A - x_B}{\cot A + \cot B} = [n y_A + m y_B - h(x_B - x_A)] / D_{AB}
\end{cases}
\tag{7-37}
$$

距离交会算例见表 7-11。

 思考题

1. 测量控制网点的布设原则是什么?

2. 为什么要进行控制测量? 控制网分为哪几种? 平面控制测量的常用方法有哪些?

3. 导线有哪几种布设形式? 各在什么情况下使用?

4. 导线测量的外业工作包括哪些? 现场选点时应注意哪些问题?

5. 什么叫连接角? 它有什么用处?

6. 什么叫坐标正算和坐标反算?

7. 单一导线的布设有哪几种形式? 各适用于什么情况?

8. 计算导线坐标时,需要哪些观测数据和起算数据?

9. 闭合导线和附合导线在计算中有哪些异同点? 有哪些检核手续? 如何进行检核?

10. 何谓交会法?

 练习题

1. 如图 7-30(a)所示,已知 CA 的坐标方位角 $\alpha_{CA} = 254°25'16''$,观测角 $\alpha = 38°28'56''$,$\beta = 88°47'21''$,求 α_{AB}、α_{AC}、α_{AB}。

2. 如图 7-30(b)所示,已知 $\alpha_{AB} = 120°54'$,$\alpha_{CB} = 198°10'$,求 $\angle ABC$。

3. 如图 7-30(c)所示,已知 AB 坐标方位角 $\alpha_{AB} = 357°32'48''$,观测角 $\alpha = 41°54'38''$、$\beta = 97°28'55''$、$\gamma = 54°33'16''$、$\delta = 104°55'47''$,求坐标方位角 α_{AD}、α_{AC}、α_{BD}、α_{BC}。

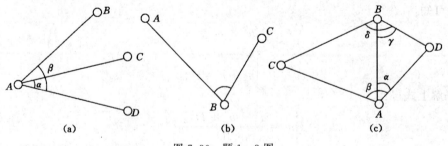

(a)   (b)   (c)

图 7-30 题 1～3 图

4. 已知下列各边的坐标方位角和边长,计算各边的坐标增量 Δx 和 Δy,见表 7-12。

表 7-12   **坐标正算已知条件**

边号	坐标方位角	边长/m	$\Delta x/\text{m}$	$\Delta y/\text{m}$
$P_1 - P_2$	$81°45'37''$	346.512		

续表 7-12

边号	坐标方位角	边长/m	Δx/m	Δy/m
$P_2—P_3$	94°33′59″	523.805		
$P_3—P_4$	247°21′44″	527.024		

5. 已知表 7-13 中 P_1 至 P_1 的坐标,试计算 P_1、P_2、P_1、P_3、P_4 点检核的坐标方位角和边长。

表 7-13　　　　　　　　坐标反算已知条件

点号	x/m	y/m	方位角	边长
P_1	9 821.071	4 298.387		
P_2	9 590.933	4 043.074		
P_3	9 187.419	2 642.792		
P_4	9 310.541	2 931.040		
P_1	9 821.071	4 298.387		

6. 根据表 7-14 中所列数据,计算闭合导线各点坐标(点位逆时针编号)。

表 7-14　　　　　　　　闭合导线计算

点号	观测角/(° ′ ″)	坐标方位角/(° ′ ″)	边长/m	坐标/m	
				x	y
A				800.00	1 000.00
		316 42 00	107.61		
1	87 51 12				
			224.50		
2	89 13 42				
			179.38		
3	87 29 12				
			179.92		
4	125 06 42				
			72.44		
A	150 20 12			800.00	1 000.00

7. 根据表 7-15 中所列数据,完成下表的附合导线坐标计算(观测角为右角)。

表 7-15   闭合导线计算

点号	观测角（改正数）/(° ′ ″)	改正后的角值/(° ′ ″)	坐标方位角/(° ′ ″)	边长/m	增量计算值（改正数）/m		坐标/m	
					Δx	Δy	x	y
1	2	4	5	6	7	8	11	12
B	267 29 58		317 52 06				4 028.53	4 006.77
2	203 29 46			133.84				
3	184 29 36			154.71				
4	179 16 06			80.74				
5	81 16 52			148.93				
C	147 07 34			147.16			3 671.03	3 619.24
D			334 42 42					
$\sum$								

辅助计算	$f_\beta = \pm 60'' \sqrt{n} =$
	$f_x =$ $f_y =$ $f_D = \sqrt{f_x + f_y} =$ $K = \dfrac{f_D}{\sum D} =$

8. 图 7-31 为一闭合导线示意图,已知数据和观测值均标注于图中,请按闭合导线的计算方法计算出导线各点的坐标。

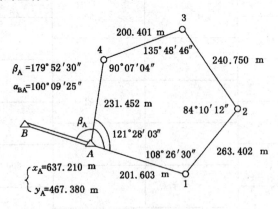

图 7-31 闭合导线示意图

9. 图 7-32 为一附合导线,已知数据和观测值均标注于图中,请按附合导线的计算方法计算出附合导线中各未知点的坐标。

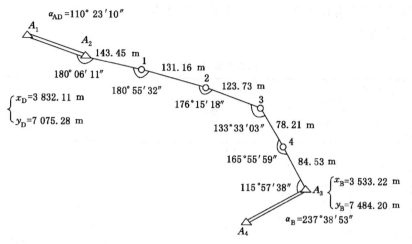

图 7-32　附合导线示意图

10. 图 7-33 为一附合导线,表 7-16 中列出了已知点坐标和观测值,请按附合导线的计算方法计算附合导线中各点的坐标。

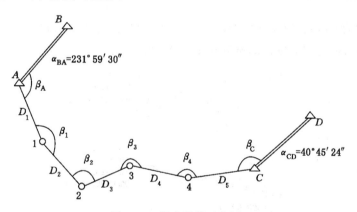

图 7-33　附合导线示意图

表 7-16　　　　　　　　　　　　　　　　　附合导线观测值

点号	观测角值/(° ′ ″)	观测边长/m	已知点坐标	
			x/m	y/m
A	99 01 00		2 507.70	2 215.83
		225.85		
1	167 45 00			
		139.03		
2	123 11 24			
		172.57		
3	189 20 11			
		100.07		
4	179 59 18			
		107.48		
C	129 27 24		2 224.84	2 795.36

11. 已知三个点的前方交会,其中 A、B、C 为已知坐标点,已知数据已列入表 7-17 中,试求未知点 P 的坐标。

表 7-17　　　　　　　　　　　前方交会已知数据

已知数据			观测数据		示意图
点名	x/m	y/m	角号	水平角度值 /(° ′ ″)	
A	3 646.35	1 054.54	α_1	64 03 30	
B	3 873.96	1 772.68	β_1	59 46 40	
C	4 538.45	1 862.57	α_2	55 30 36	
			β_2	72 44 47	

12. 如图 7-34 所示,用距离交会法测定 P 点。已知 $x_A = 500.000$ m,$y_A = 500.000$ m,$x_B = 615.186$ m,$y_B = 596.653$ m,试计算 P 点坐标。

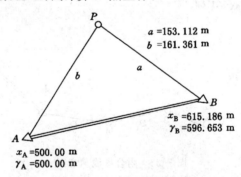

$a = 153.112$ m
$b = 161.361$ m

$x_B = 615.186$ m
$y_B = 596.653$ m

$x_A = 500.00$ m
$y_A = 500.00$ m

图 7-34　距离交会

项目八　高程控制测量

高程控制测量主要是通过水准测量方法建立,而在地形起伏大、直接利用水准测量较困难的地区建立精度较低的高程控制网及图根高程控制网,可采用三角高程测量方法建立。目前,GNSS 高程控制测量也逐步得到应用。

任务一　三、四等水准测量

在全国范围内采用水准测量方法建立的高程控制网,称为国家水准网。国家水准网遵循"从整体到局部,由高级到低级,逐级控制,逐级加密"的原则分为四个等级布设,各等级水准网一般要求自身构成闭合环线或闭合于高一级水准路线上构成环形。目前,提供使用的"1985 国家高程基准"水准点成果共有 114 041 个,水准路线长度 616 619.1 km,国家一、二等水准测量采用精密水准测量建立,是研究地球形状和大小、海洋平均海水面变化的重要资料,同时根据复测成果,可以研究地壳的垂直形变规律,是地震预报的主要资料之一。

在国家一、二等水准测量的基础上,城市高程控制测量通常分为二、三、四等,根据城市范围的大小,城市首级高程控制网可布设成二等或三等水准网,用三等或四等水准网做进一步加密,在四等水准网以下再布设直接为测绘大比例尺地形图测绘用的图根水准测量网。

在小区域范围内建立高程控制网,应根据测区面积大小和工程要求,采用分级建立的方法。一般情况下,是以国家或城市等级水准点为基础,在整个测区建立三、四等水准网或水准路线,用图根水准测量或三角高程测量测定图根点的高程。

国家高程系统现采用 1985 国家高程基准,城市和工程高程控制中凡有条件的都应采用国家高程系统。

一、水准路线的设计、勘选和埋石

1. 水准路线的设计

水准路线布设前,必须进行技术设计,获得水准网和水准路线的最佳布设方案。水准点的高程按照"1985 国家高程基准"起算。凡采用局部假定高程系统测定的水准点高程,应在水准点成果表中注明,并说明局部高程基准的有关情况。

2. 水准路线的勘选和埋石

(1)选点

水准路线应沿坡度较小、土质坚实、施测方便的道路布设,并宜避免通过大河、湖泊、沼泽与峡谷等障碍物。采用数字水准仪施测的线路还应避免穿越电磁辐射强烈地区。

地面高程控制点点位应选设在坚实稳固与安全僻静之处,墙脚高程控制点点位应选设在永久性或半永久性的建(构)筑物上。点位应便于长期保存、寻找和引测。高程控制点不应选设在待施工场所或拟拆修建筑物,低湿、易于淹没之处,土崩、滑坡等地质条件不良处及地下管线之上,有剧烈振动的地点,地势隐蔽不便于观测之处。

高程控制点间的距离,建筑区一般为 1~2 km,其他地区 2~4 km。但一个测区及周围至少应有 3 个高程控制点。

（2）埋石

高程控制点均应埋设永久性标石或标志。标石或标志埋设应稳固耐久,便于使用;标石的底部应埋设在冻土层以下,并应浇灌混凝土基础,也可在基岩或坚固永久的建筑物上埋设。高程控制点埋石过程中,应拍摄反映标石坑挖设、标石安置、标石整饰等主要过程情况及标石埋设位置远景的照片。

二、水准测量的一般规定

1. 三、四等水准测量的一般规定

（1）当使用双面或单面标尺时,使用 DS₃ 水准仪;使用区格式木尺时,应读记至 1 mm。

（2）对三等水准测量,采用中丝读数法,进行往返观测。用下丝读数减去上丝读数计算视距;每站的观测顺序为:后→前→前→后(黑→黑→红→红)。

（3）对四等水准测量,采用中丝读数法,可直接读取视距,每测站观测顺序为:后→后→前→前(黑→红→黑→红)。当水准路线为附合路线或闭合路线时,采用单程观测;采用单面标尺时,应变动仪器高度并观测两次;支水准路线应进行往返观测或单程双转点法观测。

（4）每测段的往测和返测的测站数应为偶数。由往测转为返测时,两根标尺应互换位置并重新整置仪器。

（5）三、四等水准观测的视线长度、前后视距差、视线高度等要求见表 8-1;每一测站的观测限差见表 8-2;主要技术要求见表 8-3。

表 8-1 采用光学水准仪时的视线长度、前后视距差、视线高度的要求

等级	标尺类型	仪器类型	视距/m	前后视距差/m	任一测站前后视距累计差/m	视线高度
三等	双面	DS₃	≤75	≤2.0	≤5.0	三丝能读数
四等	双面、单面	DS₃	≤100	≤3.0	≤10.0	三丝能读数

表 8-2 三、四等水准测量测站观测限差

等级		基辅分划或黑红面读数的差/mm	基辅分划、黑红面或两次高差的差/mm	单程双转点法观测左右路线转点差/m	检测间歇点高差的差/m
三等	中丝读数法	2.0	3.0	—	3.0
四等	中丝读数法	3.0	5.0	4.0	5.0

表 8-3 三、四等水准测量主要技术要求

等级	每千米高差中数中误差		测段、区段、路线往返测高差不符值/mm	测段、路线的左右路线高差不符值/mm	附合路线或环线闭合差/mm		检测已测测段高差之差/mm
	偶然中误差 M_Δ/mm	全中误差 M_w/mm			平原丘陵	山区	
三等	≤±3	≤±6	≤±12$\sqrt{L_s}$	≤±8$\sqrt{L_s}$	≤±12$\sqrt{L}$	≤±15$\sqrt{L}$	≤±20$\sqrt{L_i}$
四等	≤±5	≤±10	≤±20$\sqrt{L_s}$	≤±14$\sqrt{L_s}$	≤±20$\sqrt{L}$	≤±25$\sqrt{L}$	≤±30$\sqrt{L_i}$

注:L_s 为测段、区段或路线长度,km;L 为附合路线或环线长度,km;L_i 为检测测段长度,km;山区指路线中最大高差大于 400 m 的地区。

2. 等外水准测量的一般规定

(1) 等外水准测量,主要用于测定基本控制点的高程,适用于平坦地区,起闭点应是国家等级控制点。使用仪器不低于 DS$_3$ 型水准仪,标尺为具有厘米区格式分划的双面或单面标尺。

(2) 每测站的观测顺序为:后→后→前→前(黑→红→黑→红)。

(3) 直接读取视距,按中丝读数法测定高差,附合、闭合水准路线单程观测,支水准路线应往返观测(或单程双测),估读至毫米。

(4) 水准测量最好在成像清晰及大气稳定的时间内进行,并用伞遮住阳光,不使仪器受到暴晒。

(5) 观测结果要符合表 8-4 的限差要求。

表 8-4 等外水准测量限差规定

等级	视线长度/m	前后视距差/m	视距累计差/m	黑红面读数差/mm	黑红面所测高差较差/mm	往返测高差较差/mm	附合或闭合路线高程闭合差/mm
等外	100	20	100	4	6	30$\sqrt{L}$	30$\sqrt{L}$

注:L 为路线全长(km),不足 1 km 时,按 1 km 计算。

三、三、四等水准测量的观测与记录

1. 三等水准测量的观测顺序

采用水准仪和双面木质标尺进行三等水准测量时,每测站的观测顺序为:

(1) 照准后视标尺黑面,转动脚螺旋,使圆水准气泡居中,转动微倾螺旋,使符合水准气泡居中后,读取上、下丝读数和黑面中丝读数。

(2) 旋转照准部,照准前视标尺,转动微倾螺旋,使符合水准气泡居中后,读取上、下丝读数和黑面中丝读数。

(3) 照准前视标尺红面,转动微倾螺旋,使符合水准气泡居中后,读取红面中丝读数。

(4) 旋转照准部,照准后视标尺红面,转动微倾螺旋,使符合水准气泡居中后,读取红面中丝读数。

以上的观测顺序可以归结为:后→前→前→后(黑→黑→红→红)。

2. 四等水准测量的观测顺序

四等水准测量可采取如下较简单的顺序进行观测,视距可直接读取;照准后视标尺黑

面,转动脚螺旋,使圆水准气泡居中,直读视距,当符合水准气泡居中后,读取黑面标尺中丝读数,然后将标尺翻面,再读取红面读数;旋转照准部照准前视标尺后用同样方法直读视距,当符合水准气泡居中后读取黑、红面中丝读数。四等水准测量的观测顺序可以归结为:后→后→前→前(黑→红→黑→红)。

3. 记录

三、四等水准测量的观测记录手簿见表 8-5,按下列顺序观测。表中( )的号码为观测读数和计算顺序,(1)~(8)为观测数据,其余为计算数据。

表 8-5   三、四等水准观测手簿记录示例

测自:A1 至 A2   时间:2017 年 11 月 2 日

时刻:始 9 时 15 分   天气:晴   观测者:余家伟

末 9 时 40 分   呈像:清晰   记录者:刘奇

测站编号	后尺 上丝 下丝	前尺 上丝 下丝	方向及尺号	标尺读数		K+黑-红	高差中数	备注
	后视距	前视距		黑面	红面			
	视距差 d	$\sum d$						
示例	(1)	(4)	后	(3)	(8)	(14)		
	(2)	(5)	前	(6)	(7)	(13)		
	(9)	(10)	后一前	(15)	(16)	(17)	(18)	
	(11)	(12)						
1	1 728	1 756	后(47)	1 345	6 032	0		
	0 961	1 024	前(48)	1 390	6 179	−2		
	76.7	73.2	后一前	−0 045	−0 147	+2	−0.046	
	+3.5	+3.5						
2	1 785	1 806	后(48)	1 438	6 223	+2		
	1 091	1 081	前(47)	1 444	6 130	+1		
	69.4	72.5	后一前	−0 006	+0 093	+1	−0.006 5	
	−3.1	+0.4						
3	1 636	1 621	后(47)	1 390	6 078	−1		
	1 143	1 135	前(48)	1 378	6 163	+2		
	49.3	48.6	后一前	+0 012	−0 085	−3	+0.013 5	
	+0.7	+1.1						
4	2 031	1 520	后(48)	1 682	6 468	+1		
	1 333	0 800	前(47)	1 160	5 848	−1		
	69.8	72.0	后一前	+0 522	+620	+2	+0.521	
	−2.2	−1.1						

特别需要注意:在观测过程中,对微倾式水准仪每次用中丝读数以前,必须使符合水准器的气泡符合,转动照准部要轻、稳,读数要仔细。记录者应该把观测者所报的读数复诵一

遍,以免出差错。每测站的各项限差都不超限,才可以迁站,否则该站应重测。在一测站还没观测完时,后尺垫严禁碰动。否则,可能会导致前功尽弃。观测中,水准标尺要立直、立稳,观测、记录、立尺三者要互相配合好。

4. 计算检核

为了保证每一测站的结果正确而又合乎精度要求,在每站观测过程中及结束后,应立即按下列步骤进行计算和检核。

(1) 计算前后视距差 d 及视距累计差 $\sum d$

后视距: (9)＝(1)－(2)

前视距: (10)＝(4)－(5)

前后视距差 d: (11)＝(9)－(10)

视距累积差 $\sum d$: (12)＝前站的(10)＋本站的(11)

此项计算应在前视距离(5)读出后立即进行,如 d 或 $\sum d$ 超过规定限差,只能移动前视标尺位置(前标尺不能动时移动仪器位置),后视标尺决不能动,否则,要从固定点起重测。另外,记录者应经常将累积差告知观测者和前标尺员,以便随时调整前距,使视距累积差保持在零附近。

(2) 同一标尺黑、红面读数差之检核

同一标尺黑、红面的读数之差,应等于该尺黑、红面的常数差 4 687 或 4 787。黑、红面读数差记在手簿的(13)、(14)处,其算式为:"K ＋黑－红",即:

(13)＝(6)＋K－(7)

(14)＝(3)＋K－(8)

K 为标尺黑、红面的常数差。在实际工作中,若(13)或(14)的绝对值大于 3 mm,应及时重新观测本测站,超限的记录应废去。

是否超限,记录员有一个简便算法,即一般情况下,前两位数不会读错,关键看后两位。由于黑面读数加 87(或减 13)等于红面读数后两位,观测员读完黑面读数后,记录员可通过心算加 87(或减 13),算出红面读数后两位的正确读数,并记在心里,等观测员读出红面读数后,记录员马上将后两位数进行比较,如在 ±3 mm 以内则合格,并记入手簿;否则让其重测,但前两位数也应计算检核。

(3) 高差的计算与检核

标尺黑面读数算得的高差(即黑面高差)记于(15)处:

(14)＝(3)－(6)

标尺红面读数算得的高差(即红面高差)记于(16)处:

(15)＝(8)－(7)

(17)＝(15)－(16)±100

检核计算: (17)＝(14)－(13)

如后视尺是 4 687,则应＋100;是 4 787,则应－100。按横向和纵向算出(17)应完全一致,否则,说明计算有误,应查出原因改正。当(17)项的绝对值大于规定的 5 mm 时,应重测本站。

若黑、红面读数差和黑、红面高差之差均未超过限差,即可计算高差中数,记于(18)处:

$$(18)=\frac{1}{2}[(15)+(16)\pm100]$$

(15)是以黑面高差为准,将红面高差(16)±100后取中数求得的。

在测站上只有当每一项检核计算都合格,即表 8-5 中的(9)、(10)、(11)、(12)、(13)、(14)、(17)都符合限差要求时,才能迁站。

(4)累加检核

当一天外业观测结束或一测段观测结束后,应对每一测段进行全面检核,检查各项计算是否正确和合乎规范要求。

视距部分:

$$\sum(12)=\sum(9)-\sum(10)$$

$$总视距=\sum(9)+\sum(10)$$

高差部分:

$$\sum(3)-\sum(6)=\sum(15)=h$$

$$\sum(8)-\sum(7)=\sum(16)=h$$

$$\sum[(3)+K]-\sum(8)=\sum(14)$$

$$\sum[(6)+K]-\sum(7)=\sum(13)$$

每条水准路线观测结束后,在野外要计算该路线的闭合差,并与允许闭合差比较,如果超过限差,经检核无误,则应找出原因返工重测。

四、三、四等水准测量的成果处理

三、四等水准测量的成果是根据已知点和水准路线的观测数据,计算待定点的高程。其近似平差方法,详见项目二中任务六的相关内容。

五、水准测量成果的重测

(1)凡超过表 8-1、表 8-2、表 8-3、表 8-4 中规定限差的结果,均应进行重测。

(2)因测站观测限差超限,在本站观测时发现,应立即重测;迁站后发现,则应从水准点或间歇点开始重测。

(3)测段往返测高差不符值超限,应先对可靠性较小的往测或返测进行整测段重测。当重测的高差与同方向原测高差的不符值超过往返测高差不符值的限差,但与另一单程的高差不符值未超出限差时,则取用重测结果;当同方向两高差的不符值未超出限差,且其中数与另一单程原测高差的不符值亦限差时,则取同方向高差中数作为该单程高差;当重测高差或同方向的高差中数与另一单程高差的不符值不超出限差时,则应重测另一单程;当出现同方向不超限,而异向超限的"分群现象"时,如果同方向高差不符值小于限差的一半,则取原测的往返高差中数作为往测结果,取重测的往返测高差中数作为返测的结果。

(4)单程双转点观测中,当测段的左、右路线高差不符值超限时,可只重测一个单线,并与原测结果中符合限差的一个单线取中数;当重测结果与原测均符合限差时,则应重测一个单线。

(5)单程测量时,如附合路线或环线闭合差超限时,应先找可靠性较小的测段重测。当用重测高差参与闭合差计算不超限时,则取重测结果,如超限,则应找其他可靠性较小的整测段重测,直到满足限差要求。

任务二　三角高程测量

水准测量是一种直接测定高差的方法,其精度是较高的;但其外业工作量大,施测速度较慢。当地形高低起伏、两点间高差较大而不便于进行水准测量时,可以用三角高程测量的方法测定两点间的高差和点的高程。三角高程测量是一种间接测高差的方法,测定高差的精度略低于水准测量。

一、三角高程测量基本原理

1. 三角高程测量原理

如图 8-1 所示,已知 A 点的高程为 H_A,欲测定 B 点的高程 H_B。置全站仪于 A 点,用卷尺量取仪器高 i(地面点至全站仪横轴的高度),在 B 点安置觇牌,量取目标高 ν(地面点至觇牌中心或觇牌横轴的高度),测定竖直角 δ。

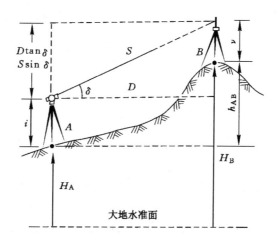

图 8-1　三角高程测量原理

如果已经测定 A、B 两点间的水平距离 D,则 A、B 两点的高差计算公式为:

$$h_{AB} = D\tan\delta + i - \nu \tag{8-1}$$

也可以用光电测距仪测定两点间的斜距 S,则高差计算公式为:

$$h_{AB} = S\sin\delta + i - \nu \tag{8-2}$$

求得高差 h_{AB} 后,按下式计算 B 点的高程:

$$H_B = H_A + h_{AB} \tag{8-3}$$

以上是三角高程测量的基本公式,但它是设大地水准面和通过 A、B 点的水平面为互相平行的平面,对于距离较近(如 300 m 以内)的两点比较准确。对于较长的距离,则大地水准面是曲面这一点不容忽视,就必须考虑地球弯曲和大气折光的影响了。

2. 两差改正

通常把地球弯曲对高差的影响称为球差,把大气折光对高差的影响称为气差。球差和气差合称两差,两者的综合改正叫两差改正。

（1）球差

在图 8-2 中,我们把高程基准面和过 A 点的水准面都看成平面。事实上,地球弯曲对高程的影响（球差）是十分明显的。因此,高程测量一般必须考虑球差问题。

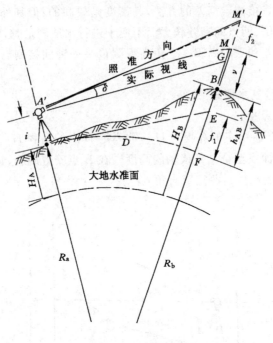

图 8-2　两差改正

如图 8-2 所示,假设过 A 点的水准面（可当成球面）为 AF,过 A 点的水平面为 AE,它们在 A 点处是相切的,但在 B 点的铅垂方向上 E 点和 F 点就具有一定的距离,这段距离的长度即为地球弯曲形成的球差。显然 A、B 间的高差 h 中含有球差 $|EF|$,这便是前面讲过的"地球弯曲对高程的影响"。

$$|EF| = \frac{D^2}{2R} \tag{8-4}$$

可见,球差的大小仅与两点间距离的平方成正比,而与地面起伏无关,其影响总是使所测高差减小。因此,应在所测高差中加入球差改正数。

由式（8-4）可知,当距离为 100 m 时,球差仅 1mm,这在地形图根高程测量中通常可忽略。但当距离增加到 500 m 时,球差将达到 20 mm;距离增加到 1 km 时,球差达到 78 mm,这就不能不顾及球差的影响了。

（2）气差

地球被大气所包围,大气密度因距地面的高度的不同而不同。距地面越近密度越大,距地面越远密度越小。而大气折光系数又与空气的密度有关,理论和实践均表明:大气折光的影响使得光线向上凸,如图 8-2 所示,当从位于 A' 点的望远镜中"瞄准"目标 M 时,实际上是照准了 M' 了点,即仪器所指示的照准方向是圆弧 $A'M$ 的切线方向 $A'M'$。这样一来就使所测"高差"增加了 MM' 的长度,这就是气差。也就是说,气差使测得的竖直角偏大,从而使所测高差增大。通过理论推得,可导出气差计算公式为:

$$|MM'| = \frac{D^2}{2R} \times k \tag{8-5}$$

式中，D、R 同式(8-4)；k 为大气垂直折光系数，其值小于 l(通常在 $0.08 \sim 0.15$ 之间)。

(3) 两差改正数

由于球差总是使所测高差减小，气差总是使所测高差增大，在所测高差中应进行"加入球差减去气差"的改正数，这就是两差改正 r。由式(8-4)和式(8-5)得：

$$r = |EF| - |MM'| = \frac{D^2}{2R} - \frac{D^2}{2R} \times k = (1-k)\frac{D^2}{2R} \tag{8-6}$$

式中，R 为地球曲率半径(可以看成常数)；D 为两点间的水平距离；k 为测量时当地大气垂直折光系数。

一般而言，大气垂直折光系数 k 值随气温、气压、湿度和空气密度等的变化而变化，与地区、季节、气候、地形条件、地面植被和地面高度等均有关，难以简单地确定。在实际工作中，通常是选定全国性或地区性的 k 的平均值来代替，即把 k 近似当常数来对待。目前，我国一般采用 $k=0.14$，此值对大多数地区是适用的。少数地区若相差较大，则可使用适合本地区具体情况的 k 值。

另外，k 值还随每日不同时刻而变化，日出、日落时数值最大，且变化快；中午前后数值最小，且较稳定。因此，观测竖直角的时间最好选在 9 时至 15 时之间，尽量避免在日出后和日落前 2 h 内观测竖直角。

k 值确定后，根据式(8-5)，以不同的距离 D 为引数，可编制成"两差改正数表"，具体见表 8-6。

表 8-6　　　　　　　　　　　　　　两差改正数表　　　　　　　　　　　　单位：m

距离 D/m	0	100	200	300	400	500	600	700	800	900
0	0.000	0.001	0.003	0.006	0.011	0.017	0.025	0.034	0.045	0.057
1 000	0.070	0.085	0.010	0.018	0.037	0.157	0.179	0.202	0.226	0.252
2 000	0.275	0.308	0.338	0.369	0.402	0.437	0.472	0.509	0.548	0.587
3 000	0.629	0.671	0.715	0.761	0.807	0.856	0.905	0.956	10.009	1.062

使用两差改正数表时，首先由距离的整千米数确定改正数所处的行，然后根据不足千米的数确定改正数所处的列。例如，距离 D 为 1 200 m，改正数为 0.010 m，位于表的 1 000 所在的行和 200 所在列的交叉处，距离一般可四舍五入到整百米。

3. 直、反觇公式

当水平距离超过 300 m，高程精度要求 0.010 m 时，球差和气差对所测高差的影响不可忽视，必须在计算出的高差中进行两差改正。由图 8-2 可看出：

$$h = |EF| + |EG| + GM' - |MM'| - |BM| \tag{8-7}$$

式中，$GM' = D \times \tan\delta$，其符号与竖直角 δ 相同；$|EG| = i$，为仪器高；$|BM| = \nu$，为觇标高；$|EF|$ 为球差；$|MM'|$ 为气差。

将 $r = |EF| - |MM'|$ 代入上式(8-6)，得：

$$h = D\tan\delta + i - \nu + r \tag{8-8}$$

在作业中,为了提高精度,通常要分别在 A、B 两点设站,相互观测竖直角 δ 并量取仪器高和觇标高,这样的观测称为对向观测;由已知高程点设站观测未知高程点的竖直角叫直觇,由未知高程点设站观测已知高程点的竖直角叫反觇。在图(8-2)中,在已知点 A 设站,观测未知点 B,若已知 A 点高程为 H_A,则 B 点高程 H_B 为:

$$H_B = H_A + h = H_A + (D\tan\delta + i - \nu + r) \tag{8-9}$$

即三角高程的直觇计算公式。

若已知 B 点高程为 H_B,在 A 点设站观测 B 点,则 H_A 点高程为:

$$H_A = H_B - h = H_B - (D\tan\delta + i - \nu + r) \tag{8-10}$$

即三角高程的反觇计算公式。

二、三角高程导线

竖直角观测值受大气折光影响较大,影响高程测量的精度。采用对向观测可以减弱大气折光的影响,同时,可以抵消地球弯曲对高差的影响。三角高程导线,由于导线较短,导线点间的空气密度分布基本相同,竖直角采用对向观测,使三角高程测量的精度大大提高。

1. 三角高程导线布设形式

三角高程导线的布设形式同平面控制导线,可分为三角高程附合导线、三角高程闭合导线、三角高程支导线等。三角高程导线测量一般与平面控制导线测量同时进行。

2. 电磁波测距高程导线技术要求

采用三角高程导线测量方法进行四等高程控制测量时,高程导线应起闭于不低于三等的水准点,边长不应大于 1 km,路线长度不应大于四等水准路线的最大长度。一级导线的起闭点,当测图等高距为 0.5 m 时,起算点应是国家等级水准点;测图等高距为 1 m 或 2 m 时,可为等外水准点。

导线每边的竖直角应往返测;仪器高、觇标高在观测前后各量测一次,两次互差不应大于 2 mm,结果取中数。边长的测定应采用不低于 Ⅱ 级精度的测距仪。其主要技术要求不超过表 8-7 的规定。

表 8-7 电磁波测距高程导线的主要技术要求

仪器	测回数中丝法	竖盘指标差较差/(″)	测回间竖直角较差/(″)	两测站对向观测高差不符值/mm	附合路线或环线闭合差/mm		检测已测测段高差之差/mm
					平原、丘陵	山区	
DJ$_2$	2	5	5	$\pm 45\sqrt{D}$	$\pm 20\sqrt{L}$	$\pm 25\sqrt{L}$	$\pm 30\sqrt{L_i}$

注:D 为测距边长度,km;L 为附合导线或环线长度,km;L_i 为检测测段长度,km。

3. 三角高程导线计算

(1) 外业成果的检查和整理

检查观测成果,计算前应先检查外业观测手簿是否符合有关规定及各项限差要求,确认无误后方可计算。

确定三角高程导线的推进方向,从起始点开始抄录导线上各点的竖直角及对应的仪器高和觇标高,填入"高差计算表"的相应栏内。

从平面控制计算中抄录导线中的各边边长,并从"两差改正数表"中查取各边的两差改正数,一并填入"高差计算表"的相应栏内。

（2）高差计算

根据抄录的数据，按式（8-8）计算两相邻点间的单向高差。顺导线推进方向的观测为直觇，其高差叫作往测高差 $h_{往}$；逆导线推进方向的观测为反觇，其高差叫作返测高差 $h_{返}$。

因往返测高差的符号相反，故它们的较差为：

$$\Delta h = h_{往} + h_{返} \qquad\qquad (8\text{-}11)$$

当 Δh 不超过限差时，按下式计算高差中数：

$$h_{平} = \frac{1}{2}(h_{往} - h_{返}) \qquad\qquad (8\text{-}12)$$

例如，如图 8-3 所示，在 A、B、C、D 四点间进行三角高程测量，构成闭合线路，在各点间均进行竖直角观测及斜距的往返观测。已知 A 点的高程为 234.880 m，已知数据及观测值均注明于图上，试在表 8-8 中进行高差计算（仅列出 AB 及 BC 边的计算）。

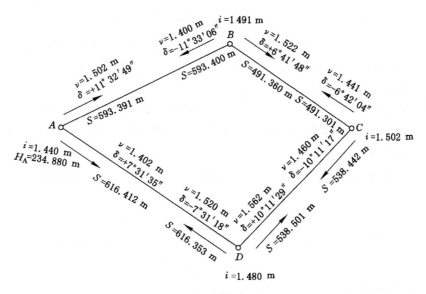

图 8-3　三角高程路线示意图

表 8-8　　　　　　　　　　　　　　三角高程导线高差计算表

起算点	A		B		⋯
待定点	B		C		⋯
觇法	直觇	反觇	直觇	反觇	⋯
斜距 S	593.391	593.400	491.360	491.301	⋯
竖直角 δ	$+11°32'49''$	$-11°33'06''$	$+6°41'48''$	$-6°42'04''$	⋯
$\sin\delta/\mathrm{m}$	$+118.780$	-118.829	57.299	-57.330	⋯
仪器高 i/m	1.440	1.491	1.491	1.502	⋯
目标高 ν/m	1.502	1.400	1.522	1.441	⋯
两差改正 r/m	0.022	0.022	0.016	0.016	⋯
单向高差/m	$+118.740$	-118.716	$+57.284$	-58.253	⋯
$h_{平}/\mathrm{m}$	$+118.728$		$+57.268$		⋯

（3）导线的高差闭合差计算

若三角高程导线的起、闭点为 A 和 B，其中有 n 个未知点，则必有 $(n+1)$ 个高差 $h_i(i=1,2,\cdots,n+1)$。如果观测没有误差，则所有高差之和应等于起、闭点的高差，即：

$$\sum h_i = H_{终点} - H_{起点} = H_B - H_A \tag{8-13}$$

式中，H_A、H_B 分别为 A、B 两点的已知高程。

但实际上观测会产生误差，因此，上式两端不相等，必定产生高程闭合差 f_h。若实测高差为 h'_i，根据闭合差的定义，则有：

$$f_h = \sum h'_i - \sum h$$

即

$$f_h = \sum h'_i - (H_B - H_A) \tag{8-14}$$

如果 f_h 不超过规定的限差，就可进行高程闭合差的分配。否则，应检查计算，或另选线路，或返工重测某些边的竖直角、仪高和觇标高，直至符合要求为止。

（4）导线高程高差闭合差配赋

导线的高程闭合差主要是竖直角观测误差和边长误差所引起，其大小与边长成正比。因此，要消除导线的高程闭合差，可以按与边长成比例将高程闭合差反号分配到各观测高差中去，就可得到正确高差。

设导线全长为 $\sum S$（S 以 km 为单位），则每千米边长的高差改正数为：

$$V = -\frac{f_h}{\sum S} \tag{8-15}$$

若各边的高差改正数为 V_i，相应的边长为 S_i（S 以 km 为单位），则有：

$$V_i = V \times S_i \tag{8-16}$$

凑整的余数可强制分配到长边对应的高差中去，使：

$$\sum V_i = -f_h \tag{8-17}$$

将 V_i 加入到相应的观测高差 h'_i 中，就可得到改正后的正确高差为：

$$h_i = h'_i + V_i \tag{8-18}$$

改正后的高差总和 $\sum h_i$ 应等于两已知点间的高差，可以作为计算正确性的检核。

（5）各点高程计算

根据改正后的高差，按下式即可计算各未知点高程：

$$\begin{cases} H_1 = H_A + h_1 \\ H_2 = H_1 + h_2 \\ \quad\cdots\cdots \\ H_B = H_n + h_n \end{cases} \tag{8-19}$$

最后求出的 H_B 应与 B 点的已知高程完全相等，以检核高程计算的正确性。具体计算实例见表 8-9。

表 8-9			三角高程导线高差闭合差计算		
点号	水平距离/m	观测高差/m	改正数/m	改正后高差/m	高程/m
A					234.880
	581	+118.728	−0.013	+118.715	
B					353.595
	488	+57.268	−0.010	+57.258	
C					410.853
	530	−95.198	−0.012	−95.210	
D					315.643
	611	−80.749	−0.014	−80.763	
A					234.880
∑	2210	+0.049	−0.049	0	

三、独立交会点高程测量

在进行平面控制测量中的测角交会或测边交会时，交会点的高程相对独立，不便于或没有必要再布设导线，可以利用三角高程测量的方法进行高程交会。

一个独立点的高程，一般应由三个已知高程点单向测定，此单向观测既可以是直觇，也可以是反觇。当测得三个的高程的较差不超过限差时，取其平均值作为待求点的最后高程，计算示例见表 8-10。

表 8-10	独立交会点高程测量计算表		
所求点	P_6		
起算点	N	W	W
觇法	−2°23′15″	+3°04′23″	−3°00′45″
δ(° ′ ″)	624.42	748.35	748.35
D(m)	−26.03	+40.18	−39.39
i(m)	+1.51	+1.60	+1.48
v(m)	−2.26	−2.20	−1.73
r(m)	+0.03	+0.04	+0.04
起算点高程 H(m)	258.26	245.42	245.42
所求点高程 H(m)	285.01	285.04	285.02
H_{P_6}(中数)(m)	285.02		

独立交会点高程可从一级图根高程点上发展，交会高程点不得再发展。使用 DJ_6 经纬仪竖直角观测一测回；独立交会点高程的最大边长不超过 1 km，交会点由三个方向推算的高程较差不超过 $0.2H$（H 为等高距），同一边往返测高差较差不超过 $0.04S$（S 为边长，以百米为单位）。

同一测站竖直角指标差较差不应大于 25″，仪器高、觇标高量至厘米，高差及高程取值到厘米。

思考题

1. 常见的高程控制测量方法有哪些？分别适用于哪些条件？

2. 什么叫"两差"？它们对观测的高差有什么影响？如何改正？

3. 直觇、反觇是怎样定义的？两者所测高差是否相等？

4. 概述三角高程导线的计算方法。

5. 三角高程测量中采用对向观测可以消除或减弱哪些影响高程测量精度的因素？

6. 在导线测量中，已知起点和终点的坐标和高程，若用全站仪进行边长、竖直角和水平角的观测，同时量取仪器高和棱镜（或砚板中心）高，能否求出待定点的平面坐标和高程？若能，请简述一个测站观测的步骤。

 练习题

1. 整理表 8-11 中的四等水准测量观测数据。

表 8-11 四等水准测量记录整理

测站编号	后尺 上丝 下丝	前尺 上丝 下丝	方向及尺号	标尺读数		K+黑-红	高差中数	备注
	后视距	前视距		后视 黑面	前视 红面			
	视距差 d	∑d						
1	1 979	0 738	后	1 718	6 405			
	1 457	0 214	前	0 476	5 265			
			后—前					$K_1=4.687$ $K_2=4.787$
2	2 739	0 965	后	2 461	7 247			
	2 183	0 401	前	0 683	5 370			
			后—前					
3	1 918	1 870	后	1 604	6 291			
	1 290	1 226	前	1 548	6 336			
			后—前					
4	1 088	2 388	后	0 742	5 528			
	0 396	1 708	前	2 048	6 736			
			后—前					
检查计算	$\sum D_a =$ $\sum D_b =$ $\sum d =$		$\sum$ 后视 = $\sum$ 前视 = $\sum$ 后视 $-\sum$ 前视 =			$\sum h =$ $\sum h_{平均} =$ $2\sum h_{平均} =$		

2. 设地面有 A、B 两点,在 A 点架设全站仪,其仪器高为 $i=1.60$ m,用望远镜中丝切准觇标高 $v=2.0$ m,测得竖直角 $\delta=+1°23'45''$,若 A、B 两点的水平距离 $D=123.45$ m,试计算 B 点的高程。

3. 如表 8-12 中的示意图所示,在未知点 N 安置全站仪,观测 A、B、C 三个已知点,起算数据和观测数据具体见表 8-12 和表 8-13,试计算用三角高程测量 N 点高程。

表 8-12   起算数据

点名	高程/m	至 N 点的距离/m	观测示意图
A	57.68	564.362	
B	100.44	842.154	
C	80.70	135.493	

表 8-13   观测数据

测站	觇点	竖直角/(° ′ ″)	仪器高/m	觇标高/m
N	A	$-2\ 26\ 43$	1.50	2.50
N	B	$+1\ 14\ 26$	1.50	2.50
N	C	$-0\ 12\ 22$	1.50	3.00

4. 如图 8-4 所示,在 A、B、C 三点之间利用全站仪进行三角高程测量,在图上注明了各点间往返观测的斜距 S、竖直角 α、各测站的仪高 i、觇标高 v。试进行各边往返观测高差的计算,将三点间的高差闭合差进行调整,然后根据已知点 A 的高程计算 B、C 点的高程。

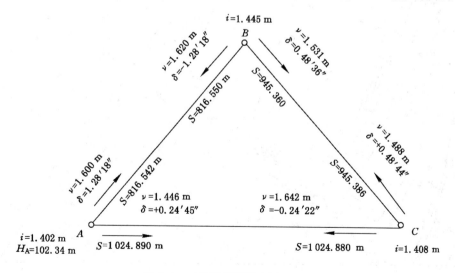

图 8-4   三角高程测量略图

项目九　大比例尺地形图测绘

任务一　地形图的基本知识

一、地形图的概念

在地面上进行测量工作时，可以得到一系列数据，如点的平面坐标、高程等，通常根据不同目的将这些数据绘制成各种表示地面情况的图形。

1. 地形图

把地面上的房屋、道路、河流、耕地、植被等一系列固定物体及地面上各种高低起伏的形态，经过综合取舍，按一定比例尺缩小，以专门的图式符号加注记描绘在图纸上的正射投影（投影线与投影面垂直相交的正投影）图，都可称为地形图，如图 9-1～图 9-3 所示。

地形图上主要是表示地物和地貌。地物是指地面天然或人工形成的各种固定物体，如河流、森林、房屋、道路、农田等；地貌是指地表面的高低起伏形态，如高山、丘陵、平原、洼地等，一般用等高线表示。

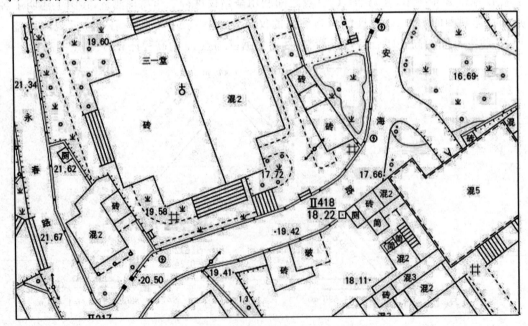

图 9-1　城区居民地地形图局部示例（1：500）

无论哪种比例尺地形图，图上均包括以下基本内容：

（1）数学要素

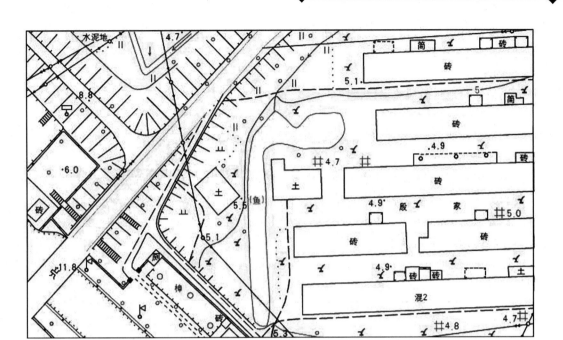

图 9-2　农村居民地地形图局部示例(1∶1 000)

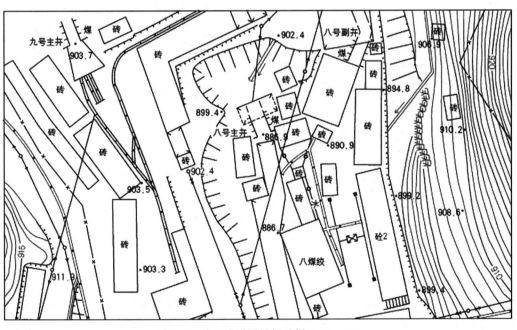

图 9-3　矿区地形图局部示例(1∶1 000)

数学要素即图的数学基础,诸如坐标格网、投影关系、图的比例尺和控制点等,以保证地形图具有必要的精度。

(2) 自然地理要素

自然地理要素即表示地球自然形态所包含的要素,诸如水系、地貌、土壤、植被等。

(3) 社会经济要素

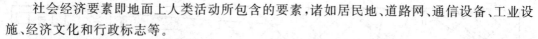

社会经济要素即地面上人类活动所包含的要素,诸如居民地、道路网、通信设备、工业设施、经济文化和行政标志等。

(4)注记

注记即对地物与地貌加以说明的文字、数字或特定符号等。

(5)整饰要素

整饰要素即图名、图号、测图日期、测绘单位、成图方法、坐标系统和高程系统等。

2.平面图

当测区范围较小时,可将水准面看作水平面,将地面上的地物点按正射投影的原理,垂直投影到水平面上,并将投影在水平面上的地物的轮廓按一定的比例尺缩绘到图纸上去,这种图称为平面图,如图9-4所示。其特点是:平面图上的图形与地面上相应地物的图形是相似的,即它们的相应角度相等,边长成比例。

地形图与平面图的区别主要是:地形图既测量地物,也测量地貌;平面图只测量地物,不测量地貌。

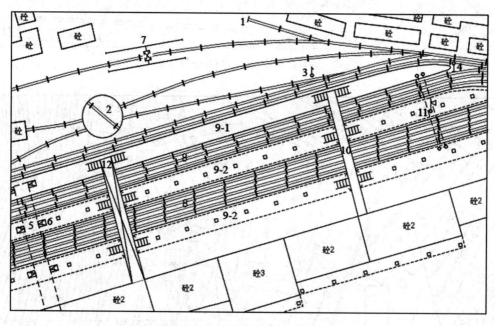

图9-4 铁路及其附属设施平面图(1∶500)

二、地形图比例尺

地面上各种要素不可能按其真实的大小描绘在有限面积的图纸上,地形测量总是将实地尺寸缩小若干倍来描绘。这种图上距离 d 与相应的实地水平距离 D 之比,称为该地形图的比例尺。为了使比例尺明确显示出来,图的比例尺一般为1的分数形式表示:

$$图的比例尺 = \frac{d}{D} = \frac{1}{M}$$

式中,d 为图上距离;D 为相应的实地水平距离;M 为比例尺分母。

式中3个元素中,知道任意两个就可求得第三个元素。

例如,某地形图的比例尺为1∶500,在图上量得距离 $d=1$ cm 时,相应实地的水平距离为：

$$D = M \times d = 500 \times 0.01 = 5 \text{ (m)}$$

三、比例尺的种类

1. 数字比例尺

用数字形式表示的比例尺称为数字比例尺数字，如 1∶500、1∶1 000 或 $\frac{1}{500}$、$\frac{1}{1\ 000}$。比例尺的大小是以比例尺的比值来衡量的，分数值越大（分母 M 越小），比例尺越大。地形图正南方向边缘一般都印有数字比例尺，它的特点是直观、准确。

2. 直线比例尺

为了在测图或用图时减少数字换算上的麻烦及减弱由于图纸伸缩而引起的误差，在绘制地形图时，常在图上绘制直线比例尺。图 9-5 为 1∶500 的直线比例尺，在两条平行线上分成若干 2 cm 长的线段，称为比例尺的基本单位，左端一段基本单位细分成 10 等份，每等份相当于实地 1 m，每一基本单位相当于实地 10 m。直线比例尺标注在图纸的下方，便于用分规直接在图上量取直线段的水平距离，可以基本消除由于图纸伸缩而产生的误差影响，但估读精度较低，只能估读到最小格值的 1/10。

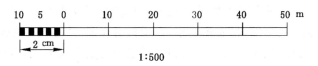

图 9-5　直线比例尺

四、比例尺精度

测图的比例尺越大，就越能详细地表示出测区的具体情况，但测图所需的工作量也越大。因此，测图比例尺关系到实际需要、成图时间和测量费用。在测量地形图时究竟选用多大的比例尺，应以工作需要为主要因素，即根据在图上需要表示的最小地物有多大，点的平面位置与两点间的距离要精确到什么程度为准。

一般正常人的眼睛通常只能清楚地分辨出图上距离大于 0.1 mm 的两点，距离再小就难以分辨了。因此，在地形图上 0.1 mm 所代表的地面上的实地距离称为比例尺精度。如果用 δ 表示比例尺精度，以 M 表示比例尺分母，则有：

$$\delta = 0.1 \text{ mm} \times M$$

表 9-1 为 4 种比例尺的比例尺精度，以供参考。

表 9-1		比例尺精度		单位：m
比例尺	1∶500	1∶1 000	1∶2 000	1∶5 000
比例尺精度	0.05	0.1	0.2	0.5

根据比例尺的精度，可以使我们了解在地面上测量平距时，究竟要准确到什么程度才有实际意义；反之，也可以按用图的要求来考虑多大的地物需在图上表示出来，进而决定测图的比例尺。

例如，某道路工程设计，需要在地形图上显示 0.1 m 的精度，按式(9-2)有：

$$\frac{1}{M} = \frac{0.1 \text{ mm}}{0.1 \text{ m}} = \frac{1}{1\,000}$$

即采用不小于 1:1 000 的比例尺施测地形图就可满足其要求。另外,如施测 1:1 000 的地形图,则测图时最小距离量至 0.1 m 就可满足要求。

五、地形图的用途

为了满足经济建设和国防建设的需要,我国测绘和编制了各种不同比例尺的地形图。通常把 1:500、1:1 000、1:2 000、1:5 000 的地形图称为大比例尺地形图,将 1:1 万、1:2.5 万、1:5 万、1:10 万的地形图称为中比例尺地形图,将比例尺小于 1:10 万的地形图称为小比例尺地形图(如 1:25 万、1:50 万、1:100 万的地形图)。

1:1 万地形图是国民经济建设各部门进行规划、设计的重要依据,也是编制其他更小比例尺地形图的基础资料。

1:5 000 比例尺地形图常用于各种工程勘察、规划的初步设计和方案的比较,也用于土地整理和灌溉网的规划、地质勘探成果的填绘和矿藏量的计算等方面。

1:2 000 和 1:1 000 比例尺地形图主要供各种工程建设的技术设计、施工设计及工矿企业的详细规划之用,要在图纸上确定主要建筑物、运输线路及工程管线位置。

1:500 比例尺地形图主要供特种建筑物(如桥址、主要厂房等)的详细设计和施工之用,在绘制这种比例尺地形图时,面积更小,表示得更详细,精度要求更高。

总之,大比例尺地形图是为适应城市和工程建设的需要施测的,专业性较强,对地形图的比例尺、精度、内容的要求,也因各部门的特点而有所侧重。施测时,应根据经济合理的原则,按有关技术规定,保质保量按时完成任务。

任务二　地形图的分幅与编号

我国幅员辽阔,东西向经度跨 60 多度,南北向纬度跨 50 多度。要将全部国土测绘在一张基本比例尺的地形图上,显然是不可能的。因此,必须将其分成许多小块,一幅一幅地分别进行测绘,这样就有许多幅地形图。另外,对于这么多的地形图,为了保管、查取和使用上的方便,必须给每幅不同比例尺的地形图一个科学的编号,使用时可按照这个编号进行查找。这就像到电影院找座位号一样,只要知道几排几号,很快就能找到你的座位。

地形图的分幅方法分为两大类:一类是按经纬线分幅的梯形分幅法,它用于国家基本比例尺地形图的分幅;另一类是按坐标格网分幅的矩形分幅法,它适用于各种工程建设中的大比例尺地形图的分幅。

一、梯形图幅的分幅与编号

为适应我国政治、经济和国防建设的需要,国家统一规划、测制了 8 种基本比例尺地形图,它们的比例尺分别是 1:100 万、1:50 万、1:25 万、1:10 万、1:5 万、1:2.5 万、1:1 万和 1:5 000。基本比例尺地形图采用梯形分幅,统一按照经纬度划分。目前我国使用的图幅编号有两种:20 世纪 70～80 年代我国基本比例尺地形图的分幅和编号;现行的国家基本比例尺地形图分幅和编号。

1. 20 世纪 70～80 年代我国基本比例尺地形图的分幅和编号

20 世纪 70～80 年代我国基本比例尺地形图的分幅和编号以 1:100 万地形图为基础,

扩展出 1：50 万、1：25 万和 1：10 万等三个系列；在 1：10 万后又扩展了 1：5 万、1：2.5 万、1：1 万及 1：5 000，其关系见表 9-2。

表 9-2　　　　　　20 世纪 70～80 年代我国基本比例尺地形图的分幅和编号关系表

分幅基础图			分出新图幅					
比例尺	经差	纬差	幅数	比例尺	经差	纬差	序号	图幅编号示例
1：100 万	6°	4°	4	1：50 万	3°	2°	A,B,C,D	J-50-A
1：100 万	6°	4°	16	1：25 万	1°30′	1°	[1],[2],…,[16]	J-50-[2]
1：100 万	6°	4°	144	1：10 万	30′	20′	1,2,…,144	J-50-5
1：10 万	30′	20′	4	1：5 万	15′	10′	A,B,C,D	J-50-5-B
1：10 万	30′	20′	64	1：1 万	3′45″	2′30″	(1),(2),…,(64)	J-50-5-B-(24)
1：5 万	15′	10′	4	1：2.5 万	7′30″	5′	1,2,3,4	J-50-5-B-4
1：1 万	3′45″	2′30″	4	1：5 000	1′52.5″	1′15″	a,b,c,d	J-50-5-B-(24)-b

（1）1：100 万比例尺地形图的分幅与编号

1：100 万地形图的标准分幅是经差 6°、纬差 4°。由于随着纬度的增大，地图面积逐渐缩小，所以规定在纬度 60°～76°之间双幅合并，即每幅图经差 12°、纬差 4°；在纬度 76°～88°之间由 4 幅合并，即每幅图经差 24°、纬差 4°；纬度 88°以上单独为一幅。我国处于纬度 60°以下，故没有合幅的情况。

如图 9-6 所示，从赤道起，每隔纬差 4°为一列，至北（南）纬 88°，分为 22 横列，依次用英文字母 A,B,…,V 表示相应的列号，列号前分别加 N 或 S，以区别北半球和南半球。从 180°经线起，自西向东每隔经差 6°为一行，将全球分为 60 纵行，依次用 1,2,…,60 来表示。地形图图号采用行列式编号，即"行号-列号"。例如，某地的经度为东经 117°54′18″，纬度为北纬 39°56′12″，则其所在的 1：100 万比例尺图的图号为 J-50（因我国地处北半球，图号前的 N 可以省略）。

（2）1：50 万、1：25 万、1：10 万地形图的分幅与编号

这三种地形图的编号都是在 1：100 万地形图图号后分别加上自己的代号组成的，如图 9-7 所示。

每一幅 1：100 万地图按经差 3°、纬差 2°划分为 2 行 2 列共 4 幅 1：50 万地图，分别用 A、B、C、D 表示；其编号是在 1：100 万地形图的编号后加上它本身的序号，如 J-50-A。

每一幅 1：100 万地图按经差 1°30′、纬差 1°划分为 4 行 4 列共 16 幅 1：25 万地图，分别用 [1]，[2]，…，[16] 表示；其编号是在 1：100 万地形图的编号后加上它本身的序号，如 J-50-[2]。

每一幅 1：100 万地图按经差 30′、纬差 20′划分为 12 行 12 列共 144 幅 1：10 万地图；分别用 1,2,…,144 表示，其编号是在 1：100 万地形图的编号后加上它本身的序号，如 J-50-5。

（3）1：5 万、1：2.5 万、1：1 万地形图的分幅与编号

这三种比例尺地形图的图号是在 1：10 万地形图图号的基础上延伸出来的，如图 9-8 所示。

每一幅 1：10 万的地形图按经差 15′、纬差 10′划分为 4 幅 1：5 万地图，分别用 A、B、C、D 表示；其编号是在 1：10 万地形图的编号后加上它本身的序号，如 J-50-5-B。

每一幅 1：5 万的地形图按经差 7′30″、纬差 5′划分 4 幅 1：2.5 万地图，分别用 1、2、

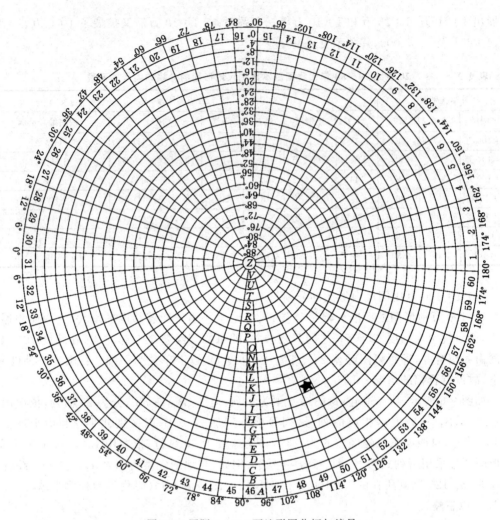

图 9-6 国际 1：100 万地形图分幅与编号

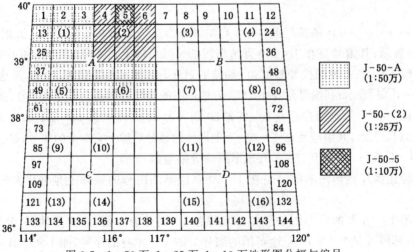

图 9-7 1：50 万、1：25 万、1：10 万地形图分幅与编号

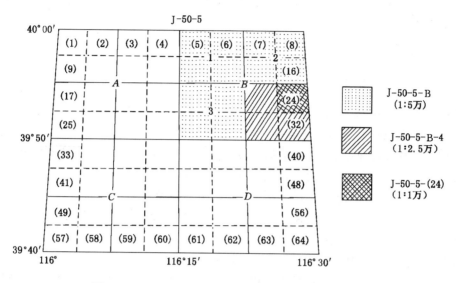

图 9-8　1∶5 万、1∶2.5 万、1∶1 万地形图分幅与编号

3、4 表示；其编号是在 1∶5 万地形图的编号后加上它本身的序号，如 J-50-5-B-4。

每幅 1∶10 万地形图按经差 3′45″、纬差 2′30″ 划分为 8 行 8 列共 64 幅 1∶1 万地形图；分别以带括号的 (1)、(2)、…、(64) 表示，其编号是在 1∶10 万比例尺地形图图号后加上 1∶1 万地图的序号，如 J-50-5-(24)。

(4) 1∶5 000 比例尺地形图的分幅与编号

1∶5 000 地形图的分幅与编号是在 1∶1 万地形图的基础上进行的，如图 9-9 所示。

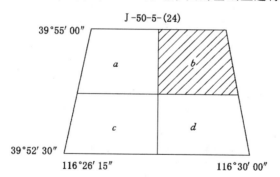

图 9-9　1∶5 000 地形图的分幅与编号

每幅 1∶1 万地形图按经差 1′52.5″、纬差 1′15″ 划分为 4 幅 1∶5 000 地形图，用 a、b、c、d 表示；其编号是在 1∶1 万地形图的编号后加上自身的代号，如北京某点所在的 1∶5 000 地形图的编号为 J-50-5-(24)-b。

例如，已知某地的经度为 117°54′18″(E)，纬度为 39°56′12″(N)，试求该地所在国际地图的编号。

① 图解法

直接在图 9-6 中根据经度查得该地所在的行号为 50，根据纬度查得该地所在的列号为 J，因此该地所在国际地图的编号为 J-50。

② 计算法

$$纵行号 = (\frac{117°54'18''}{6°})(取整) + 31 = 50$$

$$横列号 = (\frac{39°56'12''}{4°})(取整) + 1 = 10(10 对应 J)$$

由此可得,编号仍为 J-50。

2. 国家基本比例尺地形图新的分幅与编号

为便于计算机管理和检索,1992 年 12 月我国颁布了新制订的《国家基本比例尺地形图分幅和编号》(GB/T 13989—1992)的国家标准,自 1993 年 3 月起实行,2012 年进行了修订。从此,新测和更新的基本比例尺地形图,均须按照新的标准进行分幅和编号。

新标准仍以 1：100 万地形图为基础,1：100 万比例尺地形图的分幅经纬差不变,但由过去的纵行、横列改成了现在的横行、纵列。它的编号有其所在的行号(字母码)与列号(数字码)组合而成,如北京所在的 1：100 万地形图的编号为 J50。

1：50 万～1：5 000 地形图的分幅由 1：100 万地图逐次加密划分而成,编号仍以 1：100 万地形图编号为基础,下接相应比例尺的行、列代码所构成,并增加了比例尺代码。因此,所有 1：50 万～1：5 000 地形图的图号均由 5 个元素 10 位代码组成。编码系列统一为一个根部,编码长度相同,便于计算机的识别和处理,如图 9-10 所示。

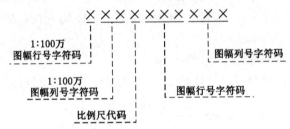

图 9-10 1：50 万～1：5 000 地形图新图号的构成

为了使各种比例尺不致混淆,分别用不同的英文字母作为各种比例尺的代码,其规定见表 9-3。

表 9-3 　　　　　　　　　国家基本比例尺地形图的比例尺代码

比例尺	1：100 万	1：50 万	1：25 万	1：10 万	1：5 万	1：2.5 万	1：1 万	1：5 000
代码	A	B	C	D	E	F	G	H

现行的国家基本比例尺地形图分幅关系见表 9-4。

表 9-4 　　　　　　　　现行的国家基本比例尺地形图分幅关系表

比例尺		1：100 万	1：50 万	1：25 万	1：10 万	1：5 万	1：2.5 万	1：1 万	1：5 000
图幅范围	经差	6°	3°	1°30′	30′	15′	7′30″	3′45″	1′52.5″
	纬差	4°	2°	1°	20′	10′	5′	2′30″	1′15″
行、列数量关系	行数	1	2	4	12	24	48	96	192
	列数	1	2	4	12	24	48	96	192

续表 9-4

比例尺	1∶100万	1∶50万	1∶25万	1∶10万	1∶5万	1∶2.5万	1∶1万	1∶5 000
图幅数量关系	1	4	16	144	576	2 304	9 216	36 864
		1	4	36	144	576	2 304	9 216
			1	9	36	144	576	2 304
				1	4	36	144	576
					1	4	36	144
						1	4	36
							1	4
								1

1∶100 万~1∶5 000 地形图行、列编号如图 9-11 所示。

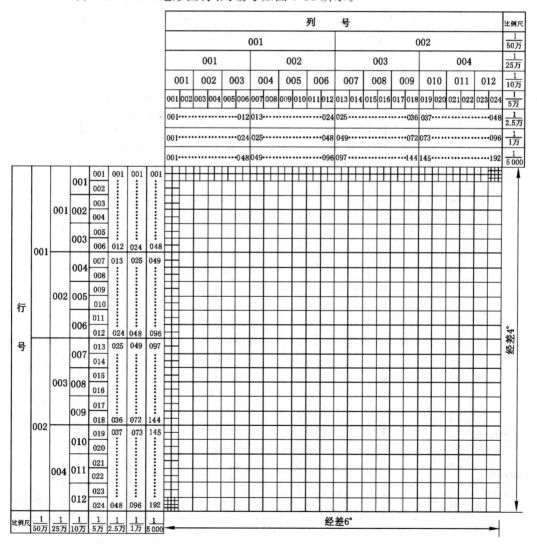

图 9-11　1∶100 万~1∶5 000 地形图的行、列编号

1：50 万地形图图号如图 9-12 中晕线所示,图号为 J50B001002。

1：25 万地形图图号如图 9-13 中晕线所示,图号为 J50C003003。

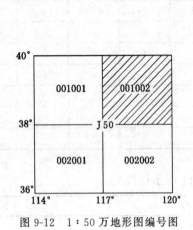

图 9-12　1：50 万地形图编号图

图 9-13　1：25 万地形图编号图

1：10 万～1：5 000 地形图图号如图 9-14 所示。

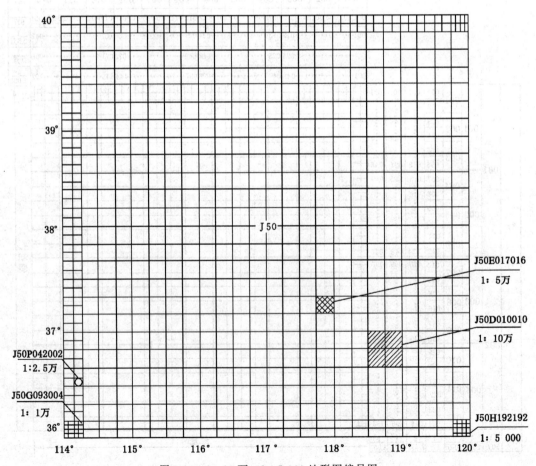

图 9-14　1：10 万～1：5 000 地形图编号图

二、矩形图幅的分幅与编号

1. 矩形图幅的分幅

大比例尺地形图采用矩形分幅,即采用平面直角坐标的纵、横坐标线为界线来分幅,图幅的大小通常为 50 cm×50 cm、40 cm×50 cm、40 cm×40 cm 三种,每幅图中以 10 cm×10 cm 为基本方格。一般规定:对 1∶5 000 的地形图,采用纵、横各 40 cm 的图幅;对 1∶2 000、1∶1 000 和 1∶500 的地形图,采用纵、横各 50 cm 的图幅,以上分幅称为正方形分幅。也可以采用纵距 40 cm、横距 50 cm 的分幅,称为矩形分幅。图幅大小见表 9-5。

表 9-5 矩形图幅的分幅及面积

比例尺	图幅大小/cm²	实地面积/km²	格网线间隔/cm	1 km² 所含图幅数
1∶5 000	40×40	4	10	1/4
1∶2 000	50×50	1	10	1
1∶1 000	50×50	0.25	10	4
1∶500	50×50	0.062 5	10	16

2. 矩形分幅的编号

矩形分幅常见的编号方法有图廓西南角坐标编号法、流水号编号法、行列号编号法和基本图号逐次编号法四种。

(1) 图廓西南角坐标编号法

以每幅图的图幅西南角坐标值 X、Y 的公里数作为图幅的编号,X 坐标在前,Y 坐标在后,中间用短线连接。1∶5 000 比例尺地形图取至 1 km;1∶2 000、1∶1 000 取至 0.1 km;1∶500取至 0.01 km。图 9-15 所示为 1∶1 000 比例尺的地形图,按图廓西南角坐标编号法分幅,其中画阴影线的两幅图的编号分别为 3.0-1.5、2.5-2.5。

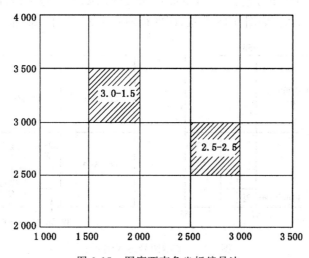

图 9-15 图廓西南角坐标编号法

(2) 顺序编号法

带状测区或小面积测区可按测区统一顺序编号,一般从左到右、从上到下的顺序,用阿拉伯数字1、2、3…进行编号,如图 9-16 中的(杜阮-7)所示。

(3) 行列式编号法

行列编号法一般以字母(如 A、B、C、D…)为带号的横行由上到下排列,以阿拉伯数字为带号的纵列从左到右排列来编定的,如图 9-17 中的(A-4)所示。

图 9-16 顺序编号法

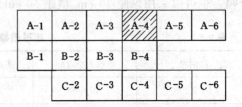

图 9-17 行列编号法

(4) 按基本图号逐次编号法

1:5 000～1:500 比例尺地形图采用正方形分幅时,1:5 000 图幅大小为 40 cm×40 cm,其他比例尺图幅大小则为 50 cm×50 cm。其编号方法如下:

以 1:5 000 比例尺图的图幅西南角的坐标数字(用阿拉伯数字,以 km 为单位)作为它的图号,并且作为包括于本图幅中 1:2 000～1:500 比例尺图的基本图号,如图 9-18 中的 1:5 000 图幅编号为 32-56。

1:2 000 比例尺图的图号是在 1:5 000 比例尺图的基本图号末尾,附加一个罗马数字 Ⅰ、Ⅱ、Ⅲ、Ⅳ 为子号形成,如图 9-18 所示,甲图幅编号为 32-56-Ⅰ。

1:1 000 比例尺图的图号是在 1:2 000 比例尺图的基本图号末尾,附加一个罗马数字 Ⅰ、Ⅱ、Ⅲ、Ⅳ 为子号形成,如图 9-18 所示,乙图幅编号为 32-56-Ⅳ-Ⅱ。

1:500 比例尺图的图号是在 1:1 000 比例尺图的基本图号末尾,附加一个罗马数字 Ⅰ、Ⅱ、Ⅲ、Ⅳ 为子号形成,如图 9-18 所示,丙图幅编号为 32-56-Ⅳ-Ⅲ-Ⅲ。

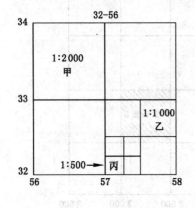
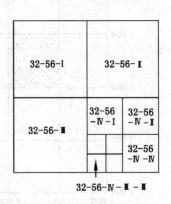

图 9-18 基本图号逐次编号法

任务三　地形图图式

地面上各种地物和地貌都可以用不同颜色、不同大小的点、线和各种图形表示在地形图上,这些点、线和图形统称为地形图符号。为了交流和使用方便,国家测绘部门制定了各种比例尺地形图的图式,在图式中对地形图符号的图形、大小、颜色及注记均做了统一的规定,以此作为我国地形图内容表示的标准和规范。我国目前使用的大比例尺地形图图式《国家基本比例尺地图图式 第 1 部分:1∶500、1∶1 000、1∶2 000 地形图图式》(GB/T 20257.1—2017)由中华人民共和国国家质量监督检验检疫总局和中国国家标准化管理委员会于 2017年 10 月 14 日联合发布,于 2018 年 5 月 1 日起实施的。

一、地形图图式内容

地形图符号的形成过程是一个约定的过程,即被地形图的作者和读者逐渐熟悉、承认和遵守的过程。随着测绘技术的不断进步,地形图图式也经过了多次更新和修订,其内容更加完善和成熟,逐渐形成了目前的地形图符号系统,见表 9-6。

表 9-6　　　　　　　　　　1∶500、1∶1 000、1∶2 000 地形图图式符号系统

序号	符号名称	符号式样及简要说明
1	测量控制点	各类平面控制点和高程控制点,包括各等级三角点、导线点、卫星定位点、图根点、水准点和天文点等。
1.1	导线点 a——土堆上的; I16、I23——等级、点号; 84.46,94.40——高程; 2、4——比高	$2.0\ \odot\ \dfrac{I16}{84.46}$ a $\ 2.4\ \oplus\ \dfrac{I23}{94.40}$
1.2	埋石图根点 a——土堆上的; 12、16——点号; 275.46,175.64——高程; 2.5——比高	$2.0\ \boxdot\ \dfrac{12}{275.46}$ a $\ 2.5\ \boxplus\ \dfrac{16}{175.64}$
2	水系	江、河、湖、海、井、泉、水库、池塘、沟渠等自然和人工水体及连通体系的总称
2.1	地面河流 a——岸线; b——高水位岸线; 清江——河流名称	

序号	符号名称	符号式样及简要说明
2.2	湖泊 龙湖——湖泊名称； （咸）——水质	龙湖 （咸）
3	居民地及设施	城市、集镇、工矿、村庄、窑洞、蒙古包及居民地的附属建筑物
3.1	单幢房屋 a——一般房屋； b——有地下室的房屋	0.5 a 混1 b 混3-2 2.0 1.0
3.2	露天货栈 a——有平台的； b——无平台的	a 货栈 b 货栈
4	交通	陆运、水运、海运及相关设施的总称，如铁路、公路、乡村路、大车路、小路、桥梁、涵洞及其附属建筑物
4.1	标准轨铁路 a——一般的	0.2 10.0 a 0.4 0.6
4.2	内部道路	1.0 1.0
5	管线	电力线（分为输电线和配电线）、通信线、各种管道及其附属设施的总称
5.1	高压输电线架空的 a——电杆； 35——电压(kV)	a 35 4.0
5.2	陆地通信线地面上的 a——电杆	a 1.0 0.5 9.0
6	境界	区域范围的分界线，分为国界和国家内部境界两种。国家内部境界包括省界及其界碑，县界、乡、镇界及特殊地区界线等

序号	符号名称	符号式样及简要说明
6.1	国界 a——已定界和界桩、界;碑及编号; b——未定界	2号界碑 a　■■■ ⊙ ■ · ■ · ■ · 0.75 1.3　　4.5　　4.5 b ⊏⊐　⊏⊐　⊏⊐　⊏┈┐ 1.6 4.5　　4.5
6.2	自然、文化保护区界线	3.3　　1.6 0.8　　0.2
7	地貌	地球表面起伏的形态,包括用等高线表示地面起伏形态和特殊地貌
7.1	等高线及其注记 a——首曲线; b——计曲线; c——间曲线 25——高程	a　　　　0.15 25　0.3 b　　　　0.15 1.0 6.0
7.2	陡崖、陡坎 a——土质的; b——石质的; 18.6、22.5——比高	a 18.6 300 b 22.5 100
8	植被与土质	植被是地表各种植物的总称,包括稻田、旱地、菜地、园地等;土质是地表各种物质的总称,包括盐碱地、小草丘地、龟裂地和石块地等
8.1	稻田 a——田埂	0.2 a 2.5　10.0 10.0
8.2	花圃、花坛	1.5 10.0 1.5 10.0
9	注记	地理名称注记、说明注记和各种数字注记等
9.1	地级市以上政府驻地	**唐山市** 粗等线体(5.5)
9.2	各种数字注记 测量控制点点号及高程	$\dfrac{Ⅰ96}{96.93}$　$\dfrac{25}{96.93}$ 正等线体(2.5) (罗马数用中宋体)

二、地形图符号的分类

按所表示的地形图内容来划分,地形图符号分为地物符号、地貌符号和注记符号三类。

（一）地物符号

地面固定性的物体称为地物。地物一般分为两大类:一类是自然地物,如河流、湖泊、森林、草地等;另一类是经过人类物质生产活动改造的人工地物,如房屋、管线、道路、水渠、桥梁等。

按其与地物的比例关系,地物符号可分为依比例尺符号、半依比例尺符号和不依比例尺符号。

1. 依比例尺符号

地物依比例尺缩小后,其长度和宽度能依比例尺表示的地物符号称为依比例尺符号。在符号的轮廓线内可填绘一定的颜色、网纹或文字以表示地物的性质。这类符号可以表示地物的位置、形状、大小和方向。

2. 半依比例尺符号

地物依比例尺缩小后,其长度能依比例尺而宽度不能依比例尺表示的地物符号称为半依比例尺符号。半依比例尺符号能表示地物的长度、方向,不能反映地物的宽度或粗度,这种符号的中心线一般表示其实地地物的中心位置。

3. 不依比例尺符号

地物依比例尺缩小后,其长度和宽度不能依比例尺表示的地物符号称为不依比例尺符号。如实地较小的重要地物或目标显著的物体,按地形图比例尺缩小后的轮廓形状太小,无法绘制在图上,只能用具有一定象征意义的不依比例尺符号来表示,如三角点、水准点、烟囱、塔、井等。不依比例尺符号只表示地物的位置,不能反映地物的形状、大小和方向。

对于地物的表示,究竟是采用依比例尺符号、半依比例尺符号还是不依比例尺符号,这不是绝对的,而是随地物本身大小的差异和地形图比例尺大小的变化而变化。例如,同一条河流,上游河床较窄,只能用半依比例尺符号(单线河)表示;而下游河床较宽,可采用依比例尺符号(双线河)表示。

定位符号的定位点与该地物实地的中心位置关系,随各种不同的地物而异,在测图和用图时应注意以下几点:

（1）符号图形中有一个点的,该点为地物的实地中心位置。

（2）规则的几何图形符号,如圆形、正方形、三角形等,以图形几何中心点为实地地物的中心位置。

（3）底部为直角形的符号,如风车、路标、独立树等,以符号的直角顶点为实地地物的中心位置。

（4）宽底符号,如蒙古包、烟囱、水塔等,以符号底部中心为实地地物的中心位置。

（5）几种图形组合符号,如敖包、教堂、气象站等,以符号下方图形的中心点或交叉点为实地地物的中心位置。

（6）下方无底线的符号,如窑、亭、山洞等,以符号下方端点连线的中心为实地地物的中心位置。

（7）不依比例尺表示的其他符号（桥梁、水闸、拦水坝、岩溶漏斗等）定位点在其符号的中心点。

（8）线状符号（道路、河流等）定位线在其符号的中轴线；依比例尺表示时，在两侧线的中轴线。

（二）地貌符号

1.地貌的基本形态

地貌是地面高低起伏的自然形态的总称。按地貌的起伏形态可归纳为如下四类：

（1）平地：地面平坦，起伏无显著变化，大部分地面坡度在 $0°\sim2°$ 之间。

（2）丘陵地：地面起伏不大，但变化复杂，大部分地面坡度在 $2°\sim6°$ 之间。

（3）山地：地面起伏较大，大部分地面坡度在 $6°\sim25°$ 之间。

（4）高山地：地面起伏大，大部分地面坡度在 $25°$ 以上。

2.等高线的定义

设想用若干间距相等的水平面切割地面，将各平面与地面的交线垂直投影在一个水平面上，就得到一圈套一圈的能反映该区地貌状况的闭合曲线，因为同一条曲线上各点的高程相同，故称为等高线。所以，等高线是地面上高程相等的各相邻点所连成的闭合曲线，如图9-19所示。

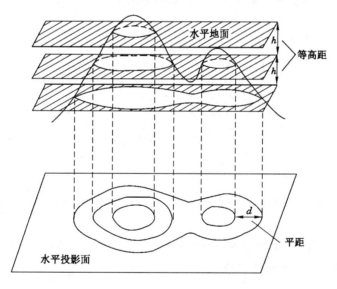

图 9-19　等高线原理

3.等高距、等高线平距及示坡线

（1）等高距

在地形图上，相邻两条等高线的高程之差称为等高距，常用 h 表示。在同一幅地形图中等高距应相同。等高距的大小决定着所表示地貌形态的精度，同时也影响着地形图的负载量，所以，等高距的大小应根据测区内大部分地面坡度的大小以及地形图的比例尺和用途来确定。表9-7是各种大比例尺地形图的等高距参考值。

表 9-7　　　　　　　　　　　　　　大比例尺地形图的基本等高距

比例尺	地形类别			
	平原/m	丘陵/m	山地/m	高山地/m
1:500	0.5	0.5	0.5、1	1
1:1 000	0.5	0.5、1	1	1、2
1:2 000	0.5、1	1	2	2

（2）等高线平距及坡度

图上两条相邻等高线之间的水平距离称为等高线平距，常用 d 表示。

由于同一幅地形图中的等高距相同，所以等高线平距 d 的大小与地面坡度有关。等高线平距越小，地面坡度越大；平距越大，坡度越小；坡度相等，则平距相等。因此，由地形图上等高线的疏密可判定地面坡度的陡缓。

（3）示坡线

示坡线是加绘在等高线上指示斜坡降落方向的小短线，一般应表示在谷地、山头、鞍部、图廓边及斜坡方向不易判读的地方，它能帮助读者判读地势的走向。地形图中，在表示的山头、洼地、鞍部和图幅边缘地势走向不易辨别的等高线上，均应加绘示坡线，如图 9-20 所示，"1"处的示坡线绘于等高线外侧为山头，"2"处的示坡线绘于等高线内侧为洼地。

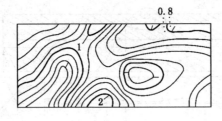

图 9-20　示坡线

4. 等高线的种类

地形图中的等高线一般有首曲线和计曲线，有时也用间曲线和助曲线，如图 9-21 所示。

（1）首曲线

从高程基准面起算，按基本等高距测绘的等高线称为首曲线，又称基本等高线，如图 9-21中高程为 38 m、42 m 的等高线。

（2）计曲线

为了读图方便，从高程基准面起算，每隔 4 条首曲线加粗 1 条的等高线称为计曲线，又称加粗等高线，如图 9-21 中高程为 40 m 的等高线。

（3）间曲线

为了表示首曲线显示不出的局部地貌形态，按二分之一基本等高距测绘的等高线称为间曲线，又称半距等高线，如图 9-21 中高程为 39 m、41 m 的等高线。

（4）助曲线

为了表示首曲线和间曲线显示不出的局部地貌形态，按四分之一基本等高距测绘的等高线称为助曲线，又称辅助等高线，如图 9-21 中高程为 38.5 m 的等高线。

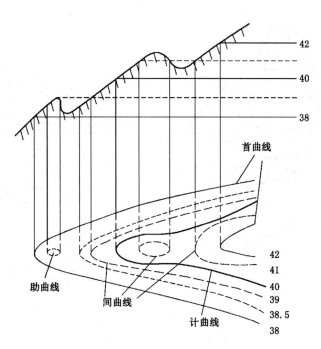

图 9-21 等高线的种类

5. 等高线的特性

认识等高线的特性有助于正确勾绘等高线和使用地形图。等高线主要有以下特性：

(1) 同一条等高线上各点高程相等。

(2) 等高线是闭合曲线，除遇其他符号或注记外，不能中断(间曲线和助曲线除外)。

(3) 当等高距相同时，等高线越稀，地面坡度越缓；等高线越密，地面坡度越陡。

(4) 等高线经过山脊和山谷时，转弯处的顶点必在山脊和山谷线上。

(5) 等高线与等高线不能相交。

(6) 通过河流的等高线不会直接横穿河谷，而应逐渐向上游交河岸线而中断，并保持与河流岸线成正交，然后向彼岸折向下游。

6. 典型地貌的等高线形状

地面的形状虽然复杂多样，但都可看成由山头、洼地(盆地)、山脊、山谷、鞍部或陡崖和峭壁组成。如果掌握了这些基本地貌的等高线特点，就能比较容易地根据地形图上的等高线分析和判断地面的起伏状态，以利于读图、用图和测绘地形图。

(1) 山头和洼地等高线

山体的最高部位叫山头，山头的等高线图形是一组闭合曲线，示坡线向外，如图 9-22(a) 所示。

洼地是指中间低、四周高的地形，其等高线图形也是一组闭合曲线，示坡线在等高线的内侧，如图 9-22(b)所示。

(2) 山脊与山谷等高线

山脊是山体延伸的最高棱线，它的最高部分的连线称为山体的分水岭。山脊的等高线图形是一组凸向下坡方向的曲线，两侧对称，如图 9-23(a)所示。

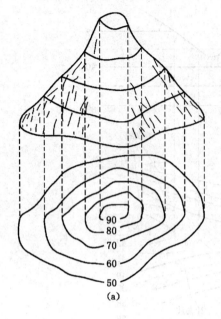
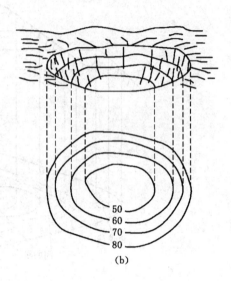

图 9-22 山头与洼地的等高线

（a）山头等高线；（b）洼地等高线

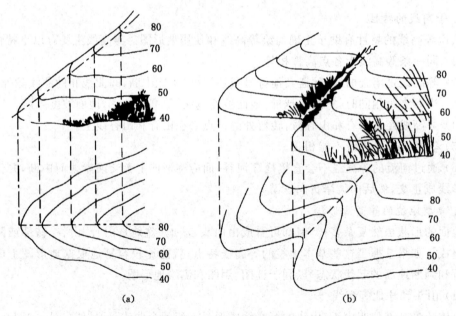

图 9-23 山脊和山谷的等高线

（a）山脊等高线；（b）山谷等高线

　　山谷是两山脊间的向一定方向倾斜延伸的低凹部分,它的最低部分的连线叫合水线。山谷的等高线图形是一组凸向上坡方向的曲线,两侧对称,如图 9-23(b)所示。

　　（3）鞍部等高线

　　相邻两山头之间呈马鞍形的低凹部分称为鞍部,鞍部是两个山脊和两个山谷会合的地方。鞍部的等高线由两组相对的山脊和山谷的等高线组成,即在一圈大的闭合曲线内,套有两组小的闭合曲线,如图 9-24 所示。

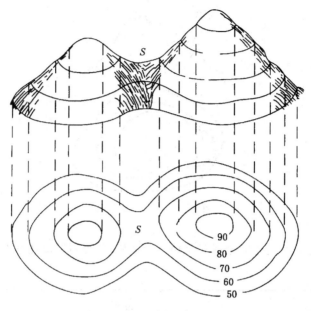

图 9-24 鞍部等高线

(4)陡崖和悬崖

坡度在 70° 以上或为 90° 的陡峭崖壁称为陡崖。陡崖处的等高线非常密集,甚至会重叠,因此,在陡崖处不再绘制等高线,改用陡崖符号表示,如图 9-25 所示。图 9-25(a)为石质陡崖,图 9-25(b)为土质陡崖。

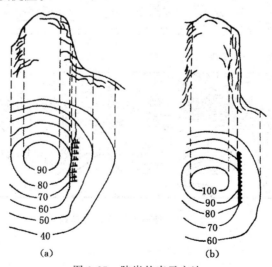

图 9-25 陡崖的表示方法
(a)石质陡崖等高线;(b)土质陡崖等高线

上部向外凸出、中间凹进的陡崖称为悬崖,上部的等高线投影到水平面时与下部的等高线相交,下部凹进的等高线用虚线表示。悬崖的等高线如图 9-26 所示。

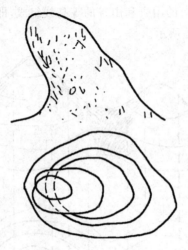

图 9-26　悬崖的等高线

图 9-27 为一综合性地貌的透视图及相应的地形图,可对照前述基本地貌的表示方法进行阅读。

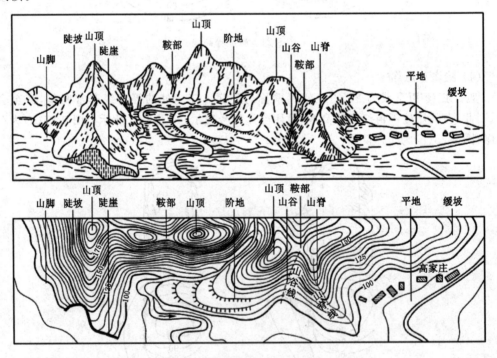

图 9-27　几种典型地貌的等高线图

（三）注记符号

地物和地貌符号只能表示各类地物和地貌的位置、大小及形态,但不能反映其名称、属性、高度等特征,因此必须用文字和数字对这些特征加以说明。这些在地形图上起补充和说明作用的文字和数字称为地形图注记,如居民地名称、道路名称、植被种类、河流的流速、等高线的高程等。在各种比例尺的地形图图式中,对各种地形图注记的字体、字号大小及其使用均做了明确的规定,如图 9-28 和图 9-29 所示。

<table>
<tr><td>a</td><td>**市民政局**
宋体 (3.5)</td><td>a</td><td>**G322　① ②**
正等线体 (3.5)</td></tr>
<tr><td>b</td><td>日光岩幼儿园　**兴隆农场**
宋体 (2.5 3.0)</td><td>b</td><td>**S322　③**
正等线体 (3.0)</td></tr>
<tr><td>c</td><td>二七纪念塔　**兴庆广场**
宋体 (2.5~3.5)</td><td>c</td><td>**X322　⑨**
正等线体 (2.0)</td></tr>
</table>

图 9-28　居民地名称注记　　　　　　　　　图 9-29　公路技术等级及编号注记

任务四　大比例尺地形图测绘的技术设计

　　测绘工作要遵循"先设计、后生产"的原则,不允许"边设计、边生产和不设计生产"。在测图开始前,应编写技术设计书,拟订作业计划,以保证测量工作在技术上合理、可行,节省人力、物力,有计划、有步骤地开展工作。

　　大比例尺测图的作业规范和图式主要有《城市测量规范》(GJJ/T 8—2011)、《工程测量规范》(GB 50026—2007)、《1∶500、1∶1 000、1∶2 000 外业数字测图规程》(GB/T 14912—2017)、《国家基本比例尺地图图式 第 1 部分:1∶500、1∶1 000、1∶2 000 地形图图式》(GB/T 20257.1—2017)等。

　　根据测量任务书和有关测量规范,并依据所采集的资料,其中包括测区踏勘等资料来编制技术设计书。

　　技术设计书的主要内容有:任务概述、测区情况、已有资料及分析、技术方案的设计、组织与劳动计划、仪器配备及供应计划、进度安排和财务预算、检查验收计划及安全措施等。

　　测量任务书应明确工程项目、设计阶段及测量目的、测区内容及工作量、对测量工作的主要技术要求及上交资料的种类和日期等。

　　在编制技术设计书之前,应预先搜集并研究测区内及测区附近已有测量成果资料,简要说明其施测单位、施测年代、等级、精度、比例尺、规范依据、范围、平面坐标和高程系统、投影带号、标石保存情况及可以利用程度等。

　　到实地踏勘,踏勘时除核对原有标石和点之记外,还要调查人文风俗、自然地理条件、交通运输及气象等,并考虑地形控制网的初步布设方案及必须采取的措施。

　　根据收集的资料及踏勘情况,在已有地形图上拟订地形控制布设方案,并进行必要的精度估算。必要时需提出几个方案进行比较,对地形控制网的图形、施测、点位密度和平差计算等因素进行全面分析,以确定最后方案。实地选点时,在保证满足技术要求的情况下,对方案做出局部修改。

　　拟订作业计划,将已有控制点展绘于图上,并绘制测区分幅图;根据技术计划方案,统计工作量,确定提交资料时间,编制组织措施和作业计划,提出仪器配置计划、经费预算计划和

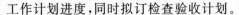

工作计划进度,同时拟订检查验收计划。

为保证成图精度,各种大比例尺地形图测绘的平面坐标系统,应采用国家统一的平面坐标系统;高程应采用 1985 国家高程基准。若测区没有国家控制点时,也可采用独立坐标系统和假定高程系统,当条件具备时再与国家控制网联测。

最后应当注意:在测量工作的各个环节(踏勘、选点、埋石、观测、计算、碎部测量、成果检查验收)工作中要切实做好安全工作,保证测量工作人员和测量仪器的安全。测量人员要熟悉操作规程,执行安全规则,严格遵守规范。

任务五　图根控制测量

测区高级控制点的密度不可能完全满足大比例尺测图的需要,此时应布设适当数量的图根控制点(即图根点),以直接供测图使用。图根控制点的布设,是在各等级控制点下进行加密,可采用卫星定位测量、导线测量和电磁波测距极坐标法等方法;在较小的独立测区测图时,图根控制点可作为首级控制点。

一、图根控制点的精度要求和密度

图根点点位中误差和高程中误差应符合表 9-8 的规定。

表 9-8　　　　　　　　　　图根点点位中误差和高程中误差

中误差	相对于图根起算点	相对于邻近图根点		备注
点位中误差	≤图上 0.1 mm	≤图上 0.3 mm		H 为基本等高距
高程中误差	≤$1/10 \times H$	平地	≤$1/10 \times H$	
		丘陵	≤$1/8 \times H$	
		山地、高山地	≤$1/6 \times H$	

图根控制点的数量,应根据测图比例尺、测图方法、地形复杂程度或隐蔽情况,以满足测图需要为原则。根据《城市测量规范》(CJJ/T 8—2011),图根控制点(包括高级控制点)的密度,一般不应少于表 9-9 中的要求。地形复杂、隐蔽及城市建筑区,图根点密度应满足测图需要,并宜结合具体情况加密。

表 9-9　　　　　　　　　　一般地区解析图根控制点密度

测图比例尺	图幅尺寸/cm×cm	解析图根点数量/个	
		全站仪测图	GNSS-RTK 测图
1 : 500	50×50	2	1
1 : 1 000	50×50	3	1～2
1 : 2 000	50×50	4	2

二、图根控制点的平面位置测量方法

图根控制点采用导线形式布设,图根导线的附合不宜超过两次,在个别极困难地区,可附合三次。其主要技术指标见表 9-10。

表 9-10   图根电磁波测距导线测量的技术指标

比例尺	附合导线长度	平均边长	导线相对闭合差	测回数（DJ$_6$）	方位角闭合差	测距	
						仪器类型	方法和测回数
1:500	900	80	≤1/4 000	1	±40″$\sqrt{n}$	Ⅱ级	单程观测一测回
1:1 000	1 800	150					
1:2 000	3 000	250					

注：n 为测站数。

GNSS-RTK 图根控制测量宜直接测定图根点的坐标和高程，其作业半径不宜超过 5 km，每个图根点均应进行两次独立测量，其点位较差不应大于图上的 0.1 mm，高程较差不应大于基本等高距的 1/10。

三、图根控制点的高程测量方法

图根点的高程；当基本等高距为 0.5 m 时，应用图根水准、图根光电测距三角高程或 GNSS 测量的方法测定；当基本等高距大于 0.5 m 时，可用图根经纬仪三角高程测定。

1. 图根水准测量

图根水准测量主要用于测定图根点的高程，应起闭于高等级高程控制点上，可沿图根点布设为附合路线、闭合环或结点网，对起闭于一个水准点的闭合环，必须先行检测该点高程的正确性。水准测量技术要求应符合表 9-11 的规定。图根水准计算可简单配赋，高程应取至厘米。

表 9-11   图根水准测量主要技术要求

路线长度/km	水准仪型号	水准尺	观测次数	视线长度/m	往返较差、附合或环线闭合差/mm	
					平地	山地
≤8	≥DS$_{10}$	单面	往一次	≤100	±40$\sqrt{L}$	±12$\sqrt{n}$

注：L 为水准路线长度，km；n 为测站数。

2. 图根三角高程导线

图根三角高程导线应起闭于高等级高程控制点上，其边数不应超过 12 条。图根三角高程导线竖直角应对向观测；光电测距仪极坐标法图根点竖直角可单向观测一测回，变动棱镜高度后再测一次，其测距要求同图根导线。图根三角高程的技术要求应符合表 9-12 的规定。仪器高和觇标高量至毫米，测角前、后各量一次，互差不大于 4 mm。当边长大于 400 m 时，应进行球气差改正。

表 9-12   图根三角高程的技术要求

仪器类型	中丝法测回数		竖直角较差、指标差较差/(″)	对向观测高差、单向两次高差较差/m	各方向推算的高差较差/m	附合路线或环线闭合差	
	经纬仪三角高程测量	高程导线				经纬仪三角高程测量/m	高程导线/mm
DJ$_6$	2	对向 1 单向 2	≤±25	≤0.4×S	≤0.2×H	±0.1×H_c $\sqrt{n_s}$	±40 $\sqrt{[D]}$

注：S 为边长，km；H 为基本等高距，m；n_s 为边数；D 为测距边长，km；仪器高和觇标高量应精确至 1 mm。

四、测站点的增补

测图时利用各级控制点(包括高等级控制点和图根控制点)作为测站点,由于地表的地物、地貌有时非常零碎,在各级控制点上测绘所有碎部点往往是很困难的。因此,除了利用各级控制点外,还需要增补测站点。尤其是地形琐碎、小山脊和山谷转弯处、雨裂冲沟繁多和房屋密集的居民地,对测站点的数量要求会多一些,但应切忌用增设的测站点进行大面积测图。

增设测站点可在各级控制点上采用极坐标法、交会法和支导线测定测站点的坐标和高程。用支导线增设测站点时,为保证方向的传递精度,可采用三联脚架法。

任务六 测图前的准备工作

在控制测量结束后,在进行测图前,应做好一些准备工作,主要包括:资料准备、仪器检查和检校、图纸准备、绘制坐标方格网和展绘控制点。

一、资料准备

测图前应了解测地形图的专业要求,准备有关测量规范、图式。抄录测区内各级平面和高程控制点的成果资料。对抄录的各种成果资料应仔细核对,确认无误后,方可使用。

二、仪器的准备和检校

根据测图方法准备测量仪器、工具和所需材料物品,对主要的仪器应进行检验和校正,特别是垂直度盘指标差,每天作业开始前应进行检查。

三、图纸准备

过去是将高质量的绘图纸裱糊在胶合板或铝板上,以备测图之用。目前,常规模拟测图所用的图纸一般为毛面聚酯薄膜,厚度约为 0.07~0.1 mm,经过热定型处理,变形率小于0.2‰。这种材料的优点是:透明度好,伸缩性小,坚韧耐湿,可直接在图上着墨清绘,然后直接晒蓝或制版印刷;其缺点是:易燃、易折和易老化。所以,在使用和保管中应注意防火和防折。

四、绘制坐标格网

为了将控制点准确地展绘在图纸上,也为了便于在地形图上进行距离量算,大比例尺地形图需要预先在图纸上绘制出直角坐标格网,又称为方格网,每个方格为 10 cm×10 cm。目前,在市面上可以买到印制好坐标格网的聚酯薄膜图纸,也可用下述方法自己绘制。

绘制坐标格网的方法因所使用的工具不同而有很多种,这里介绍坐标格网尺法和对角线法。

1. 坐标格网尺法。

坐标格网尺是一支金属的直尺,如图 9-30 所示。尺上有 6 个方孔,每隔 10 cm 为一孔,起始孔是直线,中间刻一细指标线表示零点,其他各孔的斜边是以零点为圆心,分别以 10,20,…,50 (cm) 为半径的圆弧,尺端的圆弧的半径为 50 cm×50 cm 正方形的对角线长度(70.711 cm)。

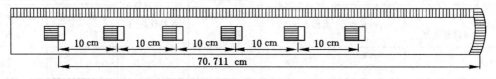

图 9-30 坐标格网尺

用坐标格网尺绘制坐标格网的方法如下：

(1) 将尺子放在图纸的下边缘[图 9-31(a)]，沿直尺边画一直线作为图廓边，并在直线左适当位置取一点 o，将尺子指标零线和 o 点重合，并使尺上各孔的斜边中心通过该直线。用铅笔沿各孔的斜边画弧线与直线相交，尺子右端第 5 条弧线与直线相交点即为 p 点。

(2) 将尺竖放在图 9-31(b)所示的位置，并将尺子指标线和 p 点重合，用铅笔沿各孔的斜边画 5 条弧线。

(3) 然后把尺子放到图 9-31(c)所示的位置，尺子指标线再对准 o 点，在尺子末端斜边上画弧线，与尺子在图 9-31(b)所示处所画的最后一条弧线相交得到 m 点，连接 p、m 即得图框右边线。

(4) 再以同法可得图框左边线 on。然后将尺放在图 9-31(e)所示的位置，检验 mn 的长度应等于 50 cm，并沿尺上各孔的斜边分别画出 10、20、30、40 (cm)的弧线，再画出直线 mn。

(5) 最后连接图上相对各点，就得到 50 cm×50 cm 的坐标格网，如图 9-31(f)所示。

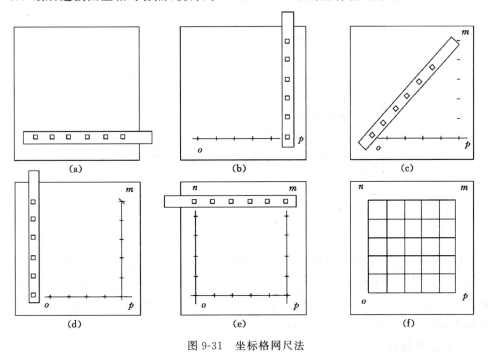

图 9-31 坐标格网尺法

同样，方格网绘好之后，必须严格地检查其绘制精度，检查的内容和限差规定见表 9-13。

表 9-13 方格网展绘的检查内容与限差

序号	图廓和坐标格网的检查内容	限差值(图上 mm)
1	内图廓边、图廓对角线的图上长度与理论长度之差	≤0.3
2	坐标格网边长与理论长度之差	≤0.2
3	坐标格网交点位于同一直线上的偏差	≤0.2
4	控制点间图上长度与其坐标反算长度之差	≤0.3
5	控制点的刺点孔径和坐标格网线粗	≤0.1

2. 对角线法

如图 9-32 所示,在图纸上沿图纸对角线方向用一支约 1 m 长的直尺和铅笔轻轻地画出两条对角线并交于 O 点,以 O 为起点,以大约等于所绘图廓对角线 1/2 的长度在对角线上截取线段 OA、OB、OC、OD,用直线连接 A、B、C、D 四点得到矩形框;分别从 A、D 两点起沿 AB 和 DC 边向上每隔 10 cm 截取线段得到分点 1、2、3、4、5;再从 A、B 两点起沿 AD 和 BC 边分别向右每隔 10 cm 截取线段得到分点 $1'$、$2'$、$3'$、$4'$、$5'$;将上、下和左、右相应的同名分点连接起来,便构成了图纸上的方格网。

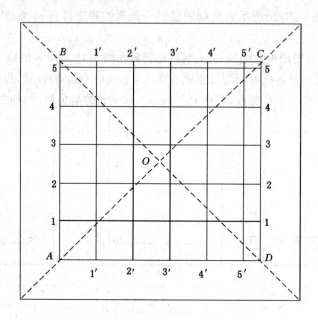

图 9-32   对角线法绘制方格网

方格网绘好之后,必须严格地检查其绘制精度,检查的内容和限差规定见表 9-13。

当 1、2、3 项检查均合格之后,将对角线和多余的图形部分擦去,根据测图比例尺在纵、横坐标线旁注记坐标值,即得到该图幅的内图廓和直角坐标格网。在市面上购买的现成坐标格网聚酯薄膜图纸也应做 1、2、3 项的检查。

五、展绘控制点

坐标格网绘制好后,应在坐标线旁进行坐标值注记,注记方法一般有两种情况:如果是在具有若干图幅的大测区,由于控制点是统一布置的,图幅又是统一划分的,则应先从测区的分幅中找出该图的图廓点坐标,并根据它进行坐标网格注记;如果只是单一图幅的小测区,坐标线的坐标值应根据控制点中最大和最小的 x、y 值及测区范围考虑,使所有的控制点及整个测区范围都能展绘到图廓内,如图 9-33 所示。

展绘控制点就是根据控制点的坐标值,确定并标注出该点在图纸上的位置。

例如,现要将控制点 $A(548.06,636.78)$ 展绘到测图比例尺为 1:1 000 的图纸上,其方法如下:

首先根据 A 点的坐标值找出它所在的方格 $klmn$($x = 500 \sim 600$,$y = 600 \sim 700$),并用 A 点的坐标减去该方格的西南角 k 点的坐标,求出坐标差值 Δx 和 Δy:

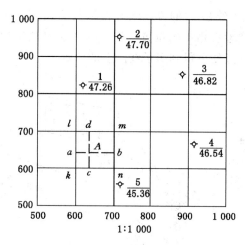

图 9-33 展绘控制点

$$\Delta x = x_A - 500 = 548.06 - 500 = 48.06 \text{（m）}$$
$$\Delta y = y_A - 600 = 636.78 - 600 = 36.78 \text{（m）}$$

根据测图比例尺求出 Δx 和 Δy 的图上长度为 48.1 mm 和 36.8 mm；分别从 k 点和 n 点向上量取 48.1 mm 得到 a、b 两点，再从 k 点和 l 点向右量取 36.8 mm 得到 c、d 两点；连接 ab 和 cd，两线交点即为 A 点在图纸上的位置。

控制点展好后，应检查相邻控制点之间的长度是否与该两点的实测距离按比例换算后的图上长度相等，如果误差超过表 9-13 中第 4 项的规定，则应重新展绘。展绘合格后，应在控制点位绘出相应的控制点符号，并在旁边用分式注记点号和高程，分式的分子为点号，分母为高程，如图 9-33 所示。

任务七　碎部测量的方法

地形图测绘的目的就是将地面上的地物和地貌经测量后按一定的比例表示在图纸上。这个工作过程包括两个环节：① 碎部测量，即测定地物、地貌特征点（又称碎部点）的平面位置和高程，如测定建筑物的主要轮廓点、道路中心线的交叉点和转弯点、河流岸线的转弯点、森林边界的转弯点、独立地物（如石碑、亭、塔等）中心点、山丘的顶点、鞍部和山脊的转弯点等；② 根据这些碎部点，对照实地情况，用相应的符号在图上描绘出各种地物和地貌。在实际操作过程中，这两个环节是相互配合交叉进行的。

一、测定碎部点的方法

1. 极坐标法

极坐标法是测定碎部点最基本的方法，它是以架设仪器的测站点到另一已知控制点（称为后视点）的方向线作为定向线，测定测站点至碎部点方向与定向线之间的水平夹角和测站点至碎部点之间的水平距离，从而确定碎部点位置的一种方法。

如图 9-34 所示，A、B、C 为实地两个已知控制点，在图上的相应点为 a、b，房子为待测地物。将经纬仪安置在 A 点，经对中、整平并以 AB 方向为定向线进行仪器定向，以盘左位置瞄准 B 点，将水平度盘读数调至（$0°00'00''$）后，用望远镜瞄准房角 1，测量并计算出水平角

β_1和水平距离D_1;在图纸上绘出a_1的方向线并根据测图比例尺在此方向线上截取图上长度$a1'$,则图上$1'$点就是实地房角1的位置。用同样方法可测得房角$2'$、$3'$,根据房子的形状,在图上连接$1'$、$2'$、$3'$各点便可得到房子在图上的位置。

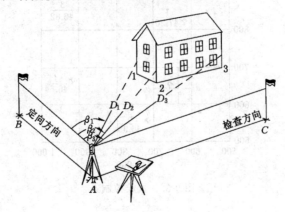

图 9-34　极坐标法测绘地物点

2. 方向交会法

方向交会法又称角度交会法,是分别在两个已知点上对同一个碎部点进行方向交会以确定碎部点位置的一种方法。

如图 9-35 所示,A、B 为地面上两个已知测站点,在图上的相应点为 a、b,河岸为待测地物。先将仪器安置在 A 点,经对中、整平并以 AB 线定向后,用望远镜瞄准河岸点 1 测得角度,依此在图上绘出 $a1'$ 方向线,然后测量 2、3 点,在图上依次绘出 $a2'$、$a3'$ 方向线。再将仪器迁移至 B 点,对中、整平以 BA 线定向后,用同样的方法测量 1、2、3 点,在图上绘出 $b1'$、$b2'$、$b3'$ 各方向线。由 $a1'$ 和 $b1'$ 两方向线交得 1 点,同样方法交得 2、3 点,根据河岸的形状,在图上连接 1、2、3 点即得到河岸线在图上的位置。此法适合于在无法接近碎部点而不能测距或当测站点离碎部点较远而测距不便时使用。

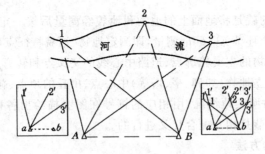

图 9-35　方向交会法

3. 距离交会法

在测完主要房屋后,再测定隐蔽在建筑群内的一些次要的地物点,特别是这些点与测站不通视时,可按距离交会法测绘这些点的位置。如图 9-36 所示,图中 P、Q 为已测绘好的地物点,若欲测定 1、2 点的位置。具体测法如下:用皮尺量出水平距离 P_1P_2 和 Q_1Q_2,然后按测图比例尺算出图上相应的长度。在图上以 P 为圆心,用两脚规按 P_1 长度为半径作圆弧,

再在图上以 Q 为圆心,用 Q_1 长度为半径作圆弧,两圆弧相交可得点1;再按同法交会出点2。连接图上的1、2两点即得地物一条边的位置。如果再量出房屋宽度,就可以在图上用推平行线的方法而绘出该地物。

4. 直角坐标法

如图 9-37 所示,P、Q 为已测建筑物的两房角点,以 PQ 方向为 y 轴,找出地物点在 PQ 方向上的垂足,用皮尺丈量 y_1 及其垂直方向的支距 x_1,便可定出点1。同法可以定出2、3等点。与测站点不通视的次要地物靠近某主要地物,地形平坦且在支距 x 很短的情况下,适合采用直角坐标法来测绘。

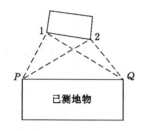

图 9-36　距离交会法测绘地物

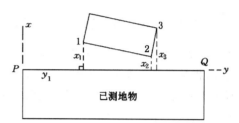

图 9-37　直角坐标法测绘地物

二、经纬仪测绘法

测绘地形图的方法有白纸测图(手工测图)和数字化测图两种。白纸测图方法包括经纬仪测绘法、大平板仪法、小平板仪与经纬仪联合测绘法等。数字化测图包括利用全站仪或 RTK 采集数据的全野外数字化测图、航测与遥感测量以及老图数字化。本节讲授经纬仪测绘法。

经纬仪测绘法的实质是按极坐标定点进行测图,观测时先将经纬仪安置在测站上,绘图板安置于测站旁,用经纬仪测定碎部点的方向与已知方向之间的夹角、测站点至碎部点的距离和碎部点的高程。然后根据测定数据用量角器和比例尺把碎部点的位置展绘在图纸上,并在点的右侧注明其高程,再对照实地描绘地形。此法操作简单、灵活,适用于各类地区的地形图测绘。

具体操作步骤如下:

(1) 安置仪器:如图 9-34 所示,安置仪器于测站点(控制点)A 上,量取仪器高 i,填入手簿,见表 9-14。

表 9-14　　　　　　　　　碎部测量记录手簿

测站:A　后视点:B　仪器高 $i_A=1.46$ m　测站高程 $H_A=56.43$ m　日期:2017 年 12 月 25 日

点号	视距 kl/m	中丝读数 v/m	水平角 β	竖盘读数 L	竖直角 δ	水平距离 D/m	高差 h/m	高程 H/m	备注
1	28.1	1.460	102°00′	93°28′	−3°28′	28.00	−1.70	54.73	山脚
2	41.4	1.460	129°25′	74°26′	15°34′	38.42	10.70	67.13	山顶
…	…	…	…	…	…	…	…	…	…
50	37.8	2.460	286°35′	91°14′	−1°14′	37.78	−1.81	54.62	电杆

（2）定向：后视另一控制点 B，置水平度盘读数为 $0°00'00''$。

（3）立尺：立尺员依次将标尺立在地物、地貌特征点上。立标尺前，立尺员应弄清实测范围和实地情况，选定立尺点，并与观测员、绘图员共同商定跑尺路线。

（4）观测：转动照准部，瞄准点1的标尺，读取视距间隔 l，中丝读数 ν，竖盘盘左读数 L 及水平角 β。

（5）记录：将测得的视距间隔、中丝读数、竖盘读数及水平角依次填入手簿，见表 9-14。对于有特殊作用的碎部点，如房角、山头、鞍部等，应在备注中加以说明。

（6）计算：先由竖盘读数 L 计算竖直角 $\delta=90°-L$，按平距公式 $D=kl\cos^2\delta$；高差公式 $h=\dfrac{1}{2}kl\sin 2\delta+i-\nu$，分别用计算器计算出碎部点的水平距离和高程。

（7）展绘碎部点：如图 9-38 所示，用细针将量角器的圆心插在图纸上测站点 a 处，转动量角器，将量角器上等于 β 角值（碎部点1为 $102°00'$）的刻划线对准起始方向线 ab，此时量角器的零方向便是碎部点1的方向，然后用测图比例尺按测得的水平距离在该方向上定出点1的位置，并在点的右侧注明其高程。基本等高距为 0.5 m 时，高程注记至厘米，基本等高距大于 0.5 m 时，高程注记至分米。同法，测出其余各碎部点的平面位置与高程，绘于图上，并随测随绘等高线和地物。

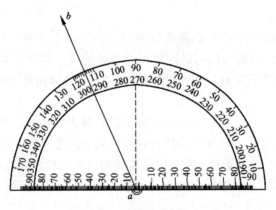

图 9-38　地形测量量角器

为了检查测图质量，仪器搬到下一测站时，应先观测前站所测的某些明显碎部点，以检查由两个测站测得该点平面位置和高程是否相符。如相差较大，则应查明原因，纠正错误，再继续进行测绘。

若测区面积较大，可分成若干图幅，分别测绘，最后拼接成全区地形图。为了相邻图幅的拼接，每幅图应测出图廓外 10 mm。

在测图过程中，应注意以下事项：

（1）为方便绘图员工作，观测员在观测时，应先读取水平角，再读取视距尺的三丝读数和竖盘读数；在读取竖盘读数时，要注意检查竖盘指标水准管气泡是否居中；读数时，水平角估读至 $1'$，竖盘读数估读至 $1'$ 即可，每观测 20～30 个碎部点后，应重新瞄准起始方向检查其变化情况，经纬仪测绘法起始方向水平度盘读数偏差不得超过 $4'$。

（2）立尺人员在跑点前，应先与观测员和绘图员商定跑尺路线；立尺时，应将标尺竖直，

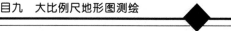

并随时观察立尺点周围情况,弄清碎部点之间的关系,地形复杂时还需绘出草图,以协助绘图人员作好绘图工作。

（3）绘图人员要注意图面正确、整洁,注记清晰,并做到随测点、随展绘、随检查。

（4）当每站工作结束后,应进行检查,在确认地物、地貌无测错或漏测时,方可迁站。

任务八　地物的测绘

地物的测绘实质就是地物特征点的测绘。地物特征点主要是构成地物形状轮廓的点,如点状地物的中心点、外部轮廓的转折点（房角点、道路边线的转折点以及河岸线的转折点）、直线的端点和终点、曲线的方向变换点,如图 9-39 所示。特征点测定后,由相关点相连接构成地物符号。主要的特征点应独立测定,一些次要的特征点可以用量距、交会、推平行线等几何作图方法绘出。

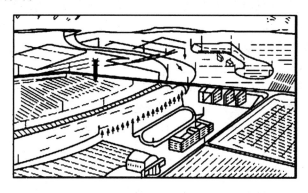

图 9-39　地物特征点

一、一般要求

1. 对已知点的要求

大比例尺碎部测图是在测定了一定数量控制点作为测站点的基础上进行的。因此,要求图幅内的图根控制点的数量及分布能够满足碎部测图的需要,其具体要求详见本项目任务五中图根控制测量相关内容。

2. 对碎部点的要求

地形图测绘是依据一定数量的碎部点进行的,因此,碎部点的多少,应视实地情况及比例尺的大小而定。为保证地形图精度,对地形点的最大间距做出相应规定是必要的,具体见表 9-15。

表 9-15　　　　　　　　　　　　地物点、地形点视距和测距最大长度

比例尺	视距最大长度/m		测距最大长度/m		高程注记点间隔/m
	地物点	地形点	地物点	地形点	
1∶500	—	70	80	150	15
1∶1 000	80	120	160	250	30
1∶2 000	150	200	300	400	50

对其点位精度的要求是:地物点相对于邻近平面控制点的点位中误差和地物点相对于邻近地物点的间距中误差,见表 9-16。森林、隐蔽等特殊困难地区,可按规定值放宽 0.5 倍。

表 9-16 地物点相对于邻近平面控制点的点位中误差和地物点相对于邻近地物点的间距中误差

地形类别	地物点相对于邻近平面控制点的点位中误差(图上 mm)	地物点相对于邻近地物点的间距中误差(图上 mm)
平地、丘陵地	≤0.5	≤0.4
山地、高山地	≤0.75	≤0.6

3. 对高程注记点的要求

(1) 高程注记点的分布要求

图上高程注记点应分布均匀,丘陵地区高程注记点间距宜符合表 9-15 的规定,平坦及地形简单地区可放宽至 1.5 倍。

山顶、鞍部、山脊、山脚、谷底、谷口、沟底、沟口、凹地、台地、河川湖池岸旁、水涯线上以及其他地面倾斜变换处,均应测高程注记点。

城市建筑区高程注记点应测设在街道中心线、街道交叉中心、建筑物墙基脚和相应的地面、管道检查井井口、桥面、广场、较大的庭院内或空地上以及其他地面倾斜变换处。

基本等高距为 0.5 m 时,高程注记点应注至厘米;基本等高距大于 0.5 m 时可注至分米。

(2) 高程注记点的精度要求

城市建筑区和基本等高距为 0.5 m 的平坦地区,1∶500、1∶1 000、1∶2 000 数字线划图的高程注记点相对于邻近图根点的高程中误差不应大于 0.15 m。

其他地区高程精度应以等高线插求点的高程中误差来衡量。等高线插求点相对于邻近图根点的高程中误差应符合表 9-17 的规定,困难地区可按表 9-17 的规定值放宽 0.5 倍。

表 9-17 等高线插求点的高程中误差

地形类别	平地	丘陵地	山地	高山地	备注
高程中误差/m	$\leq 1/3 \times H$	$\leq 1/2 \times H$	$\leq 2/3 \times H$	$\leq 1 \times H$	H 为基本等高距

4. 仪器精度要求

模拟测图使用的仪器和工具应符合下列规定:

(1) 测量仪器视距乘常数应在 100 ± 0.1 以内,直接量距使用的皮尺除在测图前检验外,作业过程中还应经常检验。测图中因测量仪器视距乘常数不等于 100 或量距的尺长改正引起的量距误差,在图上大于 0.1 mm 时,应加以改正。

(2) 垂直度盘指标差不应超过 $\pm 1'$。

(3) 量角器直径不应小于 20 cm,偏心差不应大于 0.2 mm。

(4) 直尺或三角板的名义长度与实际长度之差不应大于 0.2 mm。

5. 仪器设置及测站上的检查要求

(1) 仪器对中的偏差,不应大于图上 0.05 mm。

（2）应以较远的一点标定方向，用其他点进行检核。采用经纬仪或全站仪测绘时，检核偏差不应大于图上 0.2 mm。每站测图过程中，应检查定向点方向，采用经纬仪或全站仪等测绘时，归零差不应大于 $4'$。

（3）应检查另一测站高程，且其较差不应大于 1/5 倍基本等高距。

（4）采用量角器配合经纬仪测图，当定向边长在图上短于 100 mm 时，应以正北或正南方向作起始方向。

二、测绘地物的一般原则

（1）凡是能在图上表示的地物都要表示。

（2）测绘规范和图式是测绘地形图的重要依据。目前可执行的相关规范有：《1∶500、1∶1 000、1∶2 000 外业数字测图规程》（GB/T 14912—2017）、《国家基本比例尺地图图式第 1 部分：1∶500、1∶1 000、1∶2 000 地形图图式》（GB/T 20257.1—2017）、《工程测量规范》（GB 50026—2007）、《城市测量规范》（CJJ/T 8—2011）。

（3）测绘地物、地貌时，应遵守"看不清不绘"的原则。地表图上的线划、符号和注记应在现场完成。

（4）能依比例尺表示的地物，选定和测定外轮廓特征点，确定其外轮廓，使之与实地地物在水平面上的投影图形相似，轮廓内按图式要求填绘相应的地物符号或注记。

（5）半依比例尺表示的线状地物，其长按比例尺表示，其宽若不能依比例尺表示，则测定其地物的中心线，作为地物符号的定向线，将地物描绘在图纸上。

（6）不依比例尺表示的地物，测定其中心点，以中心点作为地物符号的定位点，将地物符号描绘在图纸上。

三、地物测绘的一般方法

根据现行相关测量规范的要求，1∶500、1∶1 000、1∶2 000 地形图中的地物测绘内容应包括：测量控制点、水系、居民地及设施、交通、管线、境界与政区、植被与土质等要素，并应着重表示与城市规划、建设有关的各项要素。现将测绘和表示上述各类地物的一般方法做一简要介绍。

1. 测量控制点测绘

测量控制点是测绘地形图和工程测量施工放样的主要依据，在图上应精确表示。

各等级平面控制点、导线点、图根点、水准点，应以展点或测点位置为符号的几何中心位置，按图式规定符号表示。

2. 水系要素的测绘及表示

（1）江、河、湖、水库、池塘、泉、井等及其他水利设施，均应按棱角或弯曲的地点准确测绘表示，有名称的加注名称。根据需要可测注水深，也可用等深线或水下等高线表示。

（2）河流、溪流、湖泊、水库等水涯线，按测图时的水位测定，当水涯线与陡坎线在图上投影距离小于 1 mm 时，以陡坎线符号表示。河流在图上宽度小于 0.5 mm、沟渠在图上宽度小于 1 mm（1∶2 000 在地形图上小于 0.5 mm）的用单线表示。

（3）海岸线应以平均大潮高潮的痕迹所形成的水陆分界线为准。各种干出滩应在图上用相应的符号或注记表示，并应适当测注高程。

（4）水位高及施测日期视需要测注。水渠应测注渠顶边和渠底高程；时令河应测注河床高程；堤、坝应测注顶部及坡脚高程；池塘应测注塘顶边及塘底高程；泉、井应测注泉的出水口与井台高程,并根据需要注记井台至水面的深度。

3. 居民地及设施要素的测绘及表示

(1) 居民地的各类建筑物、构筑物及主要附属设施应准确测绘实地外围轮廓且如实反映建筑结构特征。测量房屋时应用房屋的长边控制房屋,不可用短边两点和长边距离画房,避免误差太大。成片房屋的内部无法直接测量,可用全站仪测量外部轮廓,内部用钢尺丈量。

(2) 房屋的轮廓应以墙基外角为准,并按建筑材料和性质分类,注记层数。1∶500、1∶1 000地形图房屋应逐个表示,临时性房屋可舍去;1∶2 000地形图可适当综合取舍,小于 1 mm 宽的小巷,可适当合并,图上宽度小于 0.5 mm 的小巷可不表示。

(3) 建筑物和围墙轮廓凸凹在图上小于 0.4 mm,简单房屋小于 0.6 mm 时,可用直线连接。街区凸凹部分的取舍,可根据用图的需要和实际情况确定。

(4) 1∶500 比例尺测图,房屋内部天井宜区分表示;对于 1∶1 000 比例尺测图,图上面积 6 mm² 以下的天井可不表示

(5) 垣栅的测绘应分类清楚,取舍得当。城墙按城基轮廓依比例尺表示时,城楼、城门、豁口均应测定,围墙、栅栏、栏杆等,可根据其永久性、规整性、重要性等综合取舍。

(6) 台阶和室外楼梯长度大于图上 3 mm、宽度大于图上 1 mm 的应在图中表示。

(7) 永久性门墩、支柱大于图上 1 mm 的依比例实测,小于图上 1 mm 的测量其中心位置,用符号表示。重要的墩柱无法测量中心位置时,要量取并记录偏心距和偏离方向。

(8) 建筑物上突出的悬空部分应测量最外范围的投影位置,主要的支柱也要实测。

(9) 对于地下建(构)筑物,可只测量其出入口和地面通风口的位置和高程。

(10) 工矿及设施应在图上准确表示其位置、形状和性质特征;依比例尺表示的,应测定其外部轮廓,并应按图式配置符号或注记;不依比例尺表示的,应测定其定位点或定位线,并用不依比例尺符号表示。在工矿区测绘地形图时,建(构)筑物细部坐标点测量的位置见表 9-18。

表 9-18　　　　　　　　　建(构)筑物细部坐标点测量的位置

类别		坐标	高程	其他要求
建(构)筑物	矩形	主要墙角	主要墙外角、室内地坪	
	圆形	圆心	地面	注明半径、高度或深度
	其他	墙角、主要特征点	墙外角、主要特征点	
地下管线		起、终、转、交叉点管道中心	地面、井台、井底、管顶、下水测出入口的管底或沟底	经委托方开挖后施测
架空管道		起、终、转、交叉点支架中心	起、终、转、交叉点、变坡点的基座面或地面	注明通过铁路、公路的净空高
架空电力线路电信线路		铁塔中心及起、终、转、交叉点杆柱的中心	杆(塔)的地面或基座面	注明通过铁路、公路的净空高
地下电缆		起、终、转、交叉点的井位或沟道中心,入地处、出地处	起、终、转、交叉点的井位或沟道中心,入地处、出地处、变坡点的地面和电缆底	经委托方开挖后施测

类别	坐标	高程	其他要求
铁路	车挡、岔心、进厂房处、直线部分每 50 m 一点	车挡、岔心、变坡点、直线段每 50 m 一点,曲线内轨每 20 m 一点	
公路	干线交叉点	变坡点、交叉点、直线段每 30~40 m 一点	
桥梁、涵洞	大型的四角点,中型的中心线两端点,小型的中心点	大型的四角点,中型的中心点两端点,小型的中心点、涵洞进出、口底部高	

4. 交通要素的测绘及表示

(1) 交通及附属设施的测绘,图上应准确反映陆地道路的类别和等级,附属设施的结构和关系;正确处理道路的相交关系及与其他要素的关系;正确表示水运和海运的航行标志,河流和通航情况及各级道路的通过关系。

(2) 铁路轨顶、公路路中、道路交叉处、桥面等,应测注高程;曲线段的铁路,应测量内侧轨顶高程;隧道、涵洞应测注底面高程。

(3) 公路与其他双线道路在图上均应按实宽依比例尺表示。公路应在图上每隔 150~200 mm 注出公路技术等级代码,国道应注出国道路线编号。公路、街道按其铺面材料分为水泥、沥青、砾石、条石或石板、硬砖、碎石和土路等,应分别以砼(混凝土)、沥、砾、石、砖、碴、土等注记于图中路面上,铺面材料改变处应用点线分开。

(4) 铁路与公路或其他道路平面相交时,不应中断铁路符号,而应将另一道路符号中断;城市道路为立体交叉或高架道路时,应测绘桥位、匝道与绿地等;多层交叉重叠,下层被上层遮住的部分可不绘,桥墩或立柱应根据用图需求表示。

(5) 路堤、路堑应按实地宽度绘出边界,并应在其坡顶、坡脚适当测注高程。

(6) 道路通过居民地不宜中断,应按真实位置绘出;高速公路应绘出两侧围建的栅栏(或墙)和出入口,注明公路名称;中央分隔带视用图需要表示;市区街道应将车行道、过街天桥、过街地道的出入口、分隔带、环岛、街心花园、人行道与绿化带绘出。

(7) 跨河或谷地等的桥梁,应测定桥头、桥身和桥墩位置,并应注明建筑结构;码头应测定轮廓线,并应注明其名称,无专有名称时,应注记"码头";码头上的建筑应测定并以相应符号表示。

(8) 大车路、乡村路、内部道路按比例实测,宽度小于图上 1 mm 时只测路中线,以小路符号表示。

5. 管线要素的测绘及表示

(1) 永久性的电力线、电信线均应准确表示,电杆、铁塔位置应实测。当多种线路在同一杆架上时,只表示主要的。城市建筑区内电力线、电信线可不连线,但应在杆架处绘出线路方向。各种线路应做到线类分明,走向连贯。

(2) 架空的、地面上的、有管堤的管道均应实测,分别用相应符号表示,并注明传输物质的名称。当架空管道直线部分的支架密集时,可适当取舍。地下管线检修井宜测绘表示。

（3）污水箅子、消防栓、阀门、水龙头、电线箱、电话亭、路灯、检修井均应实测中心位置，以符号表示，必要时标注用途。

（4）成排的电杆不必每一个都测，可以隔一根测一根或隔几根测一根，因为这些电杆是等间距的，在内业绘图时可用等分插点画出。但有转向的电杆一定要实测。

（5）地下光缆也应实测，但军用、国防光缆须经某些部门批准方可在图上标出。

（6）各种管线的检修井，电力线路、通信线路的杆（塔），架空管线的固定支架，应测出位置并适当测注高程点。

6. 境界与政区要素的测绘及表示

（1）应正确反映境界的类别、等级、位置以及与其他要素的关系。

（2）县（区、旗）和县以上境界应根据勘界协议、有关文件准确绘出，界桩、界标应精确表示几何位置。乡、镇和乡级以上国营农、林、牧场以及自然保护区界线可按需要测绘。

（3）两级以上境界重合时，应以较高一级境界符号表示。

7. 植被与土质要素的测绘及表示

（1）地形图上应正确反映出植被的类别特征和范围分布。对耕地、园地应实测范围，配置相应的符号表示。大面积分布的植被在能表达清楚的情况下，可采用注记说明。同一地段生长有多种植物时，可按经济价值和数量适当取舍，符号配制不得超过三种（连同土质符号）。

（2）旱地包括种植小麦、杂粮、棉花、烟草、大豆、花生和油菜等的田地，经济作物、油料作物应加注品种名称。有节水灌溉设备的旱地应加注"喷灌""滴灌"等。一年分几季种植不同作物的耕地，应以夏季主要作物为准配置符号表示。

（3）田埂宽度在图上大于 1 mm 的应用双线表示，小于 1 mm 的用单线表示。田块内应测注有代表性的高程。

（4）梯田坎坡顶及坡脚宽度在图上大于 2 mm 时，应实测坡脚。当 1∶2 000 比例尺测图梯田坎过密，两坎间距在图上小于 5 mm 时，可适当取舍。梯田坎比较缓且范围较大时，可用等高线表示。

（5）地类界与线状地物重合时，只绘线状地物符号。

8. 其他要素的测绘及表示

各种名称、说明注记和数字注记应准确注出；图上所有居民地、道路（包括市镇的街、巷）、山岭、沟谷、河流等自然地理名称，以及主要单位等名称，均应进行调查核实，有法定名称的应以法定名称为准，并应正确注记。

任务九　地貌的测绘

地貌是指地球表面上高低起伏的形态。这些形态是极其复杂、多样的，但从几何观点看，可以认为它们都由多个不同形状、不同方向、不同倾斜角度和不同大小的平面所组成。相邻两倾斜面相交处的棱线称为地性线（如山谷线和山脊线）。如果将地性线上各特征点的平面位置和高程测定下来，并将其相关的点连接起来，就构成了地貌的骨架，从而确定了地貌的基本形态。用来确定地性线的点有：山顶点、鞍部最低点、盆地中心点、谷口点、山脚点、坡度或方向变换点等，这些点统称为地貌特征点，如图 9-40 所示。在地貌测绘中，立尺点就应选在这些特征点上。

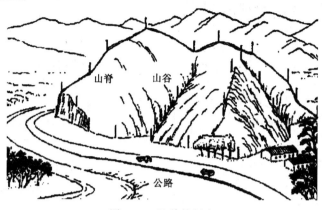

山脊　　山谷

公路

图 9-40　地貌特征点

一、地貌测绘的一般方法

实际测图中,测绘等高线是地貌测绘的主要工作,但等高线一般都不是直接测定的。等高线的测绘,通常是先测定一些地貌特征点,连接这些特征点成地性线以构成地貌骨架,然后按等高线的性质用内插法确定等高线在地性线上的通过点,最后参照实际地形描绘出等高线。

1. 测定地貌特征点

测定地貌特征点就是测定山顶、鞍部、山脊、山谷和地形变换点及山脚点、山坡倾斜变换点等,其测定方法采用极坐标法或交会法。地貌特征点在图上的平面位置以小圆点表示,高程注于点旁,如图 9-41(a)所示。

2. 连接地性线

连接地性线就是在图纸上根据测定的特征点的位置和实地点与点的关系,以轻淡的实线连出分水线(山脊线);以轻淡的虚线连出合水线(山谷线),如图 9-41(a)所示。为避免错乱,一次不可测点过多,最好是边测边连接地性线。地性线连接情况与实地是否相符,直接影响地貌表示的逼真程度,必须予以充分注意。

3. 求等高线通过的点

地性线连好后,即可按照地性线每段两端碎部点的高程,在地性线上求得某些等高线的通过点,如图 9-41(b)所示。

一般说来,地性线上相邻两点间的坡度是等倾斜的(因为立尺时已考虑到这点)。根据垂直投影原理可知,其图上等高线间的平距也是相等的。因此,确定地性线上等高线的通过点时,可以根据通过点的高程,按比例计算的方法(内插法)求得。

例如,在图 9-41(b)中,地性线上有相邻的 B、C 两点,高程分别是 14.3 m 和 10.6 m,两点间的高差为 3.7 m,两点间的平距在图上量得为 2.8 cm,以平距为横轴,以高差为纵轴,绘成断面图,即恢复出 B、C 两点间的实地坡形。若地形图的等高距为 1 m,根据 B、C 点的高程,可以判断出在 B、C 之间能找出 11 m、12 m、13 m 和 14 m 等高线所通过的位置。在两相邻碎部点之间找等高线通过的点是根据相似三角形的原理,采"先取头定尾,再中间等分"的方法内插分点。例如,求得 B 点到 14 m 等高线的高差为 0.3 m,由 11 m 等高线到 C 点

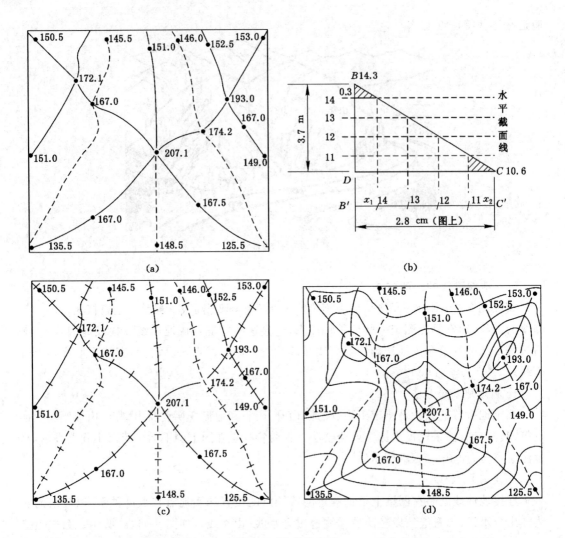

图 9-41 勾绘等高线

(a) 连接地形线;(b) 点的内插原理;(c) 等高线通过点的内插;(d) 勾绘等高线

的高差为 0.4 m,则 B 点到 14 m 等高线和 C 点到 11 m 等高线的平距 x_1 和 x_2 可以根据相似三角形的比例关系求得:

$$\frac{x_1}{0.3} = \frac{2.8}{3.7}, \quad x_1 = \frac{2.8 \times 0.3}{3.7} = 2.3 \text{ (mm)}$$

$$\frac{x_2}{0.4} = \frac{2.8}{3.7}, \quad x_2 = \frac{2.8 \times 0.4}{3.7} = 3.0 \text{ (mm)}$$

在图上从 B 点开始沿 BC 地性线方向量取 2.3 mm,即得到 14 m 等高线通过的点;从 C 点开始沿 CB 方向量取 3.0 mm,即得到 11 m 等高线通过的点,然后再将 11 m 到 14 m 等高线之间的长度三等分,就得到 12 m、13 m 等高线通过的点。

用同样的方法,可以内插出地性线上所有相邻碎部点之间各条等高线通过的点位,如图 9-41(c)所示。

实际作业时,如果用解析方法来确定等高线通过的点,就相当麻烦和费时,因此往往采用目估内插法来确定等高线通过的点。具体方法是:先目估确定靠近两端点等高线通过的点,然后在所确定的等高线点之间目估等分其他等高线通过的点。这种方法十分简单和迅速,但初学者不易掌握,要反复练习,才能熟练、准确。

4.勾绘等高线

当在图上求得足够数量的等高线通过的点后,对照实地地形,将高程相同的相邻点用圆滑的曲线连接起来,即得到该片区地貌的等高线图形,如图 9-41(d)所示。最后将计曲线加粗,并选择适当位置在计曲线上加注高程。

在勾绘等高线时,应注意以下几点:

(1)应对照实地情况现场勾绘,这样绘制出的等高线才会更真实地逼近实际的地形,并且应该一边求等高线通过点,一边勾绘等高线,不要等到把全部等高线通过点都求出后再勾绘等高线。

(2)等高线为光滑曲线,注意加粗计曲线。

(3)高程注记字头朝北,等高线在注记处应断开。

勾绘等高线是一项比较困难的工作,因为勾绘时依据的图上点只是少量的地貌特征点和地性线上等高线通过点。对于显示两地性线间的微型地貌来说,还需要一定的判断和描绘的实践技能,否则就不能更加客观地显示地貌的变化。待等高线勾绘完毕后,所有地性线应全部擦去。

二、典型地貌的测绘

地貌的形态虽然千变万化、千姿百态,但归结起来,不外乎由山地、盆地、山脊、山谷、鞍部等基本地貌组成。这些典型地貌在测绘时,主要是测绘其地貌特征线(地性线)。在地性线上比较显著的点有:山顶点、洼地中心点、鞍部最底点、谷口点、山脚点、坡度变换点等。

1.山顶

山顶是山的最高部分。山地中突出的山顶有很好的控制作用和方位作用。因此,山顶要按实地形状来描绘。山顶的形状很多,有多尖山顶、圆山顶、平山顶。山顶的形状不同,等高线的表示也不同,如图 9-42 所示。

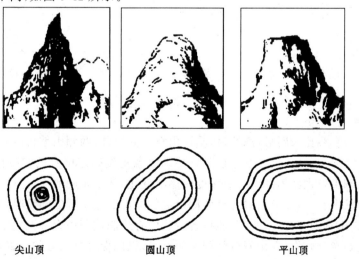

尖山顶　　　　　圆山顶　　　　　平山顶

图 9-42　山顶等高线

尖山顶的顶部附近倾斜较为一致,因此,尖山顶的等高线之间的平距大小相等,即使在顶部,等高线间的平距也没有多大的变化。测绘时,标尺除立在山顶外,其周围山坡适当选一些特征点就可以了。

圆山顶的顶部坡度较为平缓,然后逐渐变陡,等高线间平距在离山顶较远的部分较小,越到山顶,等高线平距逐渐增大,在顶部最大。测绘时山顶最高点应立尺,在山顶附近坡度变化处应立尺。

平山顶的顶部平坦,到一定范围时坡度突然变化。因此,等高线的平距在山坡部分较小,但不是向山顶方向逐渐变化,而是到山顶突然增大。测绘时,必须特别注意在山顶坡度变化处立尺,否则,地貌的真实性将受到影响。

2. 山脊

山脊是山体延伸的最高棱线。山脊的等高线均向下坡方向两侧凸出基本对称,山脊的坡度变化反映了山脊纵断面的起伏情况,山脊等高线的尖圆程度反映了山脊横断面的形状。山地地貌是否逼真,主要是看山脊与山谷,如果山脊绘得真实、形象,整个山体就比较逼真。测绘山脊要真实地表现其坡度和走向,特别是大的分水线、坡度变换点和山脊、山谷转折点,应形象地表示。

山脊的形状可分为尖山脊、圆山脊、台阶状,它们可通过等高线的弯曲程度来表示。如图 9-43 所示,尖山脊的等高线依山脊延伸方向呈尖角状;圆山脊的等高线依山脊延伸方向呈圆弧状;台阶状山脊的等高线依山脊方向呈疏密不同的形状。

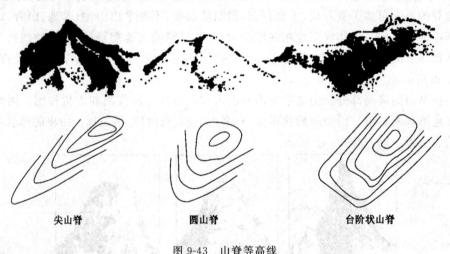

尖山脊　　　　　　圆山脊　　　　　　台阶状山脊

图 9-43　山脊等高线

尖山脊的山脊线比较明显,测绘时,除在山脊上立尺外,两侧山坡也应有适当的立尺点。

圆山脊的脊部有一定的宽度,测绘时要特别注意正确确定山脊的实际位置,然后立尺,此外对山脊两侧山坡也必须注意它的坡度的逐渐变化,选择正确的立尺点。

对于台阶状山脊,应注意由脊部至两侧山坡的坡度变化位置。测绘时,要恰当地选择立尺点,方可控制山脊的宽度。切记不能把台阶状山脊绘制成圆山脊甚至尖山脊的地貌。

山脊往往是有分歧脊,在山脊分歧处必须立尺,以确保分歧山脊的位置正确。

3. 山谷

山谷等高线表示的特点与山脊相反,山谷的形状分为尖底谷、圆底谷、平底谷。如图

9-44 所示,尖底谷谷底尖窄,等高线通过谷底时呈尖状;圆底谷谷底为圆弧状,等高线呈圆弧状;平底谷谷底较宽、谷底平缓、两侧较陡,等高线通过谷底时在其两侧近于直角状。

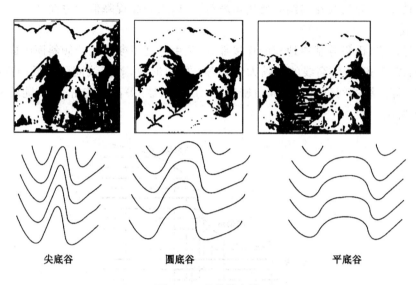

尖底谷　　　　　　　　圆底谷　　　　　　　　平底谷

图 9-44　山谷等高线

尖底谷常常有小溪,山谷线较为明显。测绘时,立尺应选在等高线的转弯处。

圆底谷的山谷线不太明显,所以绘制时应注意山谷线的位置和谷底形成的地方。

平底谷多为人工开辟后形成。测绘时,标尺应选择在山坡与谷底相交的地方,以控制山谷的走向和宽度。

4. 鞍部

鞍部是两个山脊的会合部,形状像马鞍,是山脊的一个特殊部分,可分为窄短鞍部、窄长鞍部、平宽鞍部,如图 9-45 所示。鞍部等高线的特点是具有对称性,它往往是山区道路通过的地方,具有重要的方位作用。测绘时,鞍部的最低点必须立尺,鞍部附近的立尺点视坡度变化情况选择。描绘时,应表现等高线的对称性和实地鞍部特点。

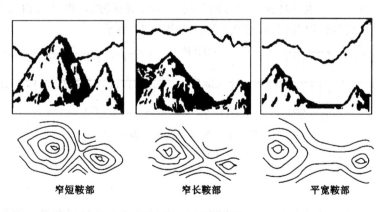

窄短鞍部　　　　　　　窄长鞍部　　　　　　　平宽鞍部

图 9-45　鞍部等高线

5. 盆地

盆地是四周高、中间低的地形,其等高线的特点与山顶相似,但是其高低相反。测绘时应在最低处立尺,等高线在勾绘时要用示坡符号,以表明高程降低的方向。

6. 山坡

山坡是山脊、山谷等基本地貌的连接部分,是由坡度不断变化的倾斜面组成。其坡形可分为四种:① 等齐坡,等高线的间隔大致相等;② 凹形坡,等高线间隔自低向高由疏变密;③ 凸形坡,等高线的间隔自低向高由密变疏;④ 阶状坡,等高线疏密交替,陡坡密,缓坡疏,如图 9-46 所示。

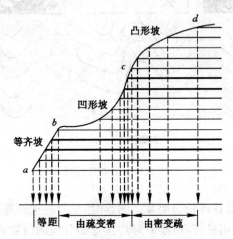

图 9-46 山坡等高线疏密与坡度的关系

测绘时,应在坡度变换的地方立尺,坡面上地形变化实际就是一些不明显的小山脊、小山谷,等高线的弯曲也不大,但必须注意立尺的位置,以显示细微地貌。

7. 斜坡、陡坎

斜坡是指各种天然形成和人工修筑的坡度在 70°以下的坡面,陡坎是指坡度在 70°以上陡峭地段。斜坡在图上的投影宽度小于 2 mm 时,以陡坎符号表示。符号的上沿实线表示斜坡的上棱线,长、短线表示坡面。符号的长线一般绘制到坡脚,但当坡面较宽且有明显坡脚线时,可测绘坡脚线,以范围线(虚线)表示,如图 9-47 所示。

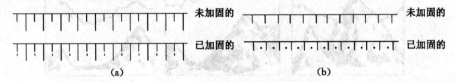

图 9-47 斜坡及陡坎的表示
(a) 斜坡;(b) 陡坎

8. 梯田

梯田是在山坡上经过人工改变的地貌,有水平梯田和倾斜梯田两种。测绘时,沿梯田坎立尺,在图形上以等高线、梯田坎符号和高程注记(或注记比高)相配合表示梯田。如图9-48所示。

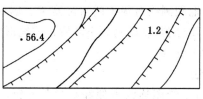

图 9-48　梯田等高线

三、地貌要素的测绘及表示

（1）应正确表示地貌的形态、类别和分布特征。

（2）自然形态的地貌宜用等高线表示，有些地貌如雨裂、冲沟、悬崖、陡壁、砂崩崖、土崩崖等不能用等高线表示的，可用测绘地物的方法测绘出它们的轮廓，用图式规定的地貌符号、注记配合等高线表示。城市建筑区和不便于绘等高线的地方，可不绘等高线。

（3）各种自然形成和人工修筑的坡、坎，其坡度在 70°以上时应以陡坎符号表示，70°以下时应以斜坡符号表示；在图上投影宽度小于 2 mm 的斜坡，应以陡坎符号表示；当坡、坎比高小于 1/2 基本等高距或在图上长度小于 5 mm 时，可不表示；坡、坎密集时，可适当取舍。

（4）梯田坎坡顶及坡脚宽度在图上大于 2 mm 时，应测定坡脚；测制 1：2 000 数字地形图时，若两坎间距在图上小于 5 mm，可适当取舍；梯田坎比较缓且范围较大时，也可用等高线表示。

（5）坡度在 70°以下的石山和天然斜坡，可用等高线或用等高线配合符号表示；独立石、土堆、坑穴、陡坎、斜坡、梯田坎、露岩地等应测注上、下方高程，也可测注上方或下方高程并量注比高。

（6）各种土质应按图式规定的相应符号表示，大面积沙地应采用等高线加注记表示。

（7）计曲线上的高程注记，字头应朝向高处，且不应在图内倒置；山顶、鞍部、凹地等不明显处等高线应加绘示坡线；当首曲线不能显示地貌特征时，可测绘 1/2 基本等高距的间曲线。

四、地貌测绘的注意事项

1. 正确选择地貌特征点

选错或漏测，将使绘出的等高线与实地不符。一般来说，地物特征点容易选择，而地貌特征点选择比较困难。例如在山区，由远从下往上看，很容易判认特征点的位置，而一走近时，就会难于辨认。因此，立尺者必须及早依斜坡由下而上地认定坡度变换点、方向变换点等位置，以免测错、测漏。

2. 注意地貌的综合取舍

地貌千姿百态、千变万化，我们不可能，也无必要将地貌所有微小变化都测绘出来。为此，在保证地貌总体形态不变的情况下，根据测图比例尺和用图的目的，对一些小变化的地貌进行适当的综合取舍。例如，对于局部碎小地貌可以舍去不测，而对坎高小于半个基本等高距的地坎可以舍去或综合表示。

地貌特征点（立尺点）测绘数目的多少，原则上是少而精。特征点的多少，取决于地貌繁杂程度、测图比例尺和等高距等。立尺点过少，将使描绘缺乏依据而影响成图质量；立尺点过多不仅影响测图进度，反而造成图面混乱，影响表现总体的地貌。在坡度平缓地区，即使没有明显的地性线，为表达地面高低情况，在图中每方格内应均匀测定一定数量的高程点。

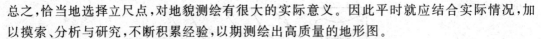

总之,恰当地选择立尺点,对地貌测绘有很大的实际意义。因此平时就应结合实际情况,加以摸索、分析与研究,不断积累经验,以期测绘出高质量的地形图。

3. 测绘山地地貌时的跑尺方法

(1) 沿山脊和山谷跑尺法

对于比较复杂的地貌,为了绘图连线方便和减少其差错,立尺员应从第一个山脊的山脚,沿山脊往上跑尺。到山顶后,沿相邻的山谷线往下跑尺直至山脚。然后跑紧邻的第二个山脊线和山谷线,直至跑完为止。这种跑尺方法,立尺员的体力消耗较大。

(2) 沿等高线跑尺法

当地貌不太复杂,坡度平缓且变化较均匀时,立尺员按"之"字形沿等高线方向一排一排立尺。遇到山脊线或山谷线时顺便立尺。这种跑尺方法既便于观测和勾绘等高线,又易发现观测、计算中的差错。同时,立尺员的体力消耗也较小。但勾绘等高线时,容易判断错地性线上的点位,故绘图员要特别注意对于地性线的连接。

任务十 地形图测绘综合取舍的一般原则

一、综合取舍的一般原则

(1) 要求地形图上的地物位置准确,主次分明,符号运用恰当,充分反映地物特征,图面清晰、易读,便于使用。

(2) 保留主要、明显、永久性地物,舍弃次要、临时性地物。对有方位作用的及对设计、施工、勘察规划等有重要参考价值的地物要重点表示。

(3) 当两种地物符号在图上密集不能容纳时,可将主要地物精确表示,次要地物适当移位表示。移位时应保持其相关位置正确,保持其总貌和轮廓特征。

(4) 当许多同类地物聚于一处,不能一一表示时,可综合用一个整体符号表示,如相邻甚近的几幢房屋可表示为街区;密集地物无法一一表示而又不能综合或移位表示时,取其主要地物,舍弃次要地物。

(5) 一般说1:500~1:2 000 的地形图基本上属依比例尺测图,即图上能显示的地物、地貌,应尽量显示,综合取舍问题很少。如当坡、坎比高小于1/2 基本等高距或在图上长度小于 5 mm 时,可不表示;坡、坎密集时,可以适当取舍。

在地形测图中,关于地物的综合取舍是个十分复杂的问题,只有通过长期实践才能正确掌握。

二、地形图上各种要素配合表示原则(制图产品的编辑原则)

1. 居民地

(1) 街区与道路的衔接处,应留 0.3 mm 的间隔。

(2) 建筑在陡坎和斜坡上的建筑物,按实际位置绘出(房屋或围墙等高出地面的建筑物,直接建筑在陡坎或斜坡上且建筑物边线与陡坎上沿线重合的,可用建筑物边线代替坡坎上沿线);陡坎无法准确绘出时,可移位表示,并留 0.3 mm 的间隔。

(3) 悬空于水上的建筑物(如房屋)与水涯线重合时,建筑物照常绘出,间断水涯线。

2. 点状地物

(1) 两个点状地物相距很近,同时绘出有困难时,可将高大突出的准确表示,另一个移

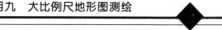

位表示,但应保持相互的位置关系。

(2) 点状地物与房屋、道路、水系等其他地物重合时,可中断其他地物符号,间隔 0.3 mm,以保持独立符号的完整性。

(3) 独立树、岩峰、山洞和空旷区域低矮的独立房、小棚房等明显、突出、具有判定方位作用的地物,应测绘并表示。

3. 交通

(1) 双线道路与房屋、围墙等高出地面的建筑物边线重合时,可用建筑物边线代替道路边线。道路边线与建筑物的接头处,应间隔 0.3 mm。

(2) 铁路与公路(或其他道路)水平相交时,铁路符号不中断,另一道路符号中断;不在同一水平相交时,道路的交叉处,应绘制相应的桥梁符号。

(3) 公路路堤(堑)应分别绘出路边线与堤(堑)边线,两者重合时,可将其中之一移动 0.3 mm 绘出。

4. 管线

(1) 城镇建成区内电力线、通信线可不连接,但应在杆架处绘出连线方向。

(2) 同一杆架上架有多种线路时,表示其中主要的线路,但各种线路走向应连贯,线类应分明。

5. 水系

(1) 河流遇桥梁、水坝、水闸等应断开。

(2) 水涯线与陡坎重合时,可用陡坎边线代替水涯线;水涯线与斜坡脚重合时,仍应在坡脚将水涯线绘出。

6. 境界

(1) 凡绘制有国界线的图,应报国家测绘地理信息局地图审查中心批准。

(2) 境界以线状地物一侧为界时,应离线状地物 0.3 mm 按图式绘出;如以线状地物中心为界,不能在线状地物符号中心绘出时,可沿两侧每隔 3～5 cm 交错绘出 3～4 节符号。但在境界相交或明显拐弯及图廓处,境界符号不应省略,以明确走向和位置。

7. 等高线

(1) 单色图上等高线遇到房屋及其他建筑物、双线道路、路堤、路堑、坑穴、陡坎、斜坡、湖泊、双线河、双线渠以及注记等均应中断。

(2) 多色图等高线遇双线河、渠、湖泊、水库、池塘应断开,遇其他地物可不中断。

(3) 当等高线的坡向不能判别时,应加绘示坡线。

8. 植被

(1) 同一地类界范围内的植被,其符号可均匀配置;大面积分布的植被在能表达清楚的情况下,可采用注记说明。

(2) 地类界与地面上有实物的线状符号重合时,可省略不绘;与地面上无实物的线状符号(如架空管线、等高线等)重合时,地类界移位 0.3 mm 绘出。

9. 注记

(1) 文字注记要使所表达的地物能明确判读,字头朝北,道路河流名称可随线状弯曲的方向排列,各字底边平行于南、北图廓线。

(2) 注记文字之间最小间隔应 0.5 mm,最大间隔不宜超过字大的 8 倍。注记时应避免遮盖主要地物和地形特征部分。

（3）高程点注记一般注于点的右方,离点间隔 0.5 mm。

（4）等高线注记字头应指向山顶或高地,但字头不宜指向图纸的下方。地貌复杂的地方,应注意合理配置,以保持地貌的完整。

三、地形测图测站操作注意要点

（1）测站点应选在通视良好、便于测量碎部的地方,点位密度依测图比例尺的最大视距和地形繁简而定。一般要求相邻测站点间的距离小于两倍最大视距,隐蔽地区还应适当缩短。

（2）当局部地区缺乏图根点时,应按规范中允许的方法增设测站点。当测站点需进行图解交会时,应先交会出测站点的平面位置,读取竖直角、量取仪器高并计算测站点的高程,然后整置仪器,方可进行测图。

（3）在一般情况下,应保持各测站测绘图形的衔接,避免跳站,并注意相邻站之间接合处丢漏地物的补测。

（4）作业中,图上所有线条、符号和注记均应在现场完成,测站上看不清的地物、地貌,测图员应亲自到实地观察了解或就近描绘。

（5）为确保成图质量,应严格遵守规范中最大视距的规定;视距最好用上、下丝读出,个别情况可用半丝读出。特殊情况需放长视距时,应按规范规定执行。

（6）地物和不用等高线表示的地貌应随测随绘,地性线用轻淡细线随时连接。测定部分碎部点后,应及时描绘等高线,不要等测站上全部碎部点测完后再描绘等高线。

（7）注意保护图面整洁,注记清楚。每个测站工作完毕后,要对照实地检查有无错误和丢漏,发现问题,及时纠正。尽可能利用立尺员走尺时间,检查所测地形点是否正确。对邻站所测碎部点应检测 2～3 个点。

（8）每测站在立尺员出发立尺前,测图员应根据图上所展绘的控制点分布情况,将欲设测站点的位置向立尺员交代清楚,便于在立尺过程中就近立尺;描绘方向线时,应先检查测板方位,然后才能画线。

（9）立尺员立尺要垂直。立尺点位属于何类,如何连接,要清楚报于测图员,每测站立尺完毕应在测站协助测图员检查连接、绘注是否正确。

（10）每天工作开始前,应测定照准仪指标差,若指标差超过±1′时,要进行改正。每站工作开始,要首先检查本测站的平面位置和高程。

任务十一　地形测图的收尾工作

一、图边的测绘与拼接

1. 图边测绘

测区较大时,地形图是分幅测绘的,各相邻图幅必须能互相拼接成为一体,由于测绘误差的存在,在相邻图幅拼接处,地物的轮廓线、等高线不可能完全吻合。若接合误差在允许范围内,可进行调整;否则,对超限的地方须进行外业检查,在现场改正。

为便于拼接,要求每幅图的四周均须测出图廓线外 5～10 mm 范围。对线状地物应测至主要的转折点和交叉点;对地物的轮廓应将其完整地测出。为保证图边拼接精度,在建立图根控制点时,在图幅边附近布设足够的解析图根点,相邻图幅均可利用它们来测图。

2. 图边拼接

由于薄膜具有透明性,拼接时可直接将相邻图幅边上、下准确地叠合起来,仔细观察接图边两边的地物和地貌是否互相衔接,地物有无遗漏,取舍是否一致,各种符号、注记是否相同等。

当同一要素的拼接位移不超过规定的地物、地貌点位中误差的 $2\sqrt{2}$ 倍时,可在两幅图上各改正一半。具体做法是:先将其中一幅图边的地物、地貌按平均位置改正,而另一幅则根据改正后的图边进行改正。改正直线地物时,应按相邻两图幅中直线的转折点或直线两端点连接。改正后的地物和地貌应保持合理的走向,如图 9-49 所示。

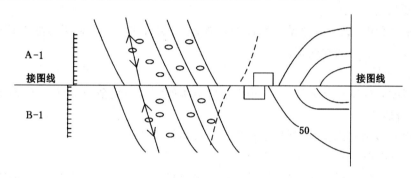

图 9-49 图边拼接

二、原图整饰

原图的整饰是外业各项成果的最后体现,因此必须认真进行。原图整饰一般应在自检、互检、检查、验收后进行。整饰时应严格按照图式进行着墨描绘。对于需印刷出版的地形图,一般应在野外时对原图着墨,分色清绘。但为了便于对照,图式中的深蓝色须改绘成绿色。当生产或设计单位采用单色(黑色)大比例尺地形图时,其原图整饰只需用黑色进行。若不需着色时,则可用铅笔整饰。

聚酯薄膜测图,着墨时应先用脱脂棉(或泡沫塑料)蘸肥皂水(或洗衣粉水)轻轻擦洗图面,以清除脏污和铅笔粉末,待晾干后用特制墨水(或铅笔)着墨。

整饰时按下列顺序进行:内图廓及内图廓的坐标网线→三角点、导线点、水准点及各级解析图根点→居民地、道路、桥梁及方位物→各种名称、数字注记→各种线路、水系及其附属建筑物→地类界及植被→等高线及各种特殊地貌符号→境界线→图幅整饰(包括外图廓线、坐标网、经纬度、图名、图号及图幅结合表等)。

整饰及着墨时应注意:图上所有线条和轮廓要与原图严密吻合,不得擅自移动;高程注记数字应字头向北,书写清楚整齐;居民地、道路、河流、山脉等文字注记的位置要恰当(即山名一般以水平字列注于山顶上方;河流名称注于河流中段;居民地名称多用水平字列,必要时也可用垂直或雁行字列注于适当位置);描绘等高线应光滑,且与高程注记点相适应;计曲线上的高程注记应字头朝向高处,但需避免在图内倒置。

三、地形原图的检查

地形图及其有关资料的检查验收工作,是测绘生产的一个不可缺少的重要环节,是测绘生产技术管理工作的一项重要内容。对地形图实行二级检查(测绘单位对地形图的质量实行过程检查和最终检查)和一级验收制(验收工作由任务的委托单位组织实施,或由该单位委托具有检验资格的检验机构验收)。

为了确保成果、成图的质量,作业小组在测图过程中必须做好经常性检查,即自我检查、测站检查、沿途检查、全面检查。

1. 测站检查

在每一个测站上开始进行测图时,应在相邻测站已测的范围边沿附近,选择几个已测的特征点(又称重合点)进行重新测定,以检查它的精度;重合点的测定不仅有利于测站间的衔接,而且能检核测站本身的可靠性。在每个测站上,应随时检查本测站所测地物、地貌有无错误或遗漏。

2. 沿途检查

在迁站过程中,也应沿途做一般性的检查,观察图上地物、地貌测绘是否正确,有无遗漏,如果发现错误,应随即改正。

3. 全面检查

每幅图的野外工作结束后,作业小组还应对本幅图做一次全面检查,以保证成果成图质量,便于检查验收。

全面检查包括室内检查、野外巡视检查和仪器检查三种。

(1)室内检查

室内检查是检明成果成图质量的第一步,主要检查控制资料、原图的图历表等内容。

① 首先,检查各种控制资料是否齐全;各项成果的图形条件是否满足要求;计算是否正确;有无超限或其他不符合要求的数据;图上注记的高程是否与计算成果一致。其次,检查各种记录、观测和计算手簿中的记载是否齐全、正确、清晰,有无连环涂改,是否合乎要求。所有控制资料都应做全面详细检查,但也可视实际情况重点抽查其中某一部分。

② 检查图上格网及控制点展绘是否合乎要求;图上图根点数量与埋石点数量是否满足碎部测图需要;各类高程注记点的位置、数量是否符合要求;等高线的描绘是否合理,与地形点高程注记是否适应,与河流、水库和池塘等的岸线是否适应;鞍部、凹地等的等高线是否交代清楚;各种地理名称的注记是否正确,位置是否恰当;各种数字注记(如比高、河宽、水深等)是否齐全、正确;道路等级是否分明,与居民地的连接是否合理;居民地内街道主次是否分明,通行情况是否交代清楚;符号应用是否恰当,几何中心是否与所测点位重合;各种界线(境界、地类界等)是否清楚;各种植被的表示是否恰当;综合取舍是否合理;图廓整饰是否齐全、正确;图边是否拼接;等等。室内检查可以用蒙在原图上的透明纸进行,将疑点记在透明纸上,并以此为据决定野外检查重点及巡视路线。

③ 检查图表填写的正确性与完整性,以及字迹是否清晰。

(2)野外巡视检查

野外巡视检查比较容易了解测图质量的一般情况和发现作业中的缺点与错误。选择巡视路线的原则是:既能检查室内发现未处理的疑点,又能检查范围较大、分布均匀的测绘面积。其方法:一般沿道路进行,检查时将原图上的地物、地貌与实地对照比较,查看有无遗漏,综合取舍情况,开头是否相似,地貌显示是否逼真,符号运用、名称及其他注记是否正确等,发现问题现场改正。

(3)野外仪器检查

对于室内检查和野外巡视检查过程中发现的重点错误、遗漏,应进行更正和补测。对一些怀疑点,地物、地貌复杂地区,图幅的四角或中心地区,也需抽样设站检查。

平面、高程检测点位置应分布均匀,要素覆盖全面。检测点(边)的数量视地物复杂程度、比例尺等具体情况确定,一般每幅图应在 20~50 个,尽量按 50 个点采集。

平面绝对位置检测点应选取明显地物点,主要为明显地物的角隅点,独立地物点,线状地物交点、拐角点,面状地物拐角点等。同名高程注记点采集位置应尽量准确,当遇到难以准确判读的高程注记点时,应舍去该点,高程检测点应尽量选取明显地物点和地貌特征点,且尽量分布均匀,避免选取高程急剧变化处;高程注记点应着重选取山顶、鞍部、山脊、山脚、谷底、谷口、沟底、凹地、台地、河川湖池岸旁、水涯线上等重要地形特征点。

对居民地密集且道路狭窄、散点法不易实施的区域,应采用平面相对位置精度的检验法。其基本思想为:以钢(皮)尺或手持测距仪实地量取地物间的距离,与地形图上的距离比较,再进行误差统计得出平面位置相对中误差。检查时应对同一地物点进行多余边长的间距检查,以保证检验的可靠性,统计时同一地物点相关检测边不能超过两条。检测边位置应分布均匀,要素覆盖全面,应选取明显地物点,主要为房屋边长、建筑物角点间距离、建筑物与独立地物间距离、独立地物间距离等。

检查结束后,对于检查中发现的错误和缺点,应立即在实地对照改正。如错误较多,上级业务单位可暂不验收,并将上交原图和资料退回作业组进行修测或重测,然后再做检查和验收。

各种测绘资料和地形图,经全面检查符合要求,即可予以验收,并根据质量评定标准,实事求是地做出质量等级的评估。

四、测量成果的整理

测图工作结束后,应将各种资料予以整理并装订成册,以便提交验收和保存。这些资料包括控制测量和地形测图两部分。

1. 控制测量部分

整理控制点分布略图(包括分幅及水准路线略图)、控制点观测手簿、计算手簿及控制点成果表(包括平面和高程)、控制测量精度评定等资料。

2. 地形测图部分

整理地形原图、地形测量手簿、计算手簿及控制点成果表等。

五、成果上交及检查验收

当作业小组对所测图及其他测量成果进行了全面检查及资料整理,并确认无误后,即可上交作业队或业务主管单位进行检查验收。其检查方法与前述全面检查相同,检查验收一般由双方共同参与,作业小组应认真听取验收者提出的意见,并对成果成图进行切实的改正。经复查合格后,即可予以验收,并按质量评定等级。

检查验收是对成果成图质量的最后鉴定工作。这项工作不仅仅是为了对成图评定等级,而更重要的是为了最后消除成果成图中可能存在的错误,保证各种测绘资料的正确、清晰、完整,真实地反映地物、地貌,以利于工程建设和设计工作的顺利进行,应正确对待。地形测量的资料、图纸经检查验收后,应根据《测绘成果质量检查与验收》(GB/T 24356—2009)中的有关规定进行质量评定。地形测量产品质量实行优级品、良级品、合格品和不合格品四级评定制。

思考题

1. 地物符号中的依比例尺符号、半依比例尺符号和不依比例符号各用在什么情况之下？

2. 何谓等高线？为什么能用等高线表示地貌？等高线有哪些特性？

3. 何谓等高距？等高距选定的原则是什么？等高距与坡度、比例尺有何关系？

4. 等高线有几种？各是怎样表示的？

5. 编制测绘地形图的技术计划时主要考虑到哪些方面的问题？

6. 哪一些点可以作为地形测量测站点？选择测站点的原则是什么？如何根据地表情况掌握测站点的密度？

7. 有哪些加密测站点的方法？它们是如何作业的？

8. 测图前应做哪些准备工作？

9. 怎样用方眼尺绘制格网和展绘已知点？

10. 怎样确定坐标网上的坐标值？

11. 何谓碎部测量？何谓碎部点？确定一个碎部点需要测出哪几个元素？

12. 简述碎部测图中一个测站的工作程序。

13. 试述测绘房屋、铁路、公路、管线、河流、湖泊、独立树等地物的要点。

14. 怎样理解主要地物和次要地物？

15. 综合取舍的基本原则是什么？

16. 地貌特征点有哪些？什么叫地性线？

17. 简述测绘地貌的一般方法。

18. 怎样区别山顶、凹地、山脊和山谷？

19. 怎样进行图幅拼接？拼接不上应如何处理？

 练习题

1. 某控制点的地理坐标为东经 $102°18'36''$，北纬 $28°36'18''$，该点所在 1：5 万比例尺梯形分幅的编号为多少？

2. 已知某地形图图幅的编号为 H49H002003，计算该图幅西南角图廓点的经纬度。

3. 某幅 1：1 万地形图的行列号为 002003，求所含 1：5 000 地形图的行列号。

4. 某幅 1：5 000 地形图的行列号为 011010，求该图幅属于 1：1 万地形图的行列号。

5. 在 1：2 000 比例尺图上，量得 A、B 两点的距离为 3.28 cm，求地面相应的水平距离。

6. 某一比例尺地形图上，量得 A、B 之间的图上距离为 18 cm，相应的水平距离为 90 m，求该图的测图比例尺。

7. 测绘 1：2 000 比例尺图时，地面两点距离丈量的精度只需达到多少就可以了？

8. 用图单位要求在图上表示出 0.5 m 距离的精度，该测多大比例尺的地形图？

9. 根据图 9-50 上各碎部点的平面位置和高程，试勾绘等高距为 0.5 m 的等高线。

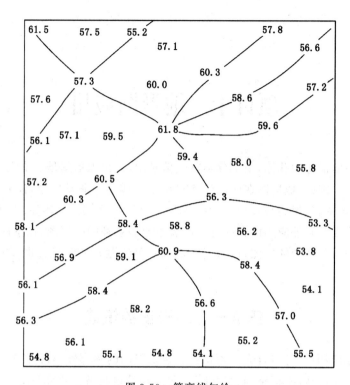

图 9-50　等高线勾绘

项目十　地形图应用

地形图是地面信息的载体，是十分丰富的信息源，一幅地形图是一本无法用文字完全表达的"百科全书"。因此，地形图在国民经济建设中的应用也非常广泛，涉及地球学科，国土整治与开发，土地调查、规划与管理，农业、林业、水利、交通、工业、环保、军事、教育等部门，总体分为室内应用和野外应用两大部分。前者主要做各种图的底图，在室内进行规划设计；后者主要在野外做各种图的底图，进行资源调查。最终制作各种设计图、规划图、调查图和各种点的地理数据。

任务一　地形图的识读

为了正确地应用地形图，首先必须识图。在地形图的图廓外，有许多注记如图名、图号、接图表、比例尺、图廓线、坐标格网、"三北"方向线和坡度尺等。在识图过程中，应掌握以下识图要点。

一、图廓

地形图的图廓分内图廓和外图廓，如图 10-1 所示。

内图廓是图幅范围的边界线。由经纬线分幅的国家基本比例尺地形图，其内图廓是经线和纬线，在内图廓的四角注有该图廓点的经纬度。矩形图幅的内图廓线由纵、横坐标线构成，其四角注有该图廓点的平面直角坐标值。

外图廓是绘制在内图廓外边的加粗线，它把图廓线内、外的内容分开并起到装饰作用。

二、图名、图号和接图表

为了找图、用图的方便和直观，每一幅图都进行了命名，即图名。图名一般是用本图幅内最著名的地名（如以图幅内最大的村庄、集镇、工厂）来命名，或者用突出的地物、地貌等的名称来命名。除图名外，为了清楚本图幅和相邻图幅的位置和拼接关系，每一幅地形图上都编有图号，图号是根据统一的分幅编号方法按顺序进行编写的。图名、图号均注记在北图廓上方的中央。

在图的北图廓左上方，画有本幅图与四邻各图幅的关系略图，称为接图表。中间一格画有斜线的部分代表本图幅，四邻各格中分别注明了相应图幅的图号（或图名）。根据接图表中各图幅的相邻关系，就可方便找到相邻的图幅，如图 10-1 的图廓左上方所示。

三、比例尺

在每幅图的南图框外的中央均注有测图的数字比例尺，并在数字比例尺下方绘出直线比例尺，利用直线比例尺，可以用图解法确定图上的直线距离，或将实地距离换算成图上长度，如图 10-1 的图廓下方所示。

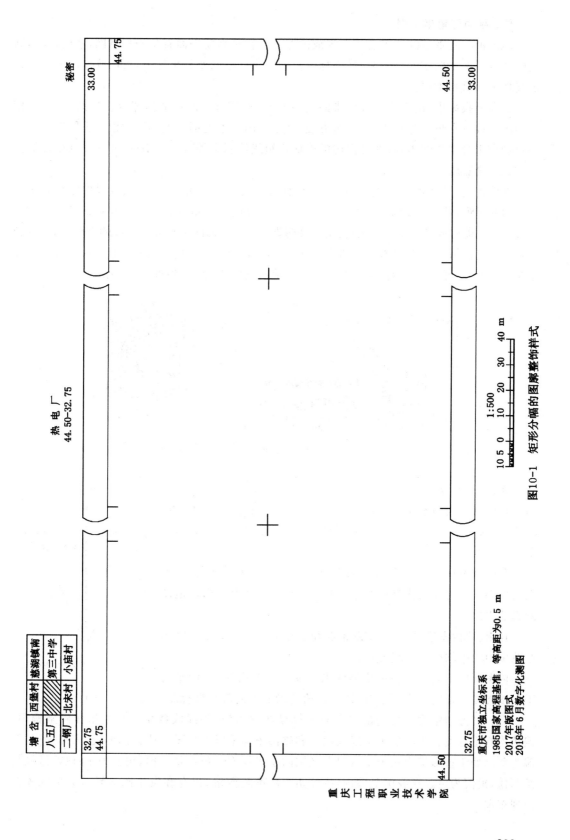

图10-1　矩形分幅的图廓整饰样式

四、平面直角坐标网

图内由相互垂直的两组直线所组成的方格网就是高斯平面直角坐标格网,在内、外图廓之间注有每条坐标格网线的纵、横坐标值。根据坐标格网及其坐标值,可以确定图上任一点的高斯平面直角坐标。

在高斯投影中,由于相邻投影带的中央子午线不平行,以致两相邻投影带的纵、横坐标线均斜交成一夹角。为了用图、拼图方便,规定我国基本比例尺地形图中位于投影带边缘相邻投影带重叠区内的图幅,在外图廓的外侧用短线绘制出邻带坐标格网,并注出其坐标值。

五、坡度尺

有些比例尺地形图,在比例尺的左侧绘有坡度尺,如图 10-2 所示。坡度尺的纵线表示等高线间的平距,横线自左向右注有 1°～30° 的地面坡度,用来量取相邻 2 条或 6 条等高线之间的坡度。坡度比例尺的使用方法是:用分规两脚尖卡出地形图上相邻等高线的平距后,再将分规移至坡度比例尺上,用分规一个脚尖对准下面底线,分规另一脚尖落于垂直于底线方向的曲线某一点上,即可在分规落脚点的底线上读出地面倾角(度数)和坡度(百分比值)。

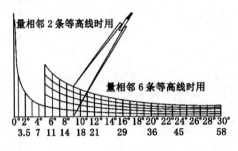
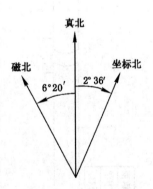

图 10-2　坡度尺

六、"三北"方向图

在南图廓线的右下方,绘有表示真子午线、磁子午线和坐标纵线(中央子午线)之间角度关系的"三北"方向图,如图 10-3 所示。

我国基本比例尺地形图中的东、西内图廓线以及南、北分度尺对应端点所连成的线都是真子午线,真子午线可用来标定地图的真北方向。

在南、北内图廓线上标有磁北点和磁南点,其连线表示该图幅范围内的平均磁子午线方向。

图 10-3　"三北"方向图

内图廓中平面直角坐标格网的纵线就是坐标纵线,它们平行于本图幅投影带的中央子午线,纵坐标值递增的方向就是坐标北方向(北半球)。

"三北"方向中两两之间的夹角有坐标纵线偏角(子午线收敛角)、磁偏角和磁坐偏角。偏角均有正有负。常用的子午线收敛角和磁偏角均是以中央子午线为标准线,东偏为正,西偏为负。处于投影带中央子午线以东区域的子午线收敛角均是东偏,角值为正;以西区域均是西偏,角值为负。在我国范围内,磁偏角一般都是西偏,只有在发生磁力异常的地区才会出现东偏。

七、坐标系统和高程系统

如图 10-1 中左下角所示,坐标系和高程系统亦是图纸中不可缺少的内容。知道测图所用的坐标系统和高程系统可以避免不同系统中点的比对的错误。我国幅员辽阔,各地所使用的坐标系统不尽相同,常用的坐标系统有:1954 年北京坐标系、1980 年西安坐标系、WGS-84 坐标系、2000 国家大地坐标系及各地的城建坐标系等。

为了防止不同地方点的高程比对的错误,必须清楚测量的高程系统,只有同一个高程系统中的点才能直接比较相互间的位置高低,否则必须通过换算后才能比较。我国现在用的高程系统有:1956 年黄海高程系和 1985 国家高程基准。除此以外,有的地方还在使用较早的高程系统,如吴淞高程系统等。

八、测图时间和测图单位

地形图上都应注明测图时间和测图单位。地形图的内容是反映测图时的地面情况,根据测图时间可以基本判定图上内容与现状的差距大小,再结合实地情况,便可知道补测、修测的内容和量的多少;知道测图单位对于了解与测图相关的情况是有用的。

任务二　地形图的内业应用

一、确定点的平面直角坐标

如图 10-4 所示,欲求图上 P 点的平面坐标,首先过 P 点分别作平行于直角坐标纵轴线和横轴线的两条直线 gh、ef,然后用比例尺分别量取线段 ae 和 ag 的长度,为了防止错误,以及考虑图纸变形的影响,还应量出线段 eb 和 gd 的长度进行检核,即 $ae+eb=ag+gd=10$ cm。

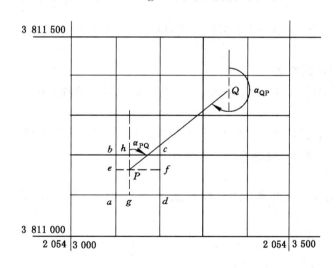

图 10-4　求点的平面直角坐标

若无错误,则 P 点的坐标为:

$$\begin{cases} x_P = x_a + ae \times m = 3\ 811\ 100 + 65.4 = 3\ 811\ 165.4\ (\text{m}) \\ y_P = y_a + ag \times m = 20\ 543\ 100 + 32.1 = 20\ 543\ 132.1\ (\text{m}) \end{cases}$$

式中,(x_a, y_a) 为 P 点所在方格西南角点的坐标;m 为地形图比例尺的分母。

二、确定点的高程

1. 点在等高线上

如果所求点恰好位于等高线上,则该点高程等于所在等高线高程,如图 10-5 所示,$H_m = 17.0$ m,$H_n = 18.0$ m。

2. 点在等高线间

若所求点处于两条等高线之间,可按平距与高差的比例关系求得。如图 10-5 所示,为求 c 点的高程,可过 c 点引一直线与两条等高线交于 m、n,分别量 mn、mc 之长,则 c 点高程 H_c 可按下式计算:

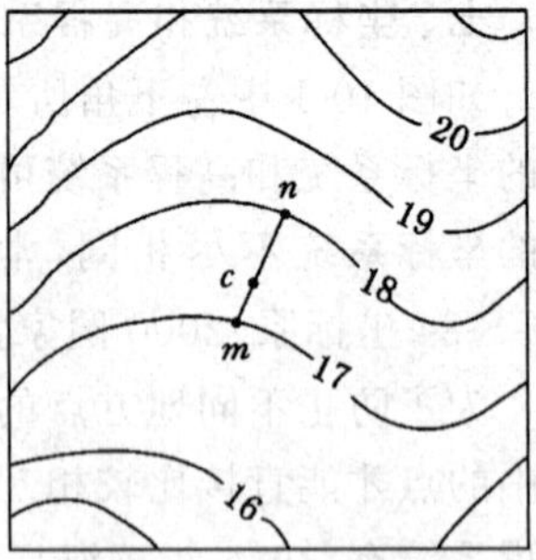

图 10-5 求点的高程

$$H_c = H_m + \frac{mc}{mn} \times h \tag{10-1}$$

式中,H_m 为 m 点的高程,为 18.0 m;h 为等高距,为 1 m。

量得 $mn = 15$ mm,$mc = 5$ mm,则 c 点高程为:

$$H_c = 17 + \frac{3}{15} \times 1 = 18.33 \text{(m)}$$

实际应用时,c 点的高程可依据上述原理用目估法求得。

3. 在地形点之间

假如所求点位于山顶或凹地上,在同一等高线的包围中,那么该点的高程就等于最近首曲线的高程,加上或减去半个基本等高距。若是山顶,应加半个等高距;若是凹地,应减半个等高距。

4. 点在鞍部

可按组成鞍部的一对山谷等高线的高程,再加上半个等高距;或以另一对山脊等高线的高程,减去半个等高距,即得该点高程。

三、确定两点间的距离

如图 10-4 所示,欲求图上直线 PQ 的水平距离,有以下两种方法:

1. 图解法

用三棱比例尺直接量取 P、Q 两点间的实地距离;或用直尺量取图上 PQ 线段的长度,再乘以比例尺分母得到 P、Q 两点间的实地距离。

2. 解析法

更精确的方法是利用前述方法求得 P、Q 两点的平面直角坐标,再用坐标反算出两点间距离。

$$S_{PQ} = \sqrt{(x_Q - x_P)^2 + (y_Q - y_P)^2} \tag{10-2}$$

3. 倾斜距离

实地倾斜线的长度(D'),可由两点的水平距离 D 及高差 h 按照下式计算:

$$D' = \sqrt{D^2 + h^2} \tag{10-3}$$

四、图上确定直线的坐标方位角

如图 10-6 所示,欲求直线 PQ 的坐标方位角,有以下两种方法:

1. 图解法

过 P 点作平行于坐标纵轴的直线,然后用量角器量出 α_{PQ} 的角值,即为直线 PQ 的坐标方位角。为了检核,同样还可量出 α_{QP},用式 $\alpha_{PQ}=\alpha_{QP}\pm180°$ 校核。

2.解析法

要求精度较高时,可以利用前述方法先求得 P、Q 两点的平面直角坐标 (x_P,y_P) 和 (x_Q,y_Q),再利用坐标反算公式计算出 α_{PQ}。

$$\tan \alpha_{PQ} = \frac{y_Q - y_P}{x_Q - x_P} \qquad (10\text{-}4)$$

即

$$\alpha_{PQ} = \arctan \frac{\Delta y_{PQ}}{\Delta x_{PQ}} \qquad (10\text{-}5)$$

注意:因计算工具的不同,用该式算出的角度值不一定就是 PQ 直线的方位角,还应根据坐标增量的正负以及方位角和象限角的关系来判断和确定 PQ 直线方位角的最后值。

五、确定图上地面坡度

地面某线段对其水平投影的倾斜程度就是该线段的坡度。设线段的坡度为 i,坡度角为 α,其水平投影长度为 D,端点间的高差为 h,则线段的坡度 i 为:

$$i = \frac{h}{D} \qquad (10\text{-}6)$$

因此,在地形图上量出线段的长度及其端点间的高差,便可算出该线段的坡度,如图 10-6 所示。坡度可用坡度角表示,也可用百分率或千分率表示。

求某地区的平均坡度,首先按该区域地形图等高线的疏密情况,将其划分为若干同坡小区;然后在每个小区内绘一条最大坡度线,按前述方法求出各线的坡度作为该小区的坡度;最后取各小区的平均值,即为该地区的平均坡度。

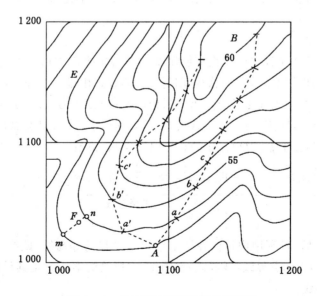

图 10-6 求地面坡度和选定最短路线

六、在图上设计规定坡度的线路

在山地或丘陵地区进行道路、管线等工程设计时,往往要求在不超过某一坡度 i 的条件

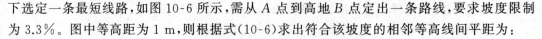

下选定一条最短线路,如图 10-6 所示,需从 A 点到高地 B 点定出一条路线,要求坡度限制为 3.3%。图中等高距为 1 m,则根据式(10-6)求出符合该坡度的相邻等高线间平距为:

$$D = \frac{h}{i} = \frac{1}{0.033} = 30 \text{ (m)}$$

将所求平距 D 按图纸比例尺缩小求出图上长度(图 10-6 所示地形图比例尺为 1:500,则实地 30 m 所对应的图上距离为 6 cm),用分规截取算出图上距离,然后在地形图上以 A 点为圆心,以此长度为半径用分规画弧,用分规截交 54 m 等高线,得到 a 点;再以 a 点为圆心,用分规截交 55 m 等高线,得到 b 点,依次进行,直至 B 点;然后将相邻点连接起来,便得到 3.3% 的等坡度路线。

按同样方法还可沿另一方向定出第二条路线 A→a′→b′→c′→…→B,可以作为一个比较方案。最后选用哪条,则主要根据占用耕地、撤迁民房、施工难度及工程费用等因素决定。

七、平整土地

在工程建设过程中往往要对土地进行平整。在平整土地时,常常需要利用地形图进行填、挖土(石)方量的估算。现以常用的有方格网法介绍其估算的步骤。

1. 绘制方格网

先在地形图上将需要整平的范围打上方格网,方格网的边长根据地形复杂程度、地形图的比例尺以及土方计算的精度而定。一般来讲,地形状况不复杂、地形图比例尺较大、土方计算的精度要求不高,则方格网的边长可适当放大;反之,方格网的边长应该较小。如图 10-7 所示,本地形图反映的为比例尺为 1:1 000、等高距为 0.5 m 的某地地形,地形状况不复杂。在需要平整的范围内打边长为 2 cm 的小方格(代表实地长度为 20 m),然后根据等高线利用内插的方法求出各小方格顶点的地面高程,数值注记于相应顶点的右上方。

2. 计算设计高程

将每个小方格的 4 个顶点的高程相加除以 4,可得每个小方格的平均高程;再将各个小方格的平均高程相加除以小方格的总数,即得设计高程。由设计高程的计算可知,方格网的交点 A1(图中横线 A 与纵线 1 的交点为 A1,依次类推)、A4、B5、E5、E1 高程用了 1 次;边线点 B1、C1、D1、E2、E3、E4、D5、C5、A3、A2 的高程用了 2 次;拐点 B4 的高程用了 3 次;中点 B2、B3、C2、C3、C4、D2、D3、D4 的高程用了 4 次,故有:

$$\text{设计高程} = \frac{\text{角点高程之和} \times \frac{1}{4} + \text{边点高程之和} \times \frac{2}{4} + \text{拐点高程之和} \times \frac{3}{4} + \text{中点高程之和} \times 1}{\text{方格总数}}$$

$$(10\text{-}7)$$

设计高程求出后,可利用内插法在图上绘出该高程的等高线,此线即为不挖不填的位置,称为填挖土(石)方的分界线(或零线)。图 10-7 所绘的虚线就是其设计高程为 64.84 m 的填挖土方的分界线。

3. 计算挖填高度

将各方格顶点的地面高程分别减去设计高程,即为其填挖高度。

$$\text{填挖高度} = \text{地面高程} - \text{设计高程}$$

正号表示挖深,负号表示填高,并注于相应小方格顶点的右下方,如图 10-7 所示。

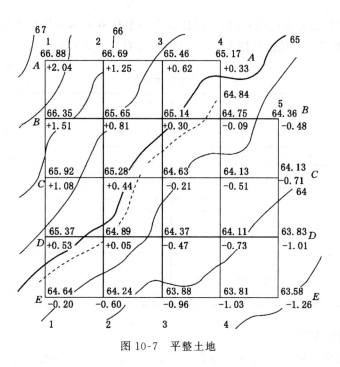

图 10-7 平整土地

4. 计算填挖方土(石)方量

其计算方法为:

$$\begin{cases} 角点:填挖高度×小方格面积×\dfrac{1}{4} \\[2mm] 边点:填挖高度×小方格面积×\dfrac{2}{4} \\[2mm] 拐点:填挖高度×小方格面积×\dfrac{3}{4} \\[2mm] 中点:填挖高度×小方格面积×1 \end{cases} \quad (10\text{-}8)$$

由此可以计算出每个顶点周围的填挖土(石)方量,最后再计算填方量总和、挖方量总和,二者应该基本相等,这就是"填挖平衡"。

例如,如图 10-8 所示,每个小方格的面积为 $400\ cm^2$,设计高程为 25.2 m,每个小方格

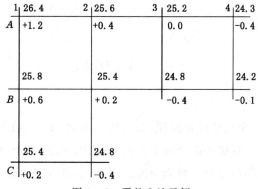

图 10-8 平整土地示例

顶点的周围的填挖土方量已经算出,可以计算出每个顶点周围的填挖方量,并列表表示,见表 10-1。最后求其填方总量及挖方总量,从表中可看出二者相等。

表 10-1 挖填方计算表

点号	挖深/m	所占面积/m²	挖方量/m³	点号	填高/m	所占面积/m²	填方量/m³
A1	1.2	100	120	A4	0.4	100	40
C1	0.2	100	20	B4	1.0	100	100
A2	0.4	200	80	C3	0.8	100	80
B1	0.6	200	120	C2	0.4	200	80
A3	0.0	200	0	B3	0.4	300	120
B2	0.2	400	20				
		合计	420			合计	420

八、确定斜坡面积

自然地面通常是倾斜的,如果在实际中(如造林绿化工作中)需知某区域自然地面的面积,可依据图上等高线的疏密,把该地区划分成若干相同坡度区域,分别量算出各区的坡度和水平面积,或量算出全区的平均坡度和水平面积;然后根据倾斜面与水平面的关系,计算倾斜面的面积。

如图 10-9 所示,S 为水平面积,$S=a\times b$,S_i 为倾斜面积,i 为该斜面的坡度角。$S_i = a \times b_i$,由图可知边 b 与 b_i 之间的关系为:

$$\begin{cases} b_i = \dfrac{b}{\cos i} \\ S_i = a \times b_i = \dfrac{ab}{\cos i} = \dfrac{S}{\cos i} \end{cases} \tag{10-9}$$

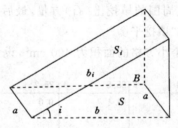

图 10-9 确定斜坡面积

九、确定汇水面积

山地果树建园规划,小流域综合治理,需要修建山塘、水库、道路和桥涵等工程,要了解有多大范围的雨水汇合于欲修的山塘或水库内,该范围的面积称汇水面积。

降雨时山地的雨水是向山脊的两侧分流的,所以山脊线就是地面上的分水线,因此某水库或河道周围地形的分水线所包围的面积就是该水库或河道的汇水面积。要确定汇水面积,可以从地形图上已设计的坝址或涵闸的一端开始,经过一系列的山顶和鞍部,连续勾绘出该流域的分水线,直到坝址的另一端而形成的一条闭合曲线,即汇水面积的边界线,然后求出汇水面积,如图10-10所示。另外,根据等高线的特性可知,山脊线处处与等高线相垂直,且经过一系列的山头和鞍部,可以在地形图上直接确定。

图 10-10　确定汇水面积

十、按一定方向绘制纵断面图

地形断面图是指沿某一方向描绘地面起伏状态的竖直面图。在交通、渠道以及各种管线工程中,可根据断面图地面起伏状态,量取有关数据进行线路设计。断面图可以在实地直接测定,也可根据地形图绘制。

绘制断面图时,首先要确定断面图的水平方向和垂直方向的比例尺。通常,在水平方向采用与所用地形图相同的比例尺,而垂直方向的比例尺通常要比水平方向大10倍,以突出地形起伏状况。

如图10-11所示,要求在等高距为10 m、比例尺为1：50 000的地形图上,沿AB方向绘制地形断面图,方法如下：

地形图上绘出断面线AB,依次交于等高线1,2,3,…,18点。

(1)在另一张白纸(或毫米方格纸)上绘出水平线ab,并作若干平行于ab等间隔的平行线,间隔大小依竖向比例尺而定,再注记出相应的高程值。

(2)把1,2,3,…,18等交点转绘到水平线ab上,并通过各点作ab垂直线,各垂线与相应高程的水平线交点即断面点。

(3)用平滑曲线连接各断面点,则得到沿AB方向的断面图。

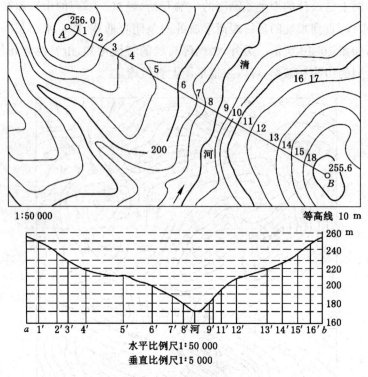

水平比例尺1:50 000

垂直比例尺1:5 000

图 10-11　绘制 *AB* 线断面图

任务三　地形图的外业应用

　　地形图的外业应用主要是利用地形图进行野外调查和填图的工作,在野外定向运动(定向越野)中具有特殊的重要意义。地形图是野外调查的工作底图和基本资料,任何一种野外调查工作都必须利用地形图。所以,野外用图也是地形图应用的主要内容,是用图者必备的知识和技能。根据野外用图的技术需求,在野外使用地形图须按准备、定向、定站、对照、填图的顺序进行,现分述如下。

一、野外应用的准备工作

1. 器材准备

　　调查工作所需的仪器、工具和材料,视调查任务和精度要求而定。一般包括测绘器具(如经纬仪、量距尺、直尺、三角板、三棱尺、绘图仪、圆规、量角器、绘图铅笔和橡皮等),量算工具(如曲线计、求积仪、透明方格片、计算器等),各种野外调查手簿和内业计算手簿,等等。

2. 资料准备

　　根据调查地区的位置范围与调查的目的和任务,确定所需地形图的比例尺和图号,向测绘管理部门索取近期地形图以及与地形图匹配的最新航片。此外,还要收集与调查任务有关的各种资料,如进行土地利用现状调查,就需收集调查区的地理环境(如地貌、地质、气候、水文、土壤、植被等)和社会经济(如人口、劳力、用地状况及农、林、牧生产和乡镇企业等)等方面的地图、文字和统计资料。

3．技术准备

主要是整理分析资料和确定技术路线,对收集的各种资料进行系统的整理分析,供调查使用。在室内阅读地形图和有关资料,了解调查区域概况,明确野外重点调查的地区和内容,确定野外工作的技术路线主要站点和调研对象。

二、地形图的定向

在野外使用地形图,首先要进行地形图定向。地形图定向就是使地形图上的东南西北与实地的东南西北方向一致,就是使图上线段与地面上的相应线段平行或重合,地形图定向常用的方法有以下几种:

1．用罗盘定向

借助罗盘仪定向,可依磁子午线标定,也可按坐标子午线或真子午线标定,方法如下:

（1）依磁子午线定向

先以罗盘仪的度盘零分划线朝向北图廓,并使罗盘仪的直边与磁子午线相切,然后转动地形图使磁针北端对准零分划线,这时地形图的方向便与实地的方向一致了,如图10-12所示。

（2）依真子午线定向

先将罗盘仪的度盘零分划朝向北图廓,使罗盘仪的直边与东或西内图廓线吻切,然后转动地形图使磁针北端对准该图的磁偏角值（东偏时向西转,西偏时向东转）,这时,地形图的方向也就定好了,如图10-13所示。

（3）依坐标子午线定向

先以罗盘仪的度盘零分划线朝向北图廓,使罗盘仪的直边与某一坐标子午线吻切,然后转动地形图使磁针北端对准磁偏角,则地形图的方向即与实地的方向一致了。因为磁偏角有东偏和西偏之别,所以在转动地形图时要注意转动的方向,其规则是:东偏向西（左）转,西偏向东（右）转,如图10-14所示。

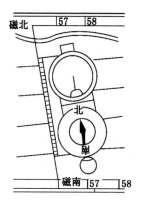 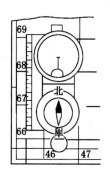 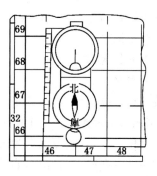

图10-12 依磁子午线定向   图10-13 依真子午线定向   图10-14 依坐标子午线定向

2．用直长地物定向

当站点位于直线状地物（如道路、渠道等）上时,可依据它们来标定地形图的方向。方法是:先将照准仪（或三棱尺、铅笔）的边缘吻切置放在图上线状符号的直线部分上,然后转动地形图,用视线瞄准地面相应线状物体,这时地形图即已定向,如图10-15所示。

3. 利用明显地形点定向

当用图者能够确定站立点在图上的位置时,可根据三角点、独立树、宝塔、独立石、烟囱、道路交点、桥涵等方位物作地形图定向。方法是:先将照准仪(或三棱尺、铅笔)吻切置放在图上的站点和远处某一方位物符号的定位点的连线上,然后转动地形图,当照准线通过地面上的相应方位物中心时,地形图即已定好方向,如图 10-16 所示。

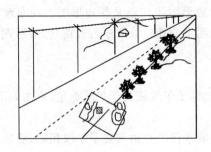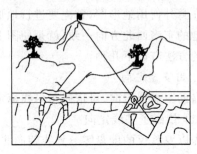

图 10-15 利用直长地物定向   图 10-16 利用明显地形点定向

4. 利用太阳和手表定向

如果你戴着手表,可以根据太阳方位利用手表标定地形图的方向。方法是:先把手表放平,以时针所指时数(以每天 24 h 计算)的折半位置对向太阳,表盘中心与"12"指向就是北方。如在某地 14 时标定,其折半位置是"7",即以"7"对向太阳,"12"指向就是北方。定向的口诀是:"时数折半对太阳,12 指向是北方",把地形图置于"12"指向,标定就完成了。

三、确定站立点在图上的位置

利用地形图进行野外调查过程中,随时需要找到调查者在地形图上的位置。调查者安置图板滞留观察填图的地点,叫作测站点或站立点,简称站点。确定站点的主要方法有:

1. 比较判定法

按照现地对照的方法比较站点四周明显地形特征点在图上的位置,再依它们与站立点的关系来确定站点在图上位置的方法,这是确定站点最简便、最常用的基本方法。站点应尽量设在利于调绘的地形特征点上,这时,从图上找到表示该特征点的符号定位点,就是站立点在图上的位置,如图 10-17 所示。

2. 截线法

若站点在线状地形(如道路、堤坝、渠道、陡坎等)上或在过两明显特征点的直线上。这时,在该线状地形侧翼找一个图上和实地都有的明显地形点,将照准工具吻切于图上该物体符号的定位点上,以此定位点为圆心转动照准工具照准实地这个目标,照准线与线状符号的交点即为站点在图上的位置,如图 10-18 所示。

3. 后方交会法

(1)后方交会法

借助罗盘仪标定地形图方向,选择图上和实地都有的两个或三个同名目标,在图上一个目标的符号定位点上竖插一根细针,使直尺轻靠细针转动,照准实地同名目标,向后描绘方向线;用同样方法照准其他目标,画方向线,其交点就是站点的图上位置,如图 10-19 所示。

(2)透明纸后方交会法

先在站点上置平图板,在地形图上固定一张透明纸,选择三个同名目标点描绘方向线;

 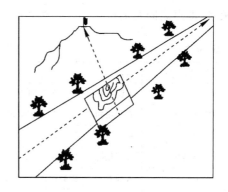

图 10-17 比较判定法确定位置　　　　　　　图 10-18 截线法确定位置

然后松开并移动透明纸,使各方向线都分别通过图上同名目标时,将纸上站点刺到图上,就是地面站点的图上位置;最后以三方向线中最长的方向线标定地形图方向,如图 10-20 所示。

 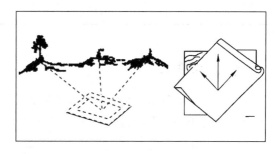

图 10-19 后方交会法确定站立点　　　　图 10-20 透明纸后方交会法确定站立点

四、地形图与实地对照

确定了地形图的方向和站点的图上位置后,将地形图与实地地物、地貌对照进行读图,即依照图上站点周围的地理要素,在实地上找到相应的地物与地貌;或者观察地面站点周围的地物地貌,识别其在图上的位置和分布。与实地对照读图的方法是:由左向右,由近及远,由点到线,由线到面,即:先控制后碎部,从整体到局部,由高级到低级,与测图过程一致。先对照主要明显的地物地貌,再以它为基础依相关位置对照其他一般的地物地貌。例如,作地物对照,可由近而远,先对照主要道路、河流、居民地和突出建筑物等,再按这些地物的分布情况和相关位置逐点逐片地对照其他地物;如作地貌对照,可根据地貌形态、山脊走向,先对照明显的山顶、鞍部,然后从山顶顺岭脊向山麓、山谷方向进行对照。若因地形复杂,某些要素不能确定时,可用照准工具的直边切于图上站点和所要对照目标的符号定位点上,按视线方向及离站点的距离来判定目标物。

目标物到站点的实地距离可用简易测量方法(如用步测、目测的方法)测定,表 10-2 列出了根据目标清晰度供目测距离时的参考。

由于视觉差和视域范围限制,有时眼前的实地地形与图上等高线表示不能完全吻合,要注意图上一山脊线与另一山脊线、一山谷线与另一山谷线及山脊线与山谷线之间的关系,即线之间夹角是否与实地一致;图上一山顶与另一山顶、一鞍部与另一鞍部、山顶与鞍部之间的关系,即点之间距离按比例尺换算后是否与实地相同。

表 10-2   根据目标清晰度判断距离表

距离/m	目标清晰度
100	人脸特征清,手部关节明
150～170	衣服纽扣可见,装备细部可辨
200	房上现瓦片,树叶能看见
250～300	墙可见缝,瓦能数沟,人脸五官辨不清,衣服颜色可以分
400	人脸看不清,头肩可以分
500	门见开关,窗见格,瓦沟条条分不清;人头肩不清,男女可以分
700	瓦面成丝,窗见衬;行人迈腿分左右,手肘服色看不清
1 000	房屋清楚瓦片乱,门成方块窗衬消
1 500	行人动作分不清,树干电杆尚可分
2 000	窗是黑影,门成洞;人成小黑点,行动分不清
3 000	房屋模糊门难辨,房上烟囱还可见

 思考题

1. 图 10-21 所示为我国东部某地等高线地形图,某校高中学生夏令营在图示区域进行了野外天文、地质、植被、聚落等综合考察活动。请读图回答下列问题。

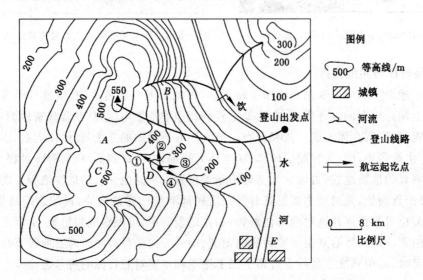

图 10-21 某地等高线地形图

(1) 同学们把夜晚宿营地点选在图中 A 处,请根据图中信息简述理由。

(2) 某同学建议在图中 C 处建一火情瞭望台,你认为此建议可采纳吗?

(3) 若考察小组在 D 处突遇泥石流,①、②、③、④四条逃生线路中最佳的是哪一条?

(4) 某同学私自外出,在 B 处迷路,请你给他指出独自走出困境的最佳路线。

2. 如图 10-22 所示读等高线地形图,完成下列问题。

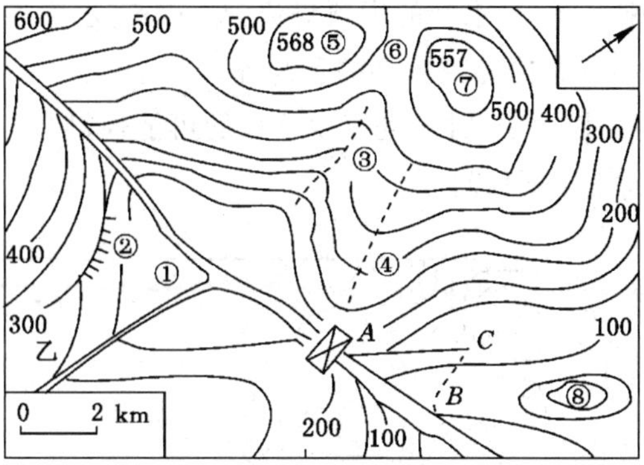

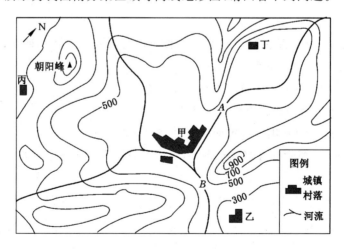

图 10-22 某地等高线地形图

(1) 写出图中序号表示的地形名称:

①(   ),②(   ),③(   ),④(   ),⑤(   ),⑥(   )。

(2) ⑤、⑦两地的相对高度为(   )m,若两地图上水平距离为 2.3 cm,则其实际水平距离是(   )km。

(3) 如果把该图上的比例尺放大到原图比例尺的 2 倍,放大后的比例尺为(   )。(用数字式表示)

(4) 小河流向(   )方。

(5) 计划把水从 A 水库调到 C 水库处,有 AC 和 BC 两条路线,选择哪一条比较合理?为什么?

3. 图 10-23 所示为我国南方某区域等高线地形图,请回答下列问题。

图 10-23 某地等高线地形图

(1) 描述图示区域内的地形、地势特征。

(2) 说出 AB 河段的河流流向。

(3) 某同学在登上当地最高峰朝阳峰时,只看到了图中所示的三个村镇。请说出他不能看到的村镇,并简述原因。

（4）当地拟修建一座水库,其水坝的坝顶海拔为 500 m,水库坝址有 A 处和 B 处两个选择方案。请选择其中一个方案简述其主要的利与弊。

（5）甲、乙、丙、丁四个村镇中,哪一处发生滑坡的可能性最高？请说明原因。

4. 如图 10-24 所示,完成下列问题。

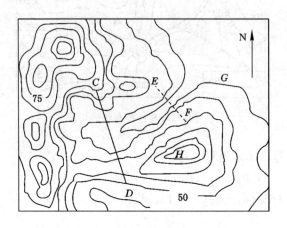

图 10-24　某地等高线地形图

（1）求图上 CD 直线的方位角 α_{CD}？

（2）求图上 CD 两点高程？

（3）在图上绘出设计的土坝 EF 的汇水面积的范围。

（4）由图上公路南侧 C 点至山顶 H 点选一条坡度小于 5% 的道路,并在图上标出其位置。

5. 图 10-25 为 1：1 万的等高线地形图,图纸的下方绘有直线比例尺,用以从图上量取长度。请根据该地形,完成下列问题:

（1）求 A、B 两点的坐标及 AB 连线的方位角。

（2）求 C 点的高程及 AC 连线的坡度。

（3）从 A 点到 B 点定出一条地面坡度 $i=6.7\%$ 的路线。

6. 根据图 10-26 所示的等高线地形图,沿图上 AB 方向按图上已经画好的高程比例作出其地形剖面图。

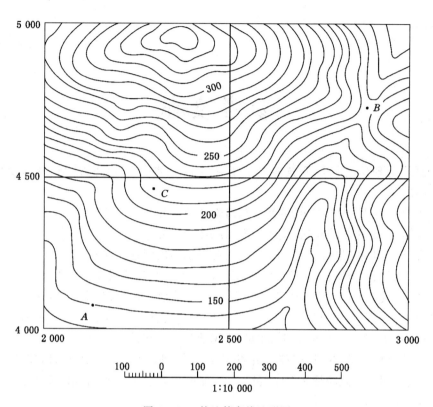

图 10-25　某地等高线地形图

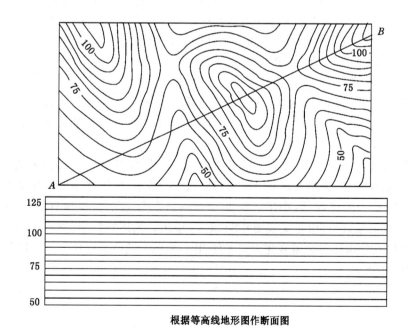

根据等高线地形图作断面图

图 10-26　某地等高线地形图

参 考 文 献

[1] 国家测绘地理信息局职业技能鉴定指导中心编.测绘综合能力[M].北京:测绘出版
社,2012.

[2] 李天和.地形测量[M].郑州:黄河水利出版社,2009.

[3] 李天和.地形测量[M].重庆:重庆大学出版社,2009.

[4] 李天和.工程测量(非测绘类)[M].郑州:黄河水利出版社,2006.

[5] 宁津生,陈俊勇,李德仁,等.测绘学概论[M].3 版.武汉:武汉大学出版社,2016.

[6] 潘正风,程效军,成枢,等.数字地形测量学[M].武汉:武汉大学出版社,2015.

[7] 覃辉,唐平英,余代俊.土木工程测量[M].2 版.上海:同济大学出版社,2005.

[8] 王江云.市政工程测量[M].3 版.北京:中国建筑工业出版社,2015.

[9] 武汉测绘科技大学《测量学》编写组.测量学[M].3 版.北京:测绘出版社,1991.

[10] 武汉大学测绘学院测量平差学科组.误差理论与测量平差基础[M].2 版.武汉:武汉大
学出版社,2009.

[11] 中华人民共和国国家质量监督检验检疫总局,中国国家标准化管理委员会.GB/T
13989—2012 国家基本比例尺地形图分幅和编号[S].北京:中国标准出版社,2012.

[12] 中华人民共和国国家质量监督检验检疫总局,中国国家标准化管理委员会.GB/T
20257.1—2017 国家基本比例尺地形图图式 第 1 部分:1∶500、1∶1 000、1∶2 000 地
形图图式[S].北京:中国标准出版社,2017.

[13] 中华人民共和国国家质量监督检验检疫总局,中国国家标准化管理委员会.GB/T
14912—2017 1∶500、1∶1 000、1∶2 000 外业数字测图技术规程[S].北京:中国标准
出版社,2017.

[14] 中华人民共和国国家质量监督检验检疫总局,中国国家标准化管理委员会.GB/T
18316—2008 数字测绘成果质量检查与验收[S].北京:中国标准出版社,2008.

[15] 中华人民共和国建设部,中华人民共和国国家质量监督检验检疫总局.GB 50026—
2007 工程测量规范(附条文说明)[S].北京:中国计划出版社,2008.

[16] 中华人民共和国住房和城乡建设部.CJJ/T 8—2011 城市测量规范[S].北京:中国标准
出版社,2012.